普通高等教育"十一五"国家级规划教材

U0318815

工业和信息化人才培养规划教材　　高职高专计算机系列

电子商务网站建设与实践（第3版）

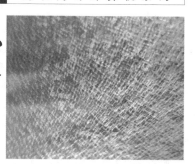

Construction and Practice of
E-commerce Sites

梁露 李多 ◎ 主编

孙刚凝 赵春利 刘健 ◎ 副主编

人民邮电出版社

北京

图书在版编目（CIP）数据

电子商务网站建设与实践 / 梁露，李多主编. -- 3
版. -- 北京：人民邮电出版社，2012.10（2018.1重印）
工业和信息化人才培养规划教材. 高职高专计算机系
列
ISBN 978-7-115-29374-9

Ⅰ. ①电… Ⅱ. ①梁… ②李… Ⅲ. ①电子商务－网
站－高等职业教育－教材 Ⅳ. ①F713.36②TP393.092

中国版本图书馆CIP数据核字(2012)第217342号

内 容 提 要

本书系统地讲述创建电子商务网站的基础理论、基本技术和应用技巧，在综合实例中讲解电子商务网站
创建的过程。全书共 7 章，主要内容包括创建电子商务网站的规划知识，创建网站的技术知识，数据库的管
理和使用技术，网站创建后的推广技术，网站的管理、维护与安全知识等，并通过实例模拟网站创建的全过
程。本书由基础理论入手，按照电子商务网站创建的过程展开介绍，特别适合初学者由浅入深地学习。

本书知识面宽、操作性强、理论难度适中、自成体系，不仅适合高职高专学生学习使用，也适合网站开
发人员自学参考。

工业和信息化人才培养规划教材——高职高专计算机系列
电子商务网站建设与实践（第 3 版）

- ◆ 主　　编　梁露　李多
　　　副主编　孙刚凝　赵春利　刘　健
　　　责任编辑　桑　珊

- ◆ 人民邮电出版社出版发行　　　北京市丰台区成寿寺路 11 号
　　邮编　100164　　电子邮件　315@ptpress.com.cn
　　网址　http://www.ptpress.com.cn
　　北京市艺辉印刷有限公司印刷

- ◆ 开本：787×1092　1/16
　　印张：20.75　　　　　　　　　2012年10月第3版
　　字数：532千字　　　　　　　　2018年1月北京第9次印刷
　　　　　　　ISBN 978-7-115-29374-9

定价：42.80 元
读者服务热线：(010)81055256　印装质量热线：(010)81055316
反盗版热线：(010)81055315

第 3 版前言

《电子商务网站建设与实践》自 2005 年 1 月出版以来,受到了许多高等职业院校师生的欢迎。编者结合近几年电子商务网站建设技术的发展情况和广大读者的反馈意见,在保留原书特色的基础上,对教材进行了全面修订,这次修订的主要工作如下。

- 对本书第 2 版存在的一些问题加以修正,对部分章节进行了完善。
- 将操作系统由 Windows Server 2003 升级为 Windows Server 2008;将 SQL Server 2000 升级为 SQL Server 2005;补充了数据库内容。
- 贴近任务驱动教学法,在保留原网站设计任务的同时,细分了完成叮当网站设计的任务,便于读者按步骤学习。
- 更新了书中的相关数据。

修订后,在保留原有的完整网站建设应用实例的同时,本书调整了实践环节内容、增加了实验题的数量,以进一步提高学生的网站建设能力,达到与中小企业网站建设需求相一致的目标。全书的主要内容是电子商务网站创建与管理的流程及相关技术,包括操作系统的选择、服务器的配置、网页的设计、数据库的使用、网站的管理与维护、网站的推广等。本书的最大特点是通过真实的网站建设流程实例,使学生牢固掌握建站知识和技能。特别适合初学者由浅入深地进行学习。网站技术是多种技术的集合,因此本书选用了大量与电子商务相关的应用实例。每章的习题能够帮助学生在课后巩固已学知识,提高应用能力。本书的参考学时为 68 学时,教师可适当安排实验课和实习实训。

本书共 7 章,由梁露、李多任主编并统稿,孙刚凝、赵春利、刘健任副主编。第 1 章由梁露编写,第 2 章由孙刚凝编写,第 3 章由赵春利编写,第 4 章由刘健编写,第 5 章由李多编写,第 6 章由梁露、孙刚凝编写,第 7 章由刘健、赵春利编写。本书的实验环境由北京财贸职业学院提供,在此表示诚挚的感谢!

由于编者水平有限,书中难免存在缺点和错误,恳请广大读者批评指正。

作者的联系方式:lianglu1966@163.com

编 者
2012 年 9 月

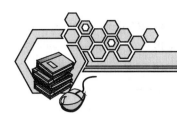

目 录

第1章

电子商务网站建设规划

随着 Internet 在全世界范围内的迅猛发展，上网的用户和企业数量不断增多。Internet 作为信息双向交流和通信的工具，已经成为企业青睐的传播媒介，被称为继广播、报纸、杂志、电视后的第 5 种媒体——数字媒体。传统媒介价格昂贵，又受到时间、地区等多方面因素的限制，其效果不能令人满意。与其他几种媒体相比，网络宣传的费用低廉，而回报却丝毫不逊色，能把握广阔的国际发展空间和众多潜在的商业伙伴，是 24 小时的广告窗口，让企业有无限的发展和生机。越来越多的企业都已建立起自己的网站，并以此为窗口向全国、全世界介绍自己，达到自我宣传的目的。

为了制作出美观实用、功能完善的网站，应根据企业的有关资料，结合企业的特质，确定出符合用户要求的网站风格与特色，拟出详细的工作计划。从域名注册开始，到虚拟主机空间租赁、网页制作上传、登录搜索引擎等，依照工作流程进行网站建设，减少了设计人员在各个环节中所耗费的时间，最终成功创建一个网站。

创建网站的流程如下：规划网站→选定域名→注册域名→解析域名到寄存服务器→租用空间→设计网页→上传至服务器→设置邮箱→登录搜索→日常维护、修改及更新。当然，在上述环节中，有些环节需要反复几次才能较好地实现企业的创建目标，如网站规划环节，就是需要反复论证才能确定的。网站的规划包括 3 部分内容：创建网站的准备、创建网站的目的和创建网站的步骤。

1.1 创建网站的准备

企业在创建电子商务网站时要面对的是一个规模庞大的环境，企业未来的经营活动要在这个大环境中进行，因此要建好自己的电子商务网站，就必须先对这个大环境有全面的了解，在调查、分析、论证的基础上确定企业网站的方案。

影响企业创建电子商务网站的因素很多，创建之初有必要进行系统的分析，这样有利于全面平衡和协调各个方面要素的影响。

1.1.1 市场分析

企业电子商务活动的最终目的是通过网站宣传、销售自己的产品或服务，提升企业的知名度，为产品或服务提供售后服务或技术支持，在此基础上，实现自己的利润目标。只有那些适合用于电子商务的产品或服务才会得到网上购买者的认同。企业在进行市场分析时要考虑以下几方面因素。

1. 目标市场定位

（1）企业应当调查在传统形式下企业所面对的个人消费者群体的详细情况。企业应调查如消费群体的年龄结构、文化水平、收入水平、消费倾向及对新事物的敏感程度等情况。据中国互联网络中心报告，截至 2011 年 12 月，我国网民数已达到 5.13 亿人，其中上网用户男女性别比例情况见表 1-1，上网用户年龄段比例情况见表 1-2，城乡用户的不同结构状况见表 1-3，上网用户的不同文化程度见表 1-4，上网用户的职业分布特点见表 1-5，用户月收入状况见表 1-6。

表 1-1　上网用户男女性别比例

用 户 性 别	男 性	女 性
所占比例（%）	55.9	44.1

表 1-2　上网用户年龄段比例

年 龄 段	10 岁以下	10～19 岁	20～29 岁	30～39 岁	40～49 岁	50～59 岁	60 岁以上
所占比例（%）	1.7	26.7	29.8	25.7	11.4	4.1	0.7

表 1-3　城乡用户的不同结构状况比例

农村用户状况	农村网民规模（亿人）	占整体网民比例（%）
数据	1.36	26.5

表 1-4　上网用户的不同文化程度所占比例

文 化 程 度	小学及以下	初 中	高 中	大 专	大学本科及以上
所占比例（%）	8.5	35.7	33.3	10.5	11.9

表 1-5　上网用户的职业分布状况

用户的职业	所占比例（%）	用户的职业	所占比例（%）
学生	30.2	制造生产型企业工人	3.5
党政机关事业单位领导干部	0.7	党政机关事业单位一般职员	5.2
企业/公司高级管理人员	0.8	企业/公司中层管理人员	3.2
企业/公司一般职员	9.9	个体户/自由职业者	16.0
专业技术人员	8.3	农村外出务工人员	3.0
商业服务业职工	3.5	农林牧渔劳动者	4.0
退休	1.8	无业/下岗/失业	8.6
其他	1.3		

表 1-6　　　　　　　　　　　　　　　　用户月收入状况

个人月收入（元）	所占比例（%）	个人月收入（元）	所占比例（%）
500 元以下	17.5	3001～5000	13.5
501～1000	12.5	5001～8000	5.0
1001～1500	10.1	8000 以上	3.8
1501～2000	11.9	无收入	7.9
2001～3000	17.9		

在上述用户中，并不是所有用户都会成为电子商务网站的用户。中国互联网络中心 2012 年 6 月发布的报告显示的数据表明，用户只有经常访问电子商务网站，才有可能实现交易。网络购物用户数超过 37.8%，即达到 19 395 万人。通过表 1-7 可以看出网络购物用户数和使用率的状况。

表 1-7　　　　　　　　　　　　　　　　用户网络购物状况

用户访问状况	网络购物用户数	所占比例（%）	不网络购物的用户数	所占比例（%）
用户数（万人）	19395	37.8	31905	62.2

通过中国互联网络中心 2012 年 6 月发布的报告显示的数据（见表 1-8），可以看出团购成为全年增长较快的网络服务。电子商务类应用使用率保持上升。

表 1-8　　　　　　　　　　　　　　　　电子商务类应用使用率

使 用 项 目	增长率（%）	使 用 项 目	增长率（%）
网购用户	20.8	网上支付	32.5
网上银行	32.4	团购用户	244.8

企业对于个人消费者群体的分析需要上述数据的支持，这样的定位才有效。

（2）企业应当调查在传统形式下企业所面对的单位消费者群体的详细情况，一般称之为交易对象的情况。企业应调查如交易对象是否喜好新生事物、新的交易方式，是否有电子商务经历、网络使用年限、好的金融信誉，交易对象可提供的产品或服务是否全面、准确等情况。对于那些经历过电子商务的交易对象而言，交易过程会比较简单明确，而且易达成交易。对企业来说，和自己有供应链关系的交易对象应当首先作为电子商务的对象。如果供应链上的交易对象很多，那么企业电子商务网站创建的价值就更大。

2. 市场的环境

准备参与电子商务的企业，面对一个崭新的市场，要分析的问题很多，如所在地区经济发展状况，政府在经济领域颁布的各项政策，企业所在地及周边地区的基础设施状况，同行业企业的电子商务活动参与程度等。毫无疑问，如果同行业企业到目前为止还没有参与到电子商务中来，哪个企业越早参与电子商务，哪个企业获得成功的可能性就越大。反之，如果同行业企业大都进行了电子商务活动，而某企业还在为进退问题而犹豫不决的话，该企业必定会在较短时间内失去较大的市场份额。

具体来讲，企业要分析的市场环境要素如下。

（1）经济发展状况。所在地经济发展状况越好，经济实力越强，将带动企业的整体实力提高。

有实力的企业在参与电子商务时会给其他消费者或企业留下较好的印象，另外企业也有可能加大对电子商务网站建设的资金支持，电子商务活动才能形成规模，获得效益。

（2）政府的作用。在电子商务网站的建设过程中，地方政府的作用十分重要。地方政府较强的发展意识，会大力促进电子商务在本地区的普遍实现，并将此作为经济发展的重要体现。如果企业在这样的地区，那么企业的电子商务发展往往比较顺利。政府部门可以从宏观上为企业提供指导，可以对企业之间电子商务的形成与最终实现起到推动作用。

（3）基础设施状况。企业建设电子商务网站不能脱离所在地区的基础设施状况，基础设施的状况直接关系到企业未来电子商务能否实现。如果企业所在地区的基础设施完备，企业在构筑电子商务网站建设方案时，可以尽情地享用已有资源，而不必为通信速度、网络安全、服务质量和费用等问题担心。这些基础设施包括随时可以连接 Internet 主干网，宽带网，快速的 ISDN、ADSL，光纤通信，卫星通信。

（4）同行业企业的情况。在分析同行业企业情况时，要特别注意这些企业的电子商务发展进程。这样就可以把握本企业在整个行业内所处的状况。由于电子商务将在未来决定企业的市场份额，企业起步太迟，必将失去市场。

3．产品与服务的特点

获得产品或服务是进行电子商务的最终结果。企业有必要分析究竟什么样的产品或服务适合电子商务的范畴，适合于利用电子商务网站进行宣传或销售；交易对象最熟悉的企业和品牌有哪些；电子商务是否适用于一切产品或服务；电子商务是否能对消费者产生消费推动作用。这样就可以确定本企业进行电子商务的产品或服务，更可以提供一些非电子商务所不能的服务。

中国互联网络中心 2012 年 6 月发布的报告显示的数据表明，用户对于在电子商务网站提供的产品或服务还是有一定选择性的（见表 1-9）。表中选择网络游戏、网络购物的用户比例分别为用户群的三分之二和三分之一，选择其他付费产品或服务的用户比较分散。企业的电子商务网站只有充分考虑了用户的这种需求特点，针对本企业产品和服务的特点，规划设计电子商务网站，创建后才有市场。

表 1-9　　　　　　　　用户在半年内在网上实际购买过的产品或服务（多选）

产品或服务项目	使用率（%）	产品或服务项目	使用率（%）
即时通信	80.9	社交网站	47.6
搜索引擎	78.4	网络文学	39.5
网络音乐	75.2	网络购物	37.8
网络新闻	71.5	网上支付	32.5
网络视频	63.4	网上银行	32.4
网络游戏	63.2	论坛/BBS	28.2
博客/个人空间	62.1	团购	12.6
微博	48.7	旅行预订	8.2
电子邮件	47.9	网络炒股	7.8

4．价格

价格经常是决定交易成功与否的关键因素。在这里分析的价格通常应该包括两个部分：一方面，是电子商务网站所提供的产品或服务的价格；另一方面，是交易对象通过网站交易的成本。企业应当分析哪些产品或服务的价格容易波动，产品或服务价格面向不同对象的承受能力怎样，交易对象对价格变动频率的适应程度如何，企业可以利用电子商务网站对那些经常变动价格的产品或服务进行动态宣传。与此同时，如何降低交易成本，使交易的达成不会给交易双方增加经济负担也是电子商务企业要面对的问题。

中国网络服务价格近年在稳定中有所下降，根据表 1-10 所示，个人用户每月实际花费的上网费用为 120 元，商务用户每月实际花费的上网费用为 400 元。大中型用户也可以采取独享带宽的服务方式，享用更快、性价比更好的方案。

表 1-10　　　　　北京歌华有线电视网络股份有限公司社区宽带服务与资费

服 务 类 别	资 费 标 准
个人用户包月	120 元/月
个人用户包年	1200 元/年（一次性交 10 个月赠送 2 个月）
商务用户包月	400 元/月
商务用户包年	4000 元/年（一次性交 10 个月赠送 2 个月）

除去上网费用外，规划电子商务网站还要考虑物流配送的价格。以某家网上商城的配送价格来看，用户自取 0 收费（保留三天），用户到就近的邮局自取，2 元/单；送货上门，5 元/单；EMS，按系统计算运费收取。目前部分电子商务企业配送范围已经达到全国范围，上述价格适用于北京城区。某网上书店，有如下收费标准：北京城区送货每次 5 元。国内其他地区（除北京以外）购书款低于 50 元的，平邮费为书款的 15%；50～500 元的为 10%；500 元以上的免费。用 EMS 快运的收费为书款的 50%，但购书款不少于 15 元；国外需要负担的费用更高，航空快递（DHL）一般需要一周，不限重，费用按照系统计算收取。对于 B2B 的大批量配送，价格另议。

5. 物流配送方式

网站上的交易一旦确定，企业往往要进行配送服务。企业在分析市场交易量与交易范围的同时，要调查企业对产品或服务送达渠道的需求情况。只有广泛的配送渠道、多种配送方式、便捷的服务才能最终圆满实现电子商务活动。

目前，配送的主要方式包括用户到网站自取、用户到指定的代理商店自取、用户到邮局自取、网站送货上门及第三方物流等。如果交易双方同处一个城市或地区，配送会比较容易实现，可选择的配送工具比较丰富，比如自行车、汽车等；如果交易双方处于不同城市或地区，配送会比较困难，可选择的配送工具比较有限，而且，配送工作往往需要借助多种工具才能实现，比如火车、轮船、飞机再转乘汽车等。无论网站最终选择的是什么样的配送方式，在网站的规划、设计中均要有所体现。用户自取方式对于网站来说是最好不过的；网站自己送货就会大量占用网站的资金和人力，成本比较高；第三方物流是发展方向。

所谓第三方物流（Third Party Logistics，TPL）是指物流的实际需求方（第一方）和物流的实际供给方（第二方）之外的第三方部分或全部利用第二方的资源通过合约向第一方提供的物流服务。第三方物流提供者是一个被外部客户管理、控制的提供物流服务作业的公司，他们并不在供应链中占有一席之地，仅是第三方，但通过提供一整套物流活动来服务于供应链。第三方物流的优势是能够向用户提供增值服务，表现在物流总成本的下降，企业通过购买第三方物流服务，有助于降低库存、减少成本。因此，第三方物流在欧美、日本等工业发达国家以其独特的魅力备受企业的青睐，呈现出蓬勃的生命力，享有企业发展的"加速器"和21世纪的"黄金产业"的美誉。在欧洲，全年1290亿欧元的物流服务市场，约1/4由第三方物流完成。苹果电脑、通用汽车等就是依托第三方物流而达到近乎"零库存"管理，这种要求极大地带动了全球第三方物流的发展。相比而言，中国的第三方物流则表现平平。一个好的物流系统由众多的要素组成，客户数和配送系统是两个最关键因素。电子商务说到底还是商务，有再先进的平台和技术，没有基础的客户和配送网络都不行。当然可以花钱买，但价格昂贵。而且买来现成的东西，想继续拓展的时候依然存在这些问题。

6. 营销策略

网络营销即是在互联网络上开展营销活动的一种方法。也有人说足不出户就可营销天下，这就是网络营销。企业可通过 Internet 建立网站、传递商品信息、吸引网上消费者注意并在网上购买。有人预计，网上购物将是21世纪人类最主要的购买方式。在我国，随着时间的推移，也会有越来越多的消费者在网上购物。

企业有必要在调查研究的基础上，分析企业产品或服务的特点、交易对象的特点，确定本企业的网络营销策略。作为新兴的营销方式，网络营销虽然具有强大的生命力，但就目前在国内的发展状况而言，还会遇到不少阻力。企业面对的系统缺乏法律与规范，没有完全的安全保证，用户的认知率低，所以宣传与推广成为网络营销的重要工作。

下面的成功案例可以给进行网站创建工作的企业一些启示。生产电位器的上海某贸易有限公司，常规的销售推广方式为参加展销会、印刷产品目录后邮寄给潜在客户、在杂志报刊上登广告，基本每年广告费用为三四万元，但效果不是很好。公司感觉自身作为一家小型企业，特别是公司正处于创业期间，宣传经费本来就不高，对于宣传效果的好与坏特别重视。E-mail 广告信的推广方式、发送买卖消息的软件和参加一些网站会员服务等,这些五花八门的推广方式哪个比较有效？该贸易公司感觉无法分清，也担心走冤枉路。于是该贸易公司抱着试看的想法，将公司的网站放在搜索引擎上，结果，全国很多的客户打电话来询问电位器。虽然不是都能做成生意，但是平均每天都有 5～10 位新客户打电话询问产品。现在，该贸易公司进行网上推广的网站有：搜狐、新浪、网易、百度及 Google 等。

1.1.2　人员配置

不管什么产品或服务，要让客户接受，最关键的是要让用户知道网站为其提供的产品或服务能为其带来什么利益。对于决策层，可以从战略层面或企业发展前景等宏观的方面入手，晓之以理；如果是对管理层人员，则可以从技术的先进性对工作效率的提高、对关键事务的把握等方面入手；对于执行层人员，更多的是从他们身上获取有用的信息，并加以运用，但没必要过多纠缠。

无论是在企业电子商务网站的创建过程中，还是电子商务网站创建后的使用阶段，对人员的需求都会与以往有所不同。企业有必要进行人员的重新配置，以适应这一变化的需要。

具体来讲企业进行电子商务活动、创建和维护网站等工作需要的人员包括以下几个方面。

1. 技术支持人员

这部分人员主要负责电子商务网站创建、维护等项技术工作,包括网络环境的规划设计工作、系统管理工作、主页制作与更新工作、程序开发工作、网站初期试用与调试工作、系统维护与完善工作等。由于传统模式下的经营方式，对这类技术人员的需求有限，目前企业中此类人才储备大都严重不足。社会潜在的人力资源中具有系统分析能力、熟悉网络管理、掌握网络操作系统和数据库技术的较高层技术人员十分匮乏。企业要有人才意识，要配置好企业电子商务所需的各种技术人员。

企业在配备电子商务技术人员时应当注意其技术的全面性、系统性及连续性等方面。由于在创建网站过程中，涉及的技术非常丰富，只有技术人员的全面互补，网站的创建才能顺利实现。就系统性而言，网站的技术人员应该具有系统分析能力，把握整个系统的创建能力，对于系统的分阶段开发有统一的构想与深入的计划。否则企业的网站朝不保夕，很难长久。IT 企业人员流动性较强，技术人员更是如此，作为一个企业对这一点要有充分的考虑，不能因为人员的流动影响网站建设与维护，否则对企业的危害很大。

2. 普通应用人员

在网站创建后，主要由这部分人员来从事和管理日常的电子商务活动。他们往往是企业中的一般工作人员。这些人员一般不关心电子商务的技术问题，只要求掌握常规的操作方法，由于对技术没有深入的研究，所以对使用的电子商务网站要求是操作简单、维护方便。企业对这部分人员在技术上不能有太高的要求，但要使他们树立电子商务意识，特别是要让他们了解电子商务可能为企业带来的好处。在配置这部分人员时，教育培训必不可少。普通应用人员的应用水平和对工作的态度，直接影响电子商务网站经营的效果。

例如，对用户意见的反馈是否周到、负责，反应的速度是否迅速。如果对用户的意见反馈迟钝，或者根本没有反馈，用户对该企业的网站会失去信心。

应对网站的工作，信息收集必不可少。这部分工作离不开工作人员每天常规工作的质量与效率。只有拥有广泛的信息量，和对问题的深入研究，用户在访问网站时才会有比较大的收获；网站的用户多，效益才会显现。

用户与企业的联系密切与否，与网站工作人员的态度有很大的关系。企业的员工视用户为上帝，那么他所进行的工作一定是比较积极主动的。另一方面，只有与用户直接打交道的普通应用人员最容易发现用户的需要，可及时满足用户需求从而促进企业网站的进一步完善。

3. 高级管理人员

企业的决策者们，电子商务意识往往比较淡薄，这样的人来管理电子商务必然影响电子商务的发展。配备这部分人员要先为他们灌输基础知识，让他们懂得电子商务对消费者、政府、企业均有好处，电子商务可以为企业与政府之间、企业与企业之间、企业与消费者之间、政府与消费者之间搭建桥梁，便于对企业的管理与指导，便于政府与群众的沟通。这样才有可能管理好电子商务网站，才有可能促进电子商务的持续发展，才有可能给企业带来长远利益。

企业的高级管理人员不是一个人，而是一个集体。他们既不是技术专家，也不是营销专家，但具有高瞻远瞩的远见、勇于创新的思想、不怕承担责任的工作态度。有了对于新事物的认识才能相互启发，企业的决策才能扬长避短，而不因某个 CEO 的个人状况影响整个网站的前景。

4. 其他相关人员

除企业必须配备的上述人员外，企业在创建电子商务网站过程中还需要方方面面的人员。这些人员可以是身兼数职的全才，也可以是企业临时聘用的人员，如掌握金融知识、法律知识、网络公共关系的人员等。

对以上人员的合理配置是企业进行电子商务的必要条件之一。

1.1.3 技术准备

在各种相关技术中，有些是企业一开始创建电子商务网站就需要的，有些可能是随着电子商务发展到一定层次才会遇到的；有些是需要企业自己进行投资的，有些则是可以利用已有的公用资源或国家进行投资的资源。无论哪一种情况，都可能对企业创建电子商务网站产生影响，企业有必要在进行各项技术分析的基础上做好全面的准备。

1. 网络与通信技术

传递信息是网络与通信技术的主要功能。这项技术包括网络技术和通信技术。

（1）ISO/OSI 参考模型。企业创建电子商务网站离不开网络体系的创建。国际标准化组织所确定的开放系统互连标准，简称 OSI 参考模型，如图 1-1 所示。该模型包括物理层、数据链路层、网络层、传输层、会话层、表示层和应用层。这种模型是各界建立网络的基础模型，在实际应用中还可以结合自己的情况加以改变，如增加子层、扩展某一层等。

图 1-1 ISO/OSI 参考模型

企业在掌握了这样一个模型后，可以灵活地修改，以适合自己的应用特点。同时该体系结构又满足了不同企业创建网站时的网络系统的一致性要求，使企业间网络的沟通变得更加便利。

（2）局域网。局域网是一个数据通信系统，它在一个适中的地理范围内，把若干独立的设备连接起来，通过物理通信信道，以适中的数据速率实现各种独立设备之间的直接通信。局域网的网络分布一般只有几千米，比如一座大楼内，一个相对集中的宿舍区内，一个工厂厂区内等。通常认为，局域网的覆盖面积不超过 10 平方千米，多为一个单位所有。局域网选用的通信介质通常是专用的同轴电缆、双绞线或光纤专用线。局域网通信使用的通信方式主要是数字式通信方式。局域网信息传输时间短、信息响应快、管理相对简单。局域网投资少，不需要很高的运行维持费用。但这项建设主要是由所有权单位自己开发，企业如果进行这样的建设，企业本身既是投资者，也是使用者和受益者。

企业在创建电子商务网站前一般会首先实现企业内部的信息化，这样就会选择局域网。企业内部的信息交流较多地在网络上进行。一旦企业开始创建电子商务网站，前后台就可以有机地结合起来，为网站上的用户服务。

（3）广域网。广域网是应用公共远程通信设施为用户提供用于远程用户之间的快速信息交换的系统。该系统的网络遍布一个地区、一个国家甚至全世界。大多数广域网选用的通信介质是公用线路，如电话线等。其通信方式以模拟方式居多，实际应用中微波通信、光纤通信较为普遍。由于广域网传输时延时长，远程通信要配置较强功能的计算机、各种通信软件和通信设备，通信管理十分复杂。广域网虽然建设投资大，并且需要高额的运行维持费用，但企业只需要了解所在地区的情况，并不需要企业直接投入。在我国，这项建设主要是由电信部门完成，企业只是一般用户。

企业内部的局域网创建得再完善，也不能实现电子商务网站的全部网络需求。企业的电子商务网站对用户的服务一定要与广域网结合起来，这样才可能扩大用户群，提供丰富的服务功能，满足不同用户的个性化需求。

（4）卫星通信。卫星通信系统由通信卫星和地球站组成，通过通信卫星的转发或反射来实现与地球之间的通信。也有人说，卫星就是一个无人值守的空中微波中继站，它把从地球上发来的电信号经过放大、变频后再发送回地球。通信卫星高高在上，可以覆盖到地球表面的最大跨度是18000多千米，也就是可以覆盖地球表面积的1/3。目前，在地球赤道上空已有百余颗通信卫星在运转，利用卫星通信的国家和地区达到170多个。卫星通信的特点是传输环节少、通信质量高、相对成本低。在实际应用中，可进行日常电视、电话业务，已经并正在发展电视、电话、电子邮政、电视教育、传真、电话会议及数据传输等工作。据此，企业可以使用卫星通信作为日后网络通信的重要手段之一。

（5）光纤通信。光纤是光导纤维的简称，只有头发丝那么细，由包层和芯层两部分组成。包层的折射率小于芯层的折射率。光纤也可以像电缆一样做成多芯的光缆。光从光纤的一端按特定的角度射入，由于光在光纤芯和包层的界面处发生反射，所以就被封闭在光纤内，经过多次反射后，从另一端传出去。此外，光纤的纤维体积小、重量轻、柔软、不怕潮湿和腐蚀，可以埋在地下，也可以架在空中，敷设方便。光在光纤中传输损耗小，不怕雷击，不受电磁波干扰，没有串音，传输保密性好。目前世界光纤的长度在1亿千米左右，可容信息量将是非光纤容量的数倍。企业可以利用已有的光纤设施进行信息的传递，这将大大提高企业信息传递的速度与质量。

如果不是特殊需要，企业可以不考虑使用的通信介质到底是什么，只要提供者能够满足通信服务的需要即可。

（6）其他相关技术。除上述技术外，企业还应分析到网络多媒体技术、网络传播技术等。

2. Internet 技术

Internet 是全球最大、覆盖面最广的计算机互联网，它的中文译名为因特网。它把全世界不同国家、不同部门、不同结构的计算机，国家骨干网、广域网、局域网等通过网络设备使用 TCP/IP 连接在一起，实现资源共享。也有人说 Internet 是由那些使用公用语言相互通信的计算机连接而成的全球网络。一旦连接 Web 节点，就意味着计算机已经连入 Internet。

Internet 的基本功能是共享资源、交流信息、发布和获取信息。从这个角度看，网站的创建离不开 Internet 技术。Internet 的服务主要包括：WWW 信息查询服务，电子邮件服务，文件传输服务，远程登录服务，信息讨论与公布服务，网络电话、传真、寻呼和网络会议服务，娱乐与会话服务。

3．EDI 技术

20 世纪 90 年代以来，EDI（Electronic Data Interchange，电子数据互换）已成为世界性的热门话题。为竞争国际贸易的主动权，各国的企业界和商业界人士都积极采用 EDI 来改善生产和流通领域的环境，以获得最佳的经济效益。全球性、区域性的各种 EDI 交流活动也十分频繁，EDI 正在以前所未有的速度发展。

全球贸易额的上升带来了各种贸易单证、文件数量的激增。虽然计算机及其他办公自动化设备的出现可以在一定范围内减轻人工处理纸面单证的劳动强度，但由于各种型号的计算机不能完全兼容，实际上又增加了对纸张的需求。美国森林及纸张协会曾经做过统计，得出了用纸量超速增长的规律，即年国民生产总值每增加 10 亿美元，用纸量就会增加 8 万吨。此外，在各类商业贸易单证中有相当大的一部分数据是重复出现的，需要反复地键入。有人对此也做过统计，计算机的输入平均 70% 来自另一台计算机的输出，且重复输入也使出差错的几率增高。据美国一家大型分销中心统计，有 5% 的数据存在着错误。同时重复录入浪费人力、浪费时间、降低效率。因此，纸面贸易文件成了阻碍贸易发展的一个比较突出的因素。

另外，市场竞争也出现了新的特征。价格因素在竞争中所占的比重逐渐减小，而服务性因素所占比重增大。销售商为了减少风险，要求小批量、多品种、供货快，以适应瞬息万变的市场行情。而在整个贸易链中，绝大多数的企业既是供货商又是销售商，因此提高商业文件传递速度和处理速度成了所有贸易链中成员的共同需求。同样，现代计算机的大量普及和应用以及功能的不断提高，已使计算机应用从单机应用走向系统应用；同时通信条件和技术的完善、网络的普及又为 EDI 的应用提供了坚实的基础。

由于 EDI 具有高速、精确、远程和巨量的技术性能，因此 EDI 的兴起标志着一场全新的、全球性的商业革命的开始。国外专家深刻地指出："能否开发和推动 EDI 计划，将决定对外贸易方面的兴衰和存亡。如果跟随世界贸易潮流，积极推行 EDI，对外贸易就会成为巨龙而腾飞，否则就会成为恐龙而绝种。"

企业电子商务网站建设离不开电子数据互换，所以研究 EDI 成为创建网站的重要工作。

4．数据库技术

数据库技术是实现电子商务的重要技术支持。它主要包括硬件平台、软件平台、数据库管理人员和数据库用户 4 个方面。由于企业要创建自己的电子商务网站，因此一方面需要构筑自己的数据库系统，包括企业开发数据库所需的计算机设备、开发所需的操作系统、数据库开发工具、开发与管理人员及与前台链接的数据库技术等；另一方面，还要具备登录到 Internet 后共享其他资源时对数据库技术的各种需要，如共享资源所需的硬件设备、软件平台、掌握大型数据库使用方法并熟悉网络操作系统的人员等。

（1）CGI 技术。近几年，CGI（Common Gateway Interface，通用网关接口）技术十分流行，它是最早的 Web 数据库连接技术，大多数 Web 服务器都支持这项技术。程序员可以依赖任何一种语言来编写 CGI 程序。它是介于服务器和外部应用程序之间的通信协议，可与 Web 浏览器进行交互，也可以通过数据库的接口与数据库服务器进行通信。如将从数据库中获得的数据转化为 HTML 页面，然后由 Web 服务器发送给浏览器；也可以从浏览器获得数据，存入指定数据库中。

（2）Sybase 数据库技术。作为老牌数据库产品，长期以来 Sybase 致力于 Web 数据库功能的开发与利用。新版产品可以建立临时的嵌入业务逻辑和数据库连接的 HTML 页面，建立超薄、动态、数据库驱动的 Web 应用。此外，Sybase 数据库技术还可用于管理公司信息，为网站后台管理工作提供技术支持。

（3）Oracle 数据库技术。Oracle 是一种基于 Web 的数据库产品。它功能强大，可以建立直接用于 Internet 上的数据库，也可以建立发展于 Internet 平台的数据库。通过 Oracle 的支持，大大节省了用户用于建立 Web 数据库的开支，使在线进行的商务处理、智能化商务得以实现。由于 Oracle 可以用于管理大型数据库中的多媒体数据，对电子商务网站十分重要。

（4）IBM DB2 数据库技术。IBM 作为电子商务倡导者开发的 DB2 数据库具有非常适合电子商务网站功能的先天优势。它提供了对 Web 数据库的有力支持，某些版本提供了对大多数平台的支持，使得该数据库技术广泛应用于电子商务。同时，DB2 支持大型数据仓库操作，提供多种平台与 Web 连接。

（5）SQL 数据库。SQL 是 Structured Query Language 的缩写，称为结构化查询语言。SQL 是数据库的标准语言，主要用于对存放在计算机数据库中的数据进行组织、管理和检索是一种特定类型的数据库——关系数据库。当用户想要检索数据库中的数据时，就向 SQL 发出请求，接着数据库管理系统对该 SQL 请求进行处理并检索出所要求的数据，最后将其返回给用户。上述过程经常在实际操作中用到，所以掌握 SQL 十分重要。它的主要功能就是同各种数据库建立联系。对于一个电子商务网站，有可能需要连接多个数据库，这正是 SQL 的长处所在。

（6）Informix 数据库技术。作为重要的数据库品牌之一的 Informix 数据库，提供了在 UNIX 和 Windows NT 平台的 Web 产品，支持多种浏览器的功能，具有数据仓库功能。由于支持 Linux，所以它能够提供多种第三方开发工具。在网站数据库建设方面有特殊的地位。

5. 安全技术

企业创建电子商务网站需要很高的安全技术作为保障，安全问题也是阻碍电子商务发展的重要因素。由于 Internet 具有集成、松散和开放的特点，企业容易受到黑客的攻击，他们可能攻击网络，窃取他人商业信息，甚至破坏系统。在这样一个环境中，企业必须考虑各种保证安全的措施。企业可以采取的措施包括防火墙技术、密码技术、数字签名技术、数字时间戳及数字凭证认证等。此外，企业在安全方面要考虑的问题还有：计算机病毒的干扰、自然灾害的影响、电磁波辐射的侵害等。

（1）数据加密（Data Encryption）技术。所谓加密是指将一个信息（或称明文）经过加密密钥及加密函数转换，变成无意义的密文，而接收方则将此密文经过解密函数、解密密钥还原成明文。加密技术是网络安全技术的基石。

（2）身份验证技术。身份识别（Identification）是指定用户向系统出示自己的身份证明过程。身份认证是系统查核用户的身份证明的过程。人们常把这两项工作统称为身份验证（或身份鉴别），它们是判明和确认通信双方真实身份的两个重要环节。

（3）代理服务。在 Internet 中广泛采用代理服务工作方式，如域名系统（DNS）。同时也有许多人把代理服务看成是一种安全性能。从技术上来讲，代理服务（Proxy Service）是一种网关功能。

（4）防火墙技术。在计算机领域，把一种能使一个网络及其资源不受网络"墙"外"火灾"影响的设备称为"防火墙"。用更专业一点的话来讲，防火墙（Fire Wall）就是一个或一组网络设备（计算机系统或路由器等），用来在两个或多个网络间加强访问控制，其目的是保护一个网络不受来自另一个网络的攻击。

（5）网络反病毒技术。由于在网络环境下，计算机病毒具有不可估量的威胁性和破坏力，因此计算机病毒的防范也是网络安全性建设中重要的一环。网络反病毒技术也得到了相应的发展。网络反病毒技术包括预防病毒、检测病毒和杀毒 3 个方面。

6．电子支付技术

企业创建电子商务网站需要根据自己企业的条件，选择一种或多种电子支付手段。目前使用较多的电子商务支付系统有两种：SET 结构和非 SET 结构。SET（安全电子交易）是由 VISA 和 MASTER CARD 两家公司提出的，用于 Internet 事务处理的一种标准。该标准包括多种协议，每一种协议用于处理一个事务的不同阶段。通过复用公共密钥和私人密钥技术，单个 SET 事务最多可用 6 个不同的公共密钥加密。非 SET 结构的电子商务支付系统指除了 SET 协议以外的其他协议的电子支付系统，包括 E-Cash、E-Check、智能卡、商家或其他机构发行的购物卡、银行卡等。

由于在线支付的方式存在安全隐患，很多在电子商务网站交易的个人或单位都选择传统的支付方式，如货到付款（一般个人消费者采用现金交易较多）、电汇、支票预付款等多种方式。对于创建网站的企业来说也要加以充分考虑。

7．Java 开发技术

由于 Java 具有与平台无关的特性，它一出现就成为电子商务网站开发语言。这项技术包括：电子商务框架，即开发电子商务应用程序的平台和结构化框架；电子商务应用程序，即实现电子商务框架中的一些基本服务，使得开发者可以方便地创建各种电子商务应用程序；电子商务开发工具，即开发复杂电子商务应用程序所需的特定工具。

8．浏览器技术

浏览器是 Internet 的主要客户端软件。随着 Web 的发展，浏览器的地位变得越来越重要。目前最流行的浏览器主要有两种：微软公司的 Internet Explorer（简称 IE）和网景公司的 Netscape Navigator/Communicator。浏览器的诞生为访问电子商务网站的用户提供了便利条件。

9．ASP 技术

ASP（Active Server Pages）技术的字面含义包括 ActiveX 技术、运行在服务器端、返回标准的 HTML 页面。ActiveX 技术采用封装对象、程序调用对象的技术，简化编程，强化程序间的合作。只要在服务器上安装这些组件，通过访问组件就可以快速、简易地建立 Web 应用。采用运行在服务器端的技术就不必担心浏览器是否支持 ASP 所使用的编程语言的通用性。浏览者在使用浏览器查看页面源文件时，可以看到 ASP 生成的 HTML 代码，而不是 ASP 程序代码。这样做的好处就是防止抄袭。

在创建电子商务网站时，ASP 主要用于动态网页的制作。虽然 ASP 本身不提供任何脚本语言，但它可以通过 ActiveX Script 标准界面使用各种各样的脚本语言。比较通用的脚本语言包括 ASP 默认的脚本语言 VBScript 和 Internet Explorer 默认的脚本语言 JScript。

10.　网页制作技术

由于网页是用户访问网站首先接触到的内容，所以有人说，网页是网站的核心内容。也有人说，网页就是浏览器窗口出现的文件，当用户使用 URL 时，该文件被调用，并且出现在窗口中。可见，对于用户来说网页十分重要。目前比较流行的网页制作技术包括以下几个。

（1）Macromedia Dreamweaver 技术。Macromedia Dreamweaver 是由 Macromedia 公司开发用于网页制作的专业软件。它具有可视化的特点，而且可以制作跨越平台和跨越浏览器的动态网页，受到专业人士的普遍欢迎。对于非专业人士来说，Macromedia Dreamweaver 可以脱离代码的编写过程，直接看到网页编辑的结果，这无疑推动了该技术的普及与推广。Macromedia Dreamweaver 的主要功能包括动态内容发布、站点地址编辑、图形艺术工具、增强的表格编辑功能、完善的高效特点及可扩展环境。

（2）Macromedia Fireworks 技术。Macromedia Fireworks 是一个网页设计的图形软件。作为图像处理软件，Fireworks 可导入多种图像，如 PICT、PSD、GIF、JPG 及 TIFF 等格式，对于丰富网页内容、美化宣传对象有非常显著的作用。Macromedia Fireworks 在图像处理技术方面，还有切图、动画、网络图像生成器、鼠标动态感应的 JavaScript 生成等功能。

（3）Flash 技术。Flash 技术是一种交互式矢量多媒体技术，目前比较普及。该技术与 Macromedia Dreamweaver 和 Macromedia Fireworks 被称为网页制作的"三剑客"，大多数专业技术人员进行网页设计时使用上述 3 种技术。Flash 的主要特点是：基于矢量的图形系统，使用时可以无限地放大或缩小，不会影响图像的质量；存储空间小，适合用于网站建设；提供插件工作方式，调用速度快，容易下载和安装；提供多媒体的增强功能，如位图、声音、变色及通道的透明等；采用准"流技术"，可以一边下载，一边观看。这些特点都为 Flash 走红起到推动作用。Flash 技术在网页设计和网络广告中的应用非常广泛。有些网站为了追求美观，甚至将整个首页全部用 Flash 方式设计，但 Flash 网站可能存在部分浏览方面的问题，同时也存在另一种先天的缺陷，即搜索引擎无法识别 Flash 中的信息，网站推广的效果将大受影响，因此在决定采用 Flash 网站时，应该首先考虑到搜索引擎带来的优化设计问题。

（4）FrontPage 技术。作为微软公司 Office 软件包的成员之一，FrontPage 本身就带有普及和易学的特点，再加上对 DHTML 的支持，更容易为用户所接受。它的另一个特点是，所见即所得，非常适合非专业人员，而不必关心 HTML 语言的用法，就可以制作出比较专业的网页。

网站的创建会使用到许多技术，在此不一一赘述。

1.1.4　宏观环境分析

1.　中介服务

围绕企业的电子商务活动出现了一些特有的中介服务。这些中介服务涉及组织生产时的供应链中介、商品流通时的批零中介、信息发布时的传播中介等多个领域。新交易方式下新中介的产生，对企业介入 Internet 领域进行电子商务活动有较大的辅助作用。

2.　物流配送

网上交易形成后，商品或服务的实体就要送达交易的对方处。由于 Internet 的无边界性、无时限性，要求企业有一个强大的物流配送系统作为后盾。

3．金融服务

各种金融服务是保证电子商务顺利实现的基础。如果企业所处环境的金融服务全面、准确、周到，企业就有可能迅速抢占 Internet 上的市场；如果支付环节出现不协调的服务，就会导致电子商务的失败。

4．ISP 服务

企业的广告宣传、数据库的维护与使用、信息的获取无一不与 ISP 服务有着千丝万缕的联系。好的 ISP 服务包括 Internet 接入服务、Internet 平台服务、Web 页面制作、网上信息反馈及在线服务等。如果企业选择了一家好的 ISP，对日后的电子商务一定有很大的促进作用。

5．法律服务

总体来讲，目前我国适应企业电子商务的法律、法规还很不健全，企业在进行电子商务时缺乏法律保障。可以说这是制约电子商务发展的宏观因素。但随着电子商务在世界范围内的不断兴起，整个国际社会制定出越来越适合电子商务的法律、法规，以此来规范这种新事物。

企业创建网站的准备工作就绪，规划工作进入下一阶段，确定企业电子商务网站的建站目的成为当务之急。

1.2　确定建站目的

企业在确定创建电子商务网站时应该有一个明确的建站目的。通常企业创建网站就态度而言有 3 种不同的状况。第 1 种，被上级单位强令创建网站；第 2 种，被网站开发单位或相关企业动员创建网站；第 3 种，企业主动创建网站。当企业处于第 1 种状态时，往往企业内部的准备并不充分，企业的态度会比较被动，企业的投入往往会随上级的最低要求而设定。在这种情况下，上级的要求就是企业的建站目的。当企业处于第 2 种状态时，往往企业处于犹豫阶段，伴随着说客的说服解释工作，企业的态度会有所改变。但总体来看，企业仍然是处于被动状态。企业目标一时难以确定，往往会采取与同类型企业一致的做法，或按照建议者的思路进行创建。企业的投资不会一步到位，而是采用分期分批的投资方式。只有第 3 种状态的企业不同，这类企业建站目标明确，投资有信心。对于这样的企业，可以说创建电子商务网站的时机是比较成熟的。

创建企业电子商务网站的实施过程有 3 种情况。第 1 种，委托网站建设单位完成，企业自己提供资料，而不参与实际的创建；第 2 种，企业自行创建网站，这时企业一定具备相应的人力资源、财力资源和比较完整的建站资料；第 3 种，企业与网站建设单位联合创建电子商务网站，这种形式比较实用。创建电子商务网站不会一步到位，一般先从宣传企业形象入手。

1.2.1　形象宣传

以形象宣传为建站目的的情况非常适合这样一些企业，企业规模为中小型，企业的知名度比较小，对电子商务能否为企业带来利益持怀疑态度。如果这时创建电子商务网站，企业往往会比较谨慎，网站的创建规模有限，属于初步的尝试阶段，这样，利用网站做企业的形象宣传成为网站的主要功能。

在具体实施过程中，企业准备的资料应包括以下几方面。

- 公司 VI 系统资料：如无完善资料，至少要具备 LOGO（企业标识）及标准色。
- 公司介绍性资料：如公司简介、形象图片、产品及图片、包装样品等尽量详细的图片。
- 公司业务资料：产品的文字资料，市场资料。
- 确定的负责人：为保证制作质量，相互沟通是必需的，在网页制作期间应明确负责人。
- 其他资料：公司需要在网站上宣传的其他资料。

从图 1-2 可以看出，睿宏广告公司的网站，就是以企业形象展示为主的。在主页上用户可以了解到品牌设计、样本画册、导视系统、庆典活动、展览展示等方面的内容。对于具体的服务没有提供交互式窗口，也没有显示价格信息。作为交易对象，如果想与该公司进行交易，可以借助网站提供的联系方式进行。可以说，网站为该企业提供了一种形象宣传方式，为全面开展电子商务打下了基础。

图 1-2　睿宏广告公司主页

1.2.2　数据展示

以数据展示为建站目的的情况适合这样一些企业，企业要发布的信息主要是关于产品的价格、服务收费的标准、产品的规格及产品的数量等数据。如果用形象展示的方式就不合适。当然，这里提到的数据并不单指阿拉伯数字。数据包括不同类型的数字、字符、计算公式等信息，还包括其他多媒体信息。

1.　静态数据展示

数据展示方式对部分商业企业十分适用。从图 1-3 中可以看出，蓝岛大厦通过电子商务网站 http://www.ldds.com.cn，展开一系列促销活动。优惠销售的产品内容和日期通过网页展示给用户，数据信息量大，内容更新快，对企业营销十分有效。由于该网页主要提供企业信息，缺乏用户与企业交流的内容，所以对于所发布的信息本身来说，一经发布，就是静态的数据，直至企业用新信息来替代现有内容。对于用户来说，打开该网页，可以被动地接受，而没有主动询问的机会。这样的数据展示通常会随企业的促销活动主题而改变。当下是父亲节，以后可能是其他主题。因此，可以说这是一种企业为主的数据展示方式。

图 1-3　北京蓝岛大厦网站的促销信息

2. 动态数据展示

从图 1-4 中可以看出，在艺龙旅行网的网页上用户可以清楚地浏览到旅游信息，如旅游指南、

图 1-4　艺龙旅行网的主页

酒店预订、机票预订及旅行社报价等数据。这样的网页是企业数据展示的窗口，是用户快速、准确获得信息的桥梁。由于网页提供了交互式的工作界面，用户还可以通过网页主动地获得数据，如北京经南京到黄山的游览线路，如预算、发团日期、主要景点及团费等其他数据。这样的数据展示通常会随用户的需要而改变展示的内容。因此说这是一种用户主动的数据展示方式。

1.2.3　电子商务

当企业的管理集团明确认识到电子商务对企业长远发展有促进作用时，当同行业企业已经开始创建网站时，当企业的资金有了保障时，当企业的信息化程度比较高时，众多企业以电子商务为网站创建目的的时代到来了。

1. 传统企业创建的电子商务网站

传统企业创建电子商务网站，一般具有超前的意识，如果企业本身的信息化水平较高，在行业内将起到领头羊的作用。王府井百货集团的前身是北京市百货大楼商场。自 1996 年起，王府井百货在中国首次推进百货连锁规模发展，实现由地方性企业向全国性企业，由单体型企业向连锁化、规模化集团的转变。2008 年建立了图 1-5 这个网站，尝试在网络上进行营销活动。

图 1-5　王府井百货集团网站的主页

2. 具有中介性质的企业创建的电子商务网站

阿里巴巴作为国内知名的电子商务网站，从创建之初一直受到国内外电子商务企业的认同。阿里巴巴开创的企业间电子商务平台，被国内外媒体、硅谷和国外风险投资家誉为与 Yahoo、Amazon、ebay 比肩的互联网第 4 种模式，被福布斯杂志选为“全球最佳网站”之一，被远东经济评论杂志读者选为“最受欢迎 B2B 网站”。

阿里巴巴将贸易机会、产品及企业信息过滤，按照 27 个行业类别及 1000 多个小类产品分类整理、发布。其中交易信息最为活跃的行业包括农业、纺织及成衣、化学品、电脑及软件、家庭电器及工业用制品等。网站还提供多个行业资讯、价格行情和相关贸易服务。积蕴在互联网界 9 年从业经验，凝聚和弘扬中国第一批 IT 人的创业精神和活力，阿里巴巴独辟网路，以独创的理念解释和实践互联网商业的第 4 模式：e-market。阿里巴巴的主页如图 1-6 所示。

图1-6　阿里巴巴的主页

在这里，作为买卖的双方可以经常"见面"，大家可以探讨共同关心的经营问题，网站动态地提供供、需双方的信息，交流电子商务的心得……阿里巴巴的生意就在生意人中间进行着。

3. IT企业创建的电子商务网站

IT企业作为新兴的产业，掌握着先进的技术和雄厚的资金实力。当方方面面开始进军电子商务领域时，IT企业不甘落后，纷纷开始了创建网上商城的工作。有些采取与综合网站联合，创建商城的办法；有些采取单干的办法。eguo是比较成熟的电子商务网站。创建初期，由于企业自身没有店铺和仓储能力，egup联合了一批小规模的零售店，对网站销售的商品电话确认后，北京市内一小时送货到门。这样的效率使电子商务领域受到震撼。目前，随着团购发展的需要，eguo的做法有所改变，如图1-7所示。

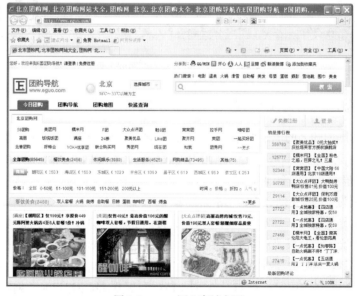

图1-7　eguo网上商城主页

1.3 规划建站步骤

企业要创建电子商务网站，需要确定企业电子商务目标、企业顾客群及企业网站的核心内容。在此条件下，分阶段逐步地完成创建网站的所有任务。

1.3.1 导入阶段——以信息发布为主的阶段

对企业来讲，首先要经历一个电子商务网站从无到有的阶段。在这个阶段里，企业不能以求全、求大为目标，而要以确实行之有效为着眼点。企业应实现的目标如下。

1. 电子商务意识的培养

在电子商务企业内部，培养电子商务意识非常重要。通过培训的方式，使企业一般管理人员和高级管理人员具备电子商务的初步知识，重点应放在意识的培养方面，使相关工作人员懂得电子商务具有信息量大、信息传递速度快、信息发布范围广、获取信息量大、通信与获得信息成本低等特点，使员工逐步认识到，如果企业高层领导人支持电子商务的发展，企业的一般人员可以进行电子商务网站的日常工作，企业发展的后劲是不可估量的。

基本技能的培训也应在导入阶段完成。企业相关员工应掌握 Internet 的基本知识，掌握浏览器的使用方法，掌握电子信箱的使用方法，并为有条件的员工讲授电子商务的实施过程，为下一阶段的工作做好准备。

2. 企业使用电子信箱作为日常通信手段

为了真正实现信息的动态交流，这一环节也不能忽视。在企业内部，可以使用局域网创建的信箱；在企业外部，可以使用 Internet 的电子信箱。

（1）确定上网方式。在企业内部的局域网上，为企业的每一位员工设置一个信箱，通过局域网络的连接，企业内部的员工可以收发简报、会议通知等公司内部的信息，以提高建站企业内部信息的使用效率。企业也可以通过局域网来访问 Internet。访问的方式包括以下几种。

- 电话拨号上网方式。利用微型计算机上的通信仿真软件，把微型计算机仿真成远程主机的终端。使用这种方式，企业须配备一台 PC、一个 MODEM、一条电话线和普通通信软件。在这种方式下，企业并没有真正与 Internet 相连，企业的计算机不是 Internet 上的一个网络节点，企业没有自己的 IP 地址，只能使用宿主机的 IP 地址，宿主机只能向企业提供文本使用界面，不能使用高级的图形界面。
- SLIP/PPP 连接方式。SLIP 是 Serial Line Internet Protocol（串行线路 Internet 协议）的缩写。PPP 是 Point To Point Protocol（点对点协议）的缩写。采用 SLIP/PPP 方式拨号进入 Internet。在企业一端需要的硬件设备与电话拨号方式类似，只要企业的微型计算机能使用 Windows 和相应的 SLIP/PPP 通信软件即可。采用 SLIP/PPP 方式拨入 ISP 的服务器后，企业的计算机就成为 Internet 的一个节点。它的优点是，企业计算机有单独的 IP 地址，它能使用 Internet 提供的全部服务，同时可以使用高级图形界面。
- 专线上网方式。这种方式是与 Internet 直接连接，由于租用专线价格昂贵，它支持企业以高速方式入网，并可以使用 Internet 提供的全部访问功能。采用这种方式连接，企业端要安装符合 TCP/IP 的路由器，在计算机上安装网卡及支持 TCP/IP 的通信软件。还必须向网络服务管理机构申请正式的 Internet 网络地址，并注册自己的域名。它的优点是 24 小时服务，发给客户的电子信件可以直接传送到对方计算机，不必依赖 ISP 服务器就可以使用高级图形接口界面。此外，企业还可以建立自己的信息资源库，Internet 上的其他用户可以通过 Internet 访问这些信息。

（2）获得电子信箱。企业内部由网络管理人员为企业员工设置信箱。企业外部可以尝试使用免费的电子信箱，如由 Sina、163、Sohu 等提供的免费信箱。这些信箱都可以进行常规的通信，如信件的一对一或一对多地收发、地址的存储、往来信件的查看等。企业通过登记自己的用户名称、用户密码等几个简单的项目，就可以获得免费信箱。有了自己的信箱后，企业应当广而告之，使企业在拥有了电话、传真、电报、信件等通信方式后，再加入新的联络手段。然后就可以使用电子信箱了。

由于收费信箱具有可靠性高、速度快、安全稳定、容量大及服务有特色等特点，企业可以进一步尝试使用收费信箱。

接下来企业就可以使用电子信箱收发信件了。

3. 使用 BBS 固定发布企业商品或服务信息

使用电子信箱向某个人或某几个人发送电子邮件是很方便的，但是如何向很多人或网上的所有人发邮件就是一件十分麻烦的事。利用 BBS 系统，可以很方便地把信息传给网上的每一个人。BBS 与现实生活中的公告牌类似，人们可以在上面留言，也可以就感兴趣的问题进行讨论。Internet 上有上万个 BBS，讨论着各种各样的问题。

BBS 可以实现的任务如下。

- 像普通公告牌一样，任何人都可以张贴或发布供他人阅读的任何信息。
- 像报纸一样，BBS 可以将每条信息发布给许多人。
- 像俱乐部或社会团体的新闻简报一样，在 BBS 上公布的信息集中了大家共同感兴趣的话题。
- 像电子邮件一样，BBS 将每条信息快速地传递出去。
- 像社会团体内的非正式讨论一样，BBS 允许每个人倾听别人的交谈、提问题或者发表长篇大论。

鉴于上述特点，企业可以将自己的企业概况、产品或服务品牌、促销价格、售后服务特点及企业电子信箱等信息以静态的文本方式在 BBS 上进行张贴。有兴趣的个人或企业会在浏览之后开始网上联络，企业也会因此认识自己的准客户。

4. 选择符合企业需要的 ISP，为电子商务网站创建进入下一阶段做准备

目前，ISP 较多，企业可以根据自己的情况选择适合企业经营服务的 ISP。Internet 服务商（ISP）会提供很多服务，可以让企业的员工访问 Internet，也可将网站信息放到他们的主机上。在这里应当注意以下几个问题。

（1）ISP 的历史情况。ISP 的创建初衷、历年的经营业绩、ISP 的稳定性、经营过程中有无改善、是否容易登录、日常登录者数目、技术支持环境及 Web 页面访问统计报告等都反映了 ISP 的历史情况。

（2）已有服务对象的满意程度。了解该 ISP 是否有长期服务对象，服务对象的类型，服务对

象在 ISP 的业务规模是扩大还是缩小了，提供的服务是否满足需要，在服务内容上是否有可扩充的空间，安全性、可靠性和有效性如何。如果所选择的 ISP 服务不可靠，即使花再多的时间，也访问不到页面，这就会影响到访问页面的人数，使用户满意度下降并降低销售总额。

（3）价格定位。价格定位包括域名注册、租用空间等项费用，如图 1-8 所示。选择 ISP 是很重要的决策，会直接影响到 Web 网站的成功。选择价格低廉的 ISP，Internet 连接的速度会很慢，访问网站页面时下载的时间会很长，而访问者不可能久等，就会终止下载。

图 1-8　中国万网的建站方案

（4）支持实时传送音频（Real Audio）、实时传送图像（Real Video），支持网页设计等站点管理软件。

（5）企业自身的其他条件。企业的美誉度、企业的经济实力、企业对电子商务的依赖程度等。

5．积极建立与银行和其他相关各界的联系

在这一阶段，企业就可以有选择地与银行进行往来，主要目的在于确定日后的电子支付方式。同时，为了保证电子商务交易的安全性，企业还要与认证机构进行联络。最后，要注意企业自己的供应链是否能够满足电子商务网站全面实现经营时的需求。

通过第一阶段的工作，企业对电子商务有了较为清楚的认识，有了使用 Internet 的经验，更通过电子信箱和 BBS 与其他企业、政府、消费者建立了广泛的联系，有时还会出现简单的网上交易，这一切都说明企业已经具备了进入更高阶段的条件。

1.3.2　成长阶段——电子商务大规模实现的阶段

在这一阶段，简单的网上宣传已经不能满足企业的需要，企业对 Internet 的要求体现在动态、全面、快速、准确上。由于所有的企业、政府和消费者已经趋于成熟，对电子商务的要求也会有所提高，客观上要求企业扩展电子商务领域，加深电子商务深度。在这样的情况下，企业为自身利益与服务对象的利益必然要进入大规模的电子商务实现阶段。在初期那种不以盈利为目的的网站宣传，为新的网上大批量的交易所代替，企业因此开始获得利润，并使效益逐渐扩大。企业的具体做法如下。

1. 使用浏览器

目前流行的浏览器主要包括微软的 Internet Explorer、Opera、Firefox、Safari、Google 和 360 浏览器。

（1）Internet Explorer。Internet Explorer 是微软公司推出的一款使用最广泛的网页浏览器之一。

（2）Opera。Opera 起初是挪威 Opera Software ASA 公司制作的一款支持多页面标签式浏览的网络浏览器。由于新版本的 Opera 增加了大量网络功能，官方将 Opera 定义为一个网络包。Opera 支持多种操作系统，还有手机用的版本（Opera Mini 和 Opera Mobile），在 2006 年与 Nintendo 签下合约，提供 NDS 及 Wii 游乐器 Opera 浏览器软件；也支持多语言，包括简体中文和繁体中文。

（3）Firefox。Firefox 是从 Mozilla Application Suite 派生出来的网页浏览器，从 2005 年开始，每年都被媒体 PC Magazine 选为年度最佳浏览器，源代码以 GPL/LGPL/MPL3 种授权方式发布。

（4）Safari。Safari 是苹果公司所开发的网页浏览器，并内建于 Mac OS X。Safari 在 2003 年 1 月 7 日首度发行测试版，并成为 Mac OS X v10.3 与之后的默认浏览器，也是 iPhone 与 iPod touch 的指定浏览器。

（5）Google 。Google Chrome 是一个由 Google 开发的网页浏览器，采用 BSD 许可证授权并开放开放源代码，开源计划名为 Chromium。2012 年 8 月 6 日，chrome 的全球市场份额已达 34%，成为南美和亚洲最常用的浏览器。

（6）360SE。360 安全浏览器是互联网上好用和安全的新一代浏览器，和 360 安全卫士、360 杀毒等软件等产品一同成为 360 安全中心的系列产品。360 是以 IE 为内核技术的浏览器。

企业通过浏览器可以浏览企业内部网上的信息，便于进行电子商务网站的后台管理；通过浏览器还可以登录 Internet，浏览企业电子商务网站的窗口，便于动态地维护与管理网站，监控前台状态。

2. 创建电子商务网站

在网站的创建之初，企业可以针对自己的多方面状况决定创建网站的方案。

一方面，企业可以采取租用空间的方式，创建自己的网站。这是一种最简单的网站创建方案，它相当于在已有的网上"商场"中租用柜台，企业只需要提供自己的产品资料，其余的工作如网站维护等技术性较强的工作，甚至网络营销、电子支付等工作均由"商场"负责。当然，企业得负责回答用户的问题并提供送货服务。这种方式技术要求简单，启动讯速，可立竿见影，马上得到回报，非常适合技术力量不强的中小企业。缺点是企业没有自己独立的 IP 地址和独立域名，企业的进一步发展将受到限制。早期，一些著名的网上拍卖商场，如"ebay"（http://www.ebay.com）

也提供类似的服务。一旦免费注册为其会员，ebay 即可提供主页空间供宣传在 ebay 上的拍卖品之用。ebay 只对拍卖的每一件商品收取少量插入费和成交后的小额提成。由于其会员数已超过 500 万，买卖极为兴隆。不少美国的家庭企业在其上开店，我国的一些艺术品商人通过它也取得了不俗的销售业绩。2011 年 10 月 eBay 在美国发布了第三财季报告，eBay 全球单季营收同比增长 32%，达 30 亿美元，同时，净利润同比增长 14%，达 4.91 亿美元。

与在现实世界中一样，租柜台不仅要看租金，更重要的是看"人气"。如果企业希望在网上创业而又缺乏资金的话，不妨到 ebay 上转转，看企业的产品是否适合在其上销售。ebay 目前的主页搜索引擎如图 1-9 所示。

图 1-9　ebay 主页搜索引擎

另一方面，可以独立经营一个网站，需要搭建 Web 服务器，包括纯粹自建（投资大、见效慢、需要有高水平的维护队伍、运行成本高）、服务器托管和租用服务商提供的空间 3 种方案。

（1）准备工作。包括企业用户群体的定位，电子商务实现目标定位，技术与管理人员定位。

（2）软硬件的选择。软硬件的选择要遵循安全、开放、扩展、实用的原则。硬件方面企业要选择服务器（也可采用租用服务器的方式，本书第 2 章将做详细介绍）、MODEM；软件方面，企业要选择开发电子商务的平台，如适合管理的网络操作系统、制作具有企业特点页面的软件、多媒体集成软件、电子商务通用数据库软件、电子商务通信软件和浏览器软件。此外，企业还会遇到建立电子商城的软件、提供电子钱包的软件、建立电子付款网关的软件、建立认证中心的软件、保护电子商务的软件。这些软件也许企业并不直接购买或经常使用，但应考虑它们与企业创建电子商务网站环境的一致性。

（3）Web 页面的创建、维护与更新。超文本标记语言（Hypertext Markup Language，HTML）是生成 World Wide Web 的语言，它是国际标准 ISO 8879 SGML（Standard Generalized Markup Language，通用标准标识语言）的实际应用之一。SGML 是定义结构化文本类型和标识这些文本类型的标识语言的系统。作为一种标识语言，HTML 用以生成文本文档。在这种文档中，可以加入指向任何文档（文本、图像、动画和声音）的链接。设计 HTML 文档时，应注意以下几点。

- 好的页面结构设计是成功的关键。
- 重要内容放在醒目位置。
- 链接关系清晰直观。
- 布局合理、简洁。
- 信息组织有序。

另外，在设计 HTML 文档时，切忌使用过于华丽、复杂的页面，因为这样的页面往往打开过程较长，有些登录者没有耐心等待。国外有人提出 50KB 的观点，即页面的大小在 50KB 左右。如果小于此规模，页面可能过于单调，并且内容不丰富；如果大大超过此规模，用户访问时打开速度较慢，很难留住用户的眼光，这一观点得到了国内外同行的认可。国外许多成功的页面大都采用较多的文本信息，而色彩与图片的使用较少，看起来让人感觉耳目一新，线索清楚。

图 1-10 所示的网站主页体现了中国万网简捷、明了的网页设计思想。收费标准是中国万网要突出宣传的内容，网页全面体现了这一主旨。通过这样的网页展示，浏览网页的用户可以准确地把握该企业制作企业网站的价格和对应的服务标准。

图 1-10　中国万网的网站建设的主页

企业 Web 页面的创建、维护与更新需要有相关的技术人员。在电子商务使用过程中，企业应根据自己的产品或服务的变化来不断完善自己的网站，使其在动态中为用户服务（关于网页设计，参见本书第 3 章）。

3. 网站的安全与管理

企业的电子商务网站开始经营以后，如何保证网站的安全，对日常电子商务活动进行管理是每个网站的重要工作（关于网站的管理与安全问题，参见本书第 5 章）。

1.3.3 成熟阶段——电子商务在世界范围内广泛应用阶段

在这个阶段，企业、政府、消费者全部都是电子商务的主角，电子商务被广泛应用于社会经济的各个方面和各个层次，网上贸易、网上税务管理、网上情感交流……完全地实现了信息流、商品流、资金流的统一。关于电子商务的政策、法规也日臻完善，管理方式与方法日趋合理。企业的工作并没有万事大吉，而应更加注重以人为中心的电子商务活动，更加注重交易对象的权益，更加注重企业的服务。

电子商务将体现出新的特点。

1. 个人消费者群体与单位消费者群体消费习惯产生巨变

美国 IDC 公布的全球 Internet 普及情况调查结果显示，虽然全球经济正在衰退，但是 Internet 人口还是在稳步增加。巨大的上网人数，带来了巨大的商机。在欧美国家，90% 以上的企业都建立了自己的网站，通过网络寻找自己的客户、寻找需要的产品，这已经成为了习惯。如果企业想购买商品，特别是首次采购时，会首先在网上进行初步的查找和选择，再进一步与供应商取得联系。包括 IBM、三星、索尼等跨国公司，都进行网上采购。

网上巨大的消费群体特别是企业的商务习惯的变化，给网络营销提供了广阔的空间。

2. 突破地域限制

传统的报纸、电视、杂志等，都会受到地域性的限制，影响范围最多在几个国家之内；网络能达到世界上任何一个角落，它需要的只是一台能上网的电脑。通过传统媒体进行的产品推广，只能是小范围的宣传；通过互联网进行的产品推广，是面对全世界的营销宣传。

3. 突破时间限制

做过外贸的人都知道，与大洋彼岸约定通话时，不是太早就是太晚，因为各国之间存在时间差。此地睡觉的时候正是彼地工作的时间，这给沟通带来不方便和高成本。

而建立一个好的网站，就能为用户提供每周 7 天，每天 24 小时不间断的联系时间，无论什么时候，总能抢在竞争对手之前为用户提供他们需要的信息。

4. 低成本的宣传方式

建立有效的网站，相当于做了一个永久性的产品展台。每天可以向成百上千甚至上万个来到网站浏览的访问者提供详细的企业产品和产品资料；通过 E-mail 向潜在用户发送广告，速度更快，发送量可以更大。最重要的是还可以节省印刷、邮寄等费用。特别是在对国外开展业务时，通过网上进行拓展的成本优势更加明显。

如果按照广告的目标客户到达率计（成本/千人），通过网上进行宣传的成本，比任何一种媒体都要低。

5. 时效性好，简化交易过程

信息类产品对时效性有特别的要求。在对国外开展业务时，可能用户的地理位置非常分散，但是看样本、交流、最后将产品送达用户等商务活动，都需要最少的时间。结合信息产品的本身特点，通过网上方式去做，完全可以满足时间上的要求，而且还能减少邮寄的成本。

通过以上几点可以看出，届时国外、国内网站应用非常普及，通过网站营销，有诸多的优势。企业必将全部或部分利用网站这个廉价高效的手段。

可以说，上述 3 个阶段的每一个阶段都是以前一个阶段为基础的，没有前面好的基础电子商务不可能有长远的发展。所以对于那些目前尚未开展电子商务的企业，有必要从一开始就打好基础，为企业日后发展创造好条件。

1.4 本章小结

本章比较系统地介绍了创建企业网站的规划进程，包括建站前的充分准备过程、确定创建网站的目的的过程、规定创建网站的实施步骤的过程。通过上述环节对 3 个问题的重点讨论，使建站前的工作清晰化了，准备开始这项工作的企业都可以以此为参照。由于本章的目的不在于讨论具体的技术实施方案，对创建网站的技术问题只做了初步介绍。全面的技术要领通过后面的章节可以进一步学习。

1.5 课堂实验

实验 1 广泛浏览 B2B 和 B2C 网站

1. 实验目的

创建网站的核心问题是目标定位问题。很多企业在创建电子商务网站的初期，对本企业网站的创建目的不十分明确，对潜在浏览群体不十分清楚。这时，参考一些具有代表性的网站可以受到启发。

2. 实验要求

（1）环境准备：连接 Internet。
（2）知识准备：掌握浏览器的一般使用方法。

3. 实验目标

提出网站建设过程中系统规划的总体思想与原则。

4. 问题分析

（1）建站目的不明确。企业对为什么要建立电子商务网站，建立电子商务网站对企业有什么益处，企业的经营思想能否通过网站的建设得到进一步体现等诸多问题持观望态度。在规划网站时企业容易出现举棋不定的态势，不利于网站的规划研究。

（2）目标定位不明确。在已经确定电子商务网站可能为企业带来预期宣传效果或直接利润时，要解决企业的电子商务网站究竟是为什么人、什么企业提供服务的问题，即网站的目标定位问题。目标不明确，企业网站的创建就失去了意义。

5．解决方法

浏览大量比较成熟的网站，获得较多的信息，对分析本企业的具体情况提供依据，进而明确本企业的建站目的和目标定位。

（1）亚马逊（Amazon）是一家财富 500 强公司，总部位于美国华盛顿州的西雅图。亚马逊创立于 1995 年 7 月，目前已成为全球商品品种最多的网上零售商。亚马逊致力于成为全球最以客户为中心的公司，以使人们能在网上找到并发掘任何他们想购买的商品，并力图提供最低的价格。亚马逊及其他销售商为客户提供数百万种独特的全新、翻新及二手商品，如健康及个人护理用品、珠宝和钟表、美食、体育及运动用品、服饰、图书、音乐、DVD、电子和办公用品、婴幼儿用品，以及家居园艺用品等。浏览该网站可以获得企业网站定位思想的启发。

（2）戴尔（Dell）公司于 1998 年 8 月将直线订购模式引入中国。戴尔（中国）公司（以下简称戴尔）在北京、上海、广州、成都、南京、杭州和深圳设有办事处，并有实力将销售及市场拓展到多个主要城市（如沈阳、苏州、武汉和西安），以及 100 多个二线城市和城属区域。亚太区网址 www.dell.com/ap 目前采用 4 种语言，包括汉语、英语、韩语和日语，支持亚太地区 11 个国家的站点。截止到 2006 年 8 月 4 日的第二财季，戴尔亚太及日本地区的出货量增长了 27%，几乎是除戴尔外市场增速的 3 倍。特别是笔记本电脑出货量增长率高达 29%。就全年来看，戴尔单位出货量增长了 29%，营业额上升 26%。2004 年初至 2005 年初，戴尔亚太区及日本的营业额达 55 亿美元。浏览该网站可以为企业创建电子商务网站确立盈利的信心，这样才能顺利开展网站创建工作。

（3）阿里巴巴（Alibaba）是全球企业间（B2B）电子商务的著名品牌，是全球最大的网上交易市场和商务交流社区。阿里巴巴网站为来自 220 多个国家和地区的 600 多万企业和商人提供网上商务服务，是全球首家拥有百万商人的商务网站。1999 年马云带领下的 18 位创始人在杭州的公寓中正式成立了阿里巴巴集团。1999 年—2000 年阿里巴巴从软银、高盛、美国富达投资等机构融资 2500 万美金。2002 年阿里巴巴 B2B 公司开始盈利。2003 年个人电子商务网站淘宝成立。2004年发布在线支付系统—支付宝。2009 年淘宝成为一站式电子商务服务提供商。2010 年淘宝商城启动独立域名 Tmall.com。2011 年阿里巴巴集团宣布将在中国打造一个仓储网络体系，并与伙伴携手大力投资中国物流业。阿里巴巴集团将淘宝网分拆为三个独立的公司：淘宝网（taobao.com）、淘宝商城（tmall.com）和一淘（etao.com），以更精准和有效地服务客户。2012 年 淘宝商城宣布更改中文名为天猫，加强其平台的定位；阿里巴巴网络有限公司正式从香港联交所退市。

在规划叮当网站时参考了上述网站在明确定位方面的一些思想，将叮当网站定位为以书籍为主要销售商品的电子商务网站。

6．实验步骤

（1）打开 Internet Explorer 浏览器。在地址栏分别输入 www.amazon.com、www.dell.com.cn、和 china.alibaba.com。

（2）浏览亚马逊网站 www.amazon.com，如图 1-11 所示。

（3）浏览戴尔公司的网站 www.dell.com.cn，如图 1-12 所示。

（4）浏览阿里巴巴网站 china.alibaba.com，如图 1-13 所示。

图 1-11　亚马逊网站首页

图 1-12　戴尔公司网站首页

图 1-13　阿里巴巴网站首页

实验 1　登录 ebay 网站，体验商品分类的优点

1.　实验目的

（1）观察适合在网上销售的商品类别。
（2）提出创建网站的商品目录结构。
（3）规划网站的框架结构。

2.　实验要求

（1）环境准备：连接 Internet，如果有英文识别障碍可以安装在线翻译平台。
（2）知识准备：具有浏览英文信息的能力。

3.　实验目标

（1）通过观察 ebay 网站，能够确定企业网站销售商品的分类方法，方便用户快速浏览，找到自己所需要的商品或服务。
（2）确定网站提供服务的大框架，使浏览者能够在首页上通过网站的提示迅速进入自己需要的页面。

4.　问题分析

（1）企业产品缺乏科学有效的分类管理方法。
（2）企业原有的业务流程比较复杂，不适合直接用于电子商务。

5.　解决方法

（1）参考众多网站的商品分类方法，对企业的产品或服务进行细致的分类，以便于在企业电子商务网站上迅速找到企业提供的商品或服务。
（2）进行企业业务流程的改造，选择出适合在网上销售的商品，分析这部分商品从生产到销售的过程，简化环节，实现快速交易的目的。
（3）针对企业的所有商品或服务进行规划，将与企业相关的、用户最关心的问题放在首页明显位置，便于进行消费引导。

浏览 ebay 的网站可以获得多种关于商品管理、网站业务管理的信息，有助于帮助企业完成网站框架规划。在规划叮当网站时参考了 ebay 的商品管理经验和网站主要功能陈列经验。

6.　实验步骤

（1）按照用户需要的商品查询。
① 打开 ebay 公司的网站首页 www.ebay.com，如图 1-14 所示。可以看到在中心部分显示的是用户最经常使用的 "Sign in" 和 "Register"；将 Buy 和 Sell 放在右上角醒目的位置排列，使浏览网站的人可以方便地了解该网站主要服务的使用方法。
② 在查找所需商品框中输入要检索的内容 "pen"，如图 1-15 所示。

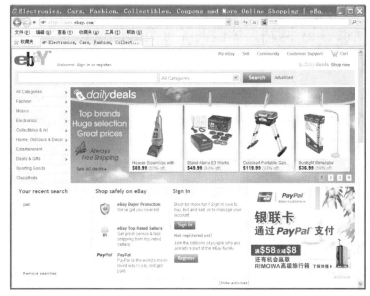

图 1-14   ebay 网站首页

图 1-15   输入所需商品查询页面

③ 单击 "Search" 按钮，查找到所需商品大类的页面，如图 1-16 所示。

④ 如果希望进一步了解某商品的情况，单击欲查询条目，如 "Parker"，打开该商品的页面，如图 1-17 所示。可以看到关于 Parker 的图片、单价等更为详尽的信息。

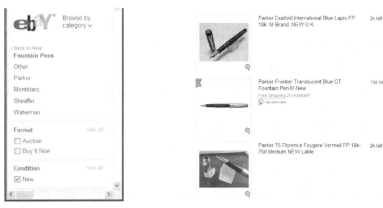

图 1-16   关于 pen 的查询结果页面   图 1-17   关于 Parker 的详细信息页面

（2）按照网站提供的商品类别查询。

① 单击浏览所需类别框的下拉按钮，找到 "Books"，如图 1-18 所示。

图 1-18   在类别框中选择 "Books" 商品类别

② 单击"Search"按钮，打开关于"Books"的页面，如图 1-19 所示。用户可以在这里进一步挑选自己需要的书籍。

（3）按网站提供的提示进行。

ebay 提供了 My eBay、Sell 等导航栏，只要注册（免费）成为用户，如图 1-20 所示，就可以使用网站相关信息。

图 1-19　查询到的关于书籍的页面

图 1-20　注册页面

实验 3　登录 www.net.cn 了解建站方案

1.　实验目的

通过浏览该站，分析企业建站的步骤与方法。

2.　实验要求

（1）环境准备：连接 Internet。
（2）知识准备：掌握创建网站的基本方法（独立建设、主机托管、租用空间）。

3.　实验目标

为网站选择适当的方案，满足企业业务量的需要，具有服务稳定、价格适中、沟通便利、易于扩展的特点。

4.　问题分析

（1）谁来建站，如何建站是企业最为关心的问题。
（2）建站步骤不明确。虽然已经确定了建站对企业有好处，但对于如何建站，经过怎样的步骤就可以实现等问题都是未知数。

5.　解决方法

（1）参考 www.net.cn 网站推荐的建站方案，明确建设网站的步骤，一般经过网站规划、域名注册、服务器配置、网页设计、网站测试与发布、网站管理与维护、网站推广等步骤就可以实现。

（2）详细分析企业需求，将访问量、企业邮箱个数、对安全的要求、企业能够承受的成本等要素进行分析，然后选择满足这些条件的建站方案。

（3）建站时可以是企业独立建站，也可以是托付给相应的公司建站，还可以采取双方合作的方式建站。在分析企业需求时侧重点有所不同，要予以考虑。

浏览 www.net.cn 可以为选择建站方案提供依据。首先为企业注册域名服务（将在第2章的实验中详细介绍），其次为企业虚拟主机提供服务，再次为企业规划费用提供服务，最后为企业推广网站提供服务。叮当网站如果采用虚拟主机的建站方法，可以考虑适合中小企业的方案。

6. 实验步骤

（1）打开中国万网首页 www.net.cn，如图 1-21 所示。在这里可以看到万网的主要服务包括域名注册、网站建设、云主机、企业邮箱、云解决方案、云应用软件、会员中心等。

（2）单击"云主机"按钮，打开万网云主机页面，可以看到云虚拟主机、云主机、传统独享主机等信息，如图 1-22 所示。

图 1-21　万网首页　　　　　　　　　　　图 1-22　云主机页面

（3）单击"云主机"按钮，打开关于云主机方案的详细介绍，如处理器、内存、硬盘和独享带宽等信息，如图 1-23 所示。

（4）单击"祥云普及型"选项，可以看到完整方案，如图 1-24 所示。

图 1-23　方案详细信息　　　　　　　　　图 1-24　完整方案页面

（5）在万网的首页，拖动滚动条可以看到万网的其他服务：产品管理/续费、支付方式、快速链接、常见问题、服务与支持等信息，如图 1-25 所示。

图 1-25　万网其他服务页面

（6）在万网的首页单击"云应用软件"，选择"管推广"选项，打开网站推广页面，可以看到 AFS 万网版项目内容，如图 1-26 所示。

图 1-26　网站推广内容

1.6　课后习题

1. 大量浏览电子商务网站。
2. 研究创建网站的核心问题，即目标定位问题。
3. 浏览 ebay 网站，观察哪些商品适合在网上销售。
4. 提出自己的网上销售商品目录，并说明原因。
5. 通过仔细浏览中国万网的内容，研究如何选择 ISP（参考中国万网 http://www.net.cn/）。
6. 虚拟一个电子商务企业基本情况，完成一份网站建设前期规划方案。

建立一个好的电子商务网站同运作一个好的剧团一样,剧团要想取得好的演出效果,不仅要有好演员,也要有好的剧本、舞台、灯光和音响。电子商务网站要想得到用户的青睐,就要从注册域名开始,选择有特色、能代表企业形象的域名;选择适合企业需要的建站方法,配置好服务器等硬件设备,选择好适用的软件平台。这样,企业要唱的这台大戏就具备了演出的基本条件。

2.1 域名注册

网上用户接触企业、了解企业,最早是从企业网站的域名开始的。要想让浏览者在成千上万的网站中记住一个企业,域名起着非常关键的作用。

2.1.1 选择域名

1. 域名的种类和作用

域名对网站来说是一个极其重要的部分,是网站的"商标"。所谓域名,是指一种基于 IP 地址的层次化的主机命名方式。从技术角度看,域名是一种用于解决 IP 地址不易记忆的方法;从管理角度来看,层次化的域名体系使 IP 地址的使用更有秩序、更容易管理,是比 IP 地址更高级的地址形式。域名具有世界唯一性,域名注册机构保证全球范围内没有重复的域名。

注册域名是企业上网的第一步,就像现实生活中开公司要起公司名一样,域名是企业网上信息、业务往来的基础,所以说,域名是企业在 Internet 上的商标。全球任何一个 Internet 用户只要知道企业的域名,就可以使用域名立即访问这个企业的网站,所以说,域名又是企业在 Internet 上的门牌号码。

一个企业只有通过注册域名，才能在 Internet 上确立自己的一席之地。任何企业都可以在 Internet 上注册自己的域名，让全球的用户通过 WWW 浏览器查阅到自己的网上广告。如果企业的域名与企业的名称或商标保持一致，那么人们就很容易在 Internet 上找到该企业的网址，检索所需信息，使名称商标这一无形资产在网络空间得到延伸。因此具有自己域名的企业网站，能面向全球进行宣传和展示，给企业带来诸多好处，在一定程度上代替企业传统的宣传资料。据 Internet 商业调查表明，国际上的大型企业有超过 90%的企业在网上设立了独立网站并开展了网上服务。

在 Internet 的技术领域中，域名是 Internet 上的一个服务器或一个网络系统的名字，在全世界，不能有重复的域名。

域名可以由若干个英文字母和阿拉伯数字以及连词号 "-" 组成，并由点号 "." 分隔成几层，每层最长不能超过 26 个字母，字母的大小写没有区别。国内域名注册由中国互联网络信息中心（CNNIC）指定的注册服务机构负责；国际域名注册由设在美国的国际互联网络信息中心（InterNIC）和它设在世界各地的分支机构负责。

对于一个全称域名，从最右边开始，第 1 层称为顶级域名或一级域名，第 2 层和第 1 层加上之间的点号是二级域名，第 3 层和二级域名加上之间的点号是三级域名，以此类推（国内域名一般都是三级域名或四级域名，三级域名由 CNNIC 的 DNS 服务器集中管理解析，四级域名的管理解析则分布到全国的各个 ISP 服务商或者由用户自行设立 DNS 服务器管理解析）。

顶级域名由负责名字和号码分配的国际组织 ICANN（Internet Corporation for Assigned Namesand Numbers）定义，由 2～4 个英文字母组成。常用的顶级域名有以下 3 类。

- 开放的通用顶级域名，向全球用户开放，都可以注册使用。
- 限制的通用顶级域名。
- 国家或地区代码顶级域名，向代码所代表的国家或地区开放。

它们由两个字母缩写来表示，例如中国为.cn，日本为.jp，英国为.uk 等。

在国家或地区代码顶级域名下用户还可以直接注册二级域名。

二级域名就是用户直接在我国国家顶级域名.cn 下选择注册域名的形式。这是目前国际上比较普遍采用的一种域名形式，如 cnnic.cn 就是中国互联网络信息中心的二级域名。

注册二级域名的优点是简短、易于记忆并且能够突出体现地域概念。

此外用户还可以注册中文域名，目前提供注册的中文顶级域名包括 ".中国"、".公司" 和 ".网络"，用户可以在这 3 种中文顶级域名下注册纯中文域名。另外在 ".中国" 下注册中文域名的用户将自动获得 ".cn" 的中文域名。

一般来说，大型的或有国际业务的公司或机构不使用国家代码。这种不带国家代码的域名也叫国际域名。这种情况下，域名的第二层就是代表一个机构或公司的特征部分，如 ibm.com 中的 ibm。对于具有国家代码的域名，代表一个机构或公司的特征部分则是第三层，如新浪网站域名 sina.com.cn，其中的 sina 是公司的特征部分。普通的机构或公司通常只可以选择.com、.net 和.org 3 种类型。

一般讲，中国企业可以注册两种类型的域名，一种是国际通用顶级域名，其格式为企业名称.com，由国际域名管理机构 InterNIC 负责受理；另一种是中国的通用域名，即企业名称.com.cn 格式，.cn 表示中国，由中国互联网络信息中心 CNNIC 认证的注册服务机构受理（当然还有其他格式的域名）。应当说这两种域名，没有使用上的不同，只是国际上互联网应用的习惯及标准规定而已。

注册国际域名手续非常简便，只需上网到相关网站，填写注册表后提交，30天内支付注册费即可。注册国内域名，手续稍复杂一些，填写表单提交后，还需将单位营业执照复印件、申请表及介绍信交到CNNIC备案方可生效。

作为中国企业，除了注册自己的国内域名之外，也应把国际顶级域名同时注册下来，其原因主要有以下3个方面。

- 由于国际域名在全世界是统一注册的，因此在全世界范围内，如果一个域名被注册，其他任何机构都无权再注册相同的域名。

国际域名由设在美国的InterNIC和它设在世界各地的分支机构负责批准域名的申请，它是面向全世界的所有人和所有机构的。注册国际域名没有条件限制，任何单位和个人均可以申请。注册域名的规则是谁先申请，就先批准给谁，因此，人们在飞快地注册域名。在美国，连街头上的小百货店和小加油站都在注册他们的域名，以便在网上宣传自己的产品和服务。作为有头脑、有远见的商人，越早行动，越有可能获得自己所需要的域名。在美国，在Internet上注册域名的公司在1995年初为25 000家，已超过600 000家。有人把这件事情比喻成当年发现新大陆。新大陆的资源有限，Internet上的域名更有限——因为每个域名都具有唯一性。

- 虽然域名是网络中的概念，但它已经具有类似于产品的商标和企业的标识物的作用，而且是有效地保护企业的公众形象和商标品牌等无形资产的一个极其迫切的重要行为。

域名被认为是企业的"第二商标"，是有道理的。域名资源相对是比较紧张的，应该说比商标资源还要紧张。因为商标是分类的，如熊猫，可以在不同的类别下注册商标，可以分别属于不同的企业使用，可以是熊猫牌洗衣粉，也可以是熊猫牌电视机。但域名只有一个，用此域名的企业也只有一家，谁先注册就是谁的。像熊猫这个域名就只归最早注册域名的生产洗衣粉的北京日化二厂所有。最关键的还是不能让域名落到商业对手或某些别有用心的人手中，否则就麻烦了。前段时间掀起了注册高潮，恶意注册的事已层出不穷，sohoo.com被迫改为sohu.com，就是一个很好的例子和教训。虽然现在对恶意抢注的打击力度不断加大，但还是会有类似的事件发生。

- 考虑人们记忆网站域名经常使用惯例，对于想试一试进入自己还不完全知道网址的网站时，往往是这样试着输入的：http://www.商标名或企业名.com。所以，企业更有理由要首先注册自己的国际域名。

2. 怎样选择最佳的域名

域名不仅是企业的网络商标，也是人们利用搜索引擎在互联网上查找的依据之一。可以说，拥有一个好的域名意味着成功了一半。

如何选择一个好的域名呢？一般应遵循以下原则。

（1）选择简短、切题、易记的域名。选择一个简短、切题、易记的域名是网站成功的重要因素之一。这种域名往往会给用户留下深刻的印象，如中国网注册的域名为www.china.com，中央电视台的域名为www.cctv.com.cn。公司采用数字化域名更是煞费苦心。网易认为：英语并非中国的母语，对绝大多数人来讲，用英文做域名并不易记，唯有数字，简单好记，无论用电话传达或信件传达都不易混乱。所以网易一口气注册了163、263、126、127、188、990等多个域名。著名的电子商务平台"阿里巴巴"（alibaba.com/）以口语为名，个性鲜明，中西文和谐一致，会更多赢得那些对英文不熟的访客的访问量。此外，域名不宜太长，否则很难记忆，谁也不愿意去敲一个长而难记的地址去访问。

（2）选择与本公司密切相关的域名。按照习惯，一般应使用企业的名称或商标作为域名，也可选择与企业广告语一致的中英文内容，但注意不能超过 63 个字符。域名的字母组成，要便于记忆，能够给人留下较深的印象。如果企业有多个很有价值的商标，最好都进行注册保护。企业也可以选择自己的产品或行业类型作为域名，例如企业是从事图书出版发行或销售行业的，那么 book.com 将是一个很好的选择，但是这样的域名都被抢先注册了。

一个好的域名应该与企业的性质、企业的名称、企业的商标及平时的企业宣传一致，这样的域名易记易找，也能成为网络上的活广告，无形中宣传了企业的形象，保护了企业的利益。

如果一个企业的域名选得不规范，就会不便于记忆、查找，这会在一定程度上给公司造成损失。现在很多企业在命名域名时很随意，这样既不利于反映企业的形象，又容易造成误解。

据估计，域名数量在以每年百万的速度迅速膨胀，如果有意抢占网上先机，那就应该赶快注册。域名注册越早，就越主动，也能早受益。

2.1.2　注册域名

确定域名时，要选择有显著特征和容易记忆的单词，最好简短而且有意义。一个好记又好用的域名往往会带来事半功倍的效果。申请域名的手续极其简单，只需要到 ISP 供应商那里领取申请域名的表格，填写完毕就可以了，也可以通过 Internet 从网上完成申请。

国内域名注册的权威机构是中国互联网络信息中心。但从 2003 年起，中国互联网络信息中心自身不再从事域名注册的具体工作，只负责注册域名的管理工作，维护域名中央数据库、提供域名解析服务、开展有关技术和政策研究工作。企业或个人用户要注册域名，可以向 CNNIC 授权的注册服务机构去申请，这样的注册服务机构有几十家。国际域名最好通过 ICANN 认证的域名注册服务商或 Network Solutions 公司代理商来注册。

全球最大的域名注册机构美国 NSI（Network Solutions）公司和 CNNIC（中国互联网络信息中心）推出基于 com、net、org、cn 的中文（简繁体）域名注册服务。此项中文域名服务区别于先前市场上所谓的"中文域名"服务，与现有的全球通用的英文域名注册系统完全兼容，无需使用任何客户端软件，无需服务商对 DNS 服务器做任何设置，就可成功访问。

国内域名注册有两种办法。一种是企业自己向中国互联网络信息中心授权的注册服务机构去申请；另一种是由 ISP 帮助企业去注册域名。第一种方法费用低，而且便于企业控制注册过程（这很重要，可以在未来避免许多麻烦），但在注册过程中要回答一些技术问题，自己应有所准备。后一种方法企业很省事，但费用高些。

2011 年评为五星的注册服务机构有：北京万网志成科技有限公司（www.net.cn）、北京新网数码信息技术有限公司（www.xinnet.com）、杭州电商互联科技有限公司（www.eb.com.cn）、厦门易名网络科技有限公司（www.ename.cn）、中企动力科技股份有限公司（www.300.cn）。

2.1.3　解析域名

域名解析是由 DNS 服务器完成的。DNS 服务器逻辑上按层状结构组织，上一层域的 DNS 服务器负责定位下一层域的 DNS 服务器地址或者直接定位到主机地址。最顶层是根服务器（Root Server），负责找到相应的顶级域名服务器。目前世界上有 13 个根服务器，美国维护 10 个，日本、英国和瑞典各维护一个。根服务器的下一层是顶级域名服务器，由 ICANN 管理，各国家代码域名服务器由各个国家自己管理。

DNS 服务器内都有域名系统数据库，数据库中存储着很多解析记录，包括域名到 DNS 服务器地址以及域名到主机 IP 地址的对应记录，总体上构成一个巨大的分布式数据库。

一个域名要想被 Internet 上的用户访问到，必须得到正常的域名服务，即包括如下几方面。

- 在根服务器中有记录，这实际上就是进行了域名的注册。
- 在权威性的域名服务器上有记录，就是为客户的域名提供了域名解析服务。

域名和 IP 地址不是一对一的，而是多对多的关系，即多个域名可以对应同一个 IP 地址，同一个域名也可以对应多个 IP 地址，这是采用 DNS 轮询均载时所必需的。在应答域名查询时，DNS 服务器对每个查询将按解析记录的 IP 地址，顺序给出不同的解析结构，将客户端的访问引导到不同的主机上，达到负载均衡的目的。例如在 UNIX、Linux 或者 Windows NT/2000 的命令行方式下使用 "nslookup[域名]" 命令，就可以看到该域名对应多个 IP 地址，使用 Ping 命令也可以看到 Ping 同一域名时每次所得到的 IP 地址可能不一样。

2.2 选择企业建立网站方式

2.2.1 ISP 的选择

1. Internet 的几种接入方式

企业网站接入 Internet 可以有多种方式，目前国内主要采取以下 3 种接入方式。

（1）专线接入。通过专门的线路将企业内部局域网接入到 Internet。这里的专线是指所有可以连接 Internet 的线路连接方式，包括 DDN 专线、帧中继及光纤等形式。

（2）服务器托管。将 Web 服务器放到电信局或其他提供这项服务的网络公司进行托管，就是服务器托管方式。

（3）虚拟主机。许多 ISP（Internet Service Provider）不仅有充裕的网络带宽，而且还有空余的磁盘空间，租用这部分空间，一般费用很低，有的甚至免费。

租用空间也还可以分为两种方式，一种不拥有独立的域名，空间的网络地址只能是一串奇怪的 URL；另一种形式是租用的空间可以拥有独立的域名，有的甚至可以拥有独立的 IP 地址，这种方式又称作"虚拟主机"。"虚拟主机"是专门进行建站服务的商家们主推的形式，也是中小型企业在低投入的情况下一种很好的选择。与服务器托管方式相比，这种方式可以节省自己购买服务器的开支，并且同样可以获得较高的访问速度。

各企业应该根据自身的具体情况选择相应的接入方式，目前大多数企业采用虚拟主机的接入方式。企业无论采用哪种接入方式，都离不开 ISP 的帮助。

2. 如何选择 ISP

ISP 是 Internet Service Provider 的缩写，其意为 Internet 的接入服务提供商。每一个 ISP 都有自己的服务器，且通过专门的线路 24 小时不间断地连接在 Internet 上。需要进入 Internet 时，只要通过与 ISP 端的服务器连接，就可与世界各地连接在 Internet 上的计算机进行数据交换了。

决定 ISP 提供服务质量好坏的因素是专线带宽、中继线数量及数据流通时的最高通信速率。

（1）专线带宽。专线带宽指的是 ISP 的服务器与 Internet 连接时的专线数据传输速率。因为所有的 ISP 用户在与 ISP 服务器连通之后，都使用这条专线，所以专线的带宽越宽，用户的连线速度也就越快。国内大多数 ISP 都是使用 CHINANET 的国际出口与 Internet 连接，它们所提供的专线带宽是指与 CHINANET 连接专线的数据传输速率。

（2）中继线数量。中继线的多少决定了该 ISP 可以同时支持的用户数。也就是说如果该 ISP 有 100 条中继线就可以同时支持 100 个用户同时上网。有的 ISP 租用中继线，而有的 ISP 是电信部门直接主办的。

（3）最高通信速率。目前 ISP 提供给拨号方式上网的用户最高接入速率为 56KB/s；ADSL 用户下行速度可以达到 512KB/s～8MB/s，最高上行速度可以达到 35KB/s～640KB/s。

3. ISP 的收费

收费及服务一直是各家 ISP 所竞争的焦点。目前的收费方式基本上有 3 种：主叫式计费方式、固定账户按实际使用时间收费和固定账户包月制。

（1）主叫式计费方式。指该网络用户没有实际申请固定的账户，而是使用 ISP 提供的电话号码和公用账户及密码来上网。ISP 会自行识别拨出电话的号码并计费，用户在交电话费时一并交纳使用网络的费用。该种方式的最大特点就是用户不需办理任何入网手续即可上网，网费的交纳也非常方便。

（2）建立固定账户。这是最常用的做法，用户到 ISP 那里申请一个自己的账户，交纳开户费并存入一定数额的网费，ISP 会根据用户实际的使用情况从中扣除。当存入的费用用完后，用户需再向账户中存入一定金额以便继续使用。

（3）包月付费。所谓的包月就是每个月交纳固定数额的费用，然后就可以不限时间地使用。通常 ISP 都会提供安装、调试、培训及网络基础讲解等服务。为用户注册域名是 ISP 所提供的又一服务，这一服务通俗地来说就是给用户在网络中建立一个家。

4. 建设网站所需费用的估算

目前，在国内网站的建设和运作费用主要包括以下几个方面。

（1）域名费用。注册域名之后，每年需要交纳一定的费用以持有该域名的使用权。

（2）线路接入费用和合法 IP 地址费用。不同 ISP、接入方式和速率下的费用有差别，速率越高，月租费也越贵。

（3）服务器硬件设备费用。如果是租赁专线自办网站，还需要购置路由器、MODEM、防火墙等接入设备及配套软件，采用主机托管或虚拟主机则可以免去这一部分的费用。

（4）如果进行主机托管或租用虚拟主机，那么可能要支付托管费或主机空间租用费。托管费一般按主机在托管机房所占空间大小（以 U 为单位，通常是指机架单元）来计算，主机空间租用费则按所占主机磁盘空间大小（以 MB 为单位）来计算。无论托管还是主机空间租用，大部分都设置了网站访问带宽上限（以 Mbit/s 为单位）。

（5）系统软件费用。系统软件费用包括购置操作系统、Web 服务器软件及数据库软件等软件的费用。

（6）开发维护费用。软硬件平台搭建好之后，必须考虑具体的 Web 页面设计、编程和数据库开发以及后期的平台维护费用。网站的开发维护可以委托给专业的网站制作商，费用可以一并算清。

（7）网站的市场推广和经营费用。

2.2.2　自行购置服务器

企业要建立一个电子商务网站，必须先要搭建一个网络平台。这其中涉及许多硬件设备，如计算机、网卡、网线、网关、交换机、路由器和服务器等，此外，还要有网络操作系统和应用软件。而服务器的选购是其中最为重要的一项工作。

企业无论是采用专线接入还是主机托管方式连入 Internet，都需要购置一台或多台服务器作为网站的核心设备。服务器选购得是否合适，对网站的正常运转影响很大。

1. 服务器的概念

服务器（Server）是指在网络环境中为客户机（Client）提供某种服务的专用计算机，服务器管理着应用程序、数据和网络资源。客户机请求服务，而服务器提供服务。早期的服务器主要用来管理数据文件或网络打印机，现在服务器则可以根据用户的不同需要，提供不同的服务（如 Web 服务、E-mail 服务、Internet 接入服务及基础安全性的访问等）。

服务器既可以是集中的，也可以是专用的。集中式服务器是指将网络上的多项任务集中到单个主机上，可用来处理网络上的所有打印机、应用程序和数据共享任务。集中式服务器必须是高性能的计算机，以便能及时有效地处理网络上的各种请求。专用服务器则是指一台服务器主机只对应于一种服务，例如应用程序服务器、数据文件服务器、电子邮件服务器及打印服务器等。专用服务器可以支持不同用户，因为负载分布于多台机器上。

2. 服务器的性能及选购

服务器是整个网络的关键设备，与普通计算机相比，对服务器的处理速率、可靠性、稳定性等综合性能的要求都比普通计算机高。服务器的选购需考虑许多因素，所以用户有必要了解服务器的相关知识，以做出正确的选择。

（1）服务器的分类。首先要清楚目前主流服务器的分类、各类服务器的主要特点以及适宜的应用场合。下面根据服务器的应用领域和配置档次，把服务器大致分为如下 4 类。

- 入门级服务器。入门级服务器主要是应用于 Windows NT 或 NetWare 网络操作系统的用户，可以充分满足办公室型的中小型网络用户的文件共享、数据处理、Internet 接入及简单数据库应用等需求。这种服务器与一般的计算机有相似之处，有很多小型公司干脆就用一台高性能的品牌机作为服务器。这种服务器无论在性能上还是价格上都与一台高性能 PC 品牌机相差无几，但它所能连接的终端数量非常有限（一般为 20 台左右），并且稳定性、可扩展性以及容错冗余性能较差，所以仅适用于没有大型数据库数据交换、日常工作网络流量不大、无需长期不间断开机的小型企业。
- 工作组级服务器。工作组级服务器是一个比入门级高一个层次的服务器，但仍属于低档服务器之类。工作组级服务器通常是仅支持单或双 CPU 结构的应用服务器，可支持大容量的 ECC 内存和增强服务器管理功能的 SM 总线，功能全面、可管理性较强且易于维护。它能连接一个工作组（50 台左右的终端），可以满足中小型网络用户的数据处理、文件共享、Internet 接入及简单数据库应用的需求。工作组级服务器较入门级服务器来说性能有所提高、功能有所增强，有一定的可扩展性，但容错和冗余性能仍不完善，也不能满足大型数据库系统的应用，但价格比入门级服务器贵许多，一般相当于 2～3 台高性能 PC 品牌机。

- 部门级服务器。部门级服务器一般为双 CPU 结构，集成了大量的监测及管理电路，具有全面的服务器管理能力，可监测如温度、电压、风扇、机箱等状态参数，并结合标准服务器管理软件，使管理人员能及时了解服务器的工作状况。同时，大多数部门级服务器具有优良的系统扩展性，能够让用户在业务量迅速增大时及时在线升级系统，充分保护了用户的投资。它是企业网络中分散的各基层数据采集单位与最高层的数据中心保持顺利连通的必要环节。部门级服务器可连接 100 个左右的终端用户，适用于对处理速度和系统可靠性要求高一些的中小型企业网络，其硬件配置相对较高，其可靠性比工作组级服务器要高一些，当然其价格也较高（通常为 5 台左右高性能 PC 价格总和）。部门级服务器可用于金融、邮电等行业，一般为中型企业的首选。
- 企业级服务器。企业级服务器属于高档服务器，一般采用 4 个以上 CPU 的对称处理器结构，有的高达几十个，有独立的双 PCI 通道和内存扩展板，具有高内存带宽、大容量热插拔硬盘和热插拔电源，更具有超强的数据处理能力。企业级服务器产品除了具有部门级服务器全部服务器特性外，最大的特点就是它还具有高度的容错能力、优良的扩展性能、故障预报警功能、在线诊断和 RAM、PCI、CPU 等具有热插拔性能。企业级服务器可连接数百台终端，它适合运行在需要处理大量数据、对传输速率和可靠性要求极高的金融、证券、交通、邮电、通信或大型企业。

在服务器 CPU 指令架构方面首选 CISC 架构的服务器，因为这种结构的服务器在目前来说比较普遍，技术也相对成熟。这种结构的服务器主要采用 IntelIA 架构技术，即人们常说的 "PC 服务器"，它能满足中小型企业所用服务器的各项技术需求。

以上是从服务器的分类上来考虑的，当然选择服务器不能仅从类别上考虑。其实各类别之间也没有严格的区分界限，选择服务器最关键还是要看服务器的各项性能是否满足企业的实际需求。下面就介绍在选择服务器时还要考虑的主流技术。

（2）服务器的主流技术。服务器包括了许多普通 PC 所没有的技术，如 RAID（磁盘冗余阵列）技术、智能输入/输出技术、冗余和容错技术、智能监控管理技术及热插拔技术等。为了便于用户对这些技术的认识与理解，下面就简单介绍一下各项主要技术。

- 磁盘冗余阵列（RAID）技术。RAID 是独立磁盘冗余阵列的缩写，这一术语是在美国加州大学伯克利分校的研究员 Patterson、Gibson 和 Katz 在 1988 年撰写的一篇说明阵列配置和应用的论文中最先使用的。过去，计算机系统往往只限于向单个磁盘写入信息。这种磁盘通常价格昂贵而又极易出故障。硬盘一直是计算机系统中最脆弱的环节，因为硬盘是在其他部件完全电子化的系统中唯一的机械部件。磁盘驱动器含有许多高速运行的活动机械部件，如盘片、磁头，硬盘容易损坏始终是网络管理人员最担心的。对于一个长期不间断运行的网络系统来说，人们所关心的不是硬盘驱动器是否会发生故障，而是在于何时发生故障，当故障发生时怎样去处理。采取 "磁盘冗余阵列技术" 就是为了硬盘发生故障时，通过冗余阵列减少给网络带来的负面影响。RAID 的实现机制就是通过提供一个廉价和冗余的磁盘系统来彻底改变计算机管理和存取大容量存储器中数据的方式。RAID 将数据同时写入多个廉价磁盘，而不是写入单个大容量磁盘。最初 RAID 代表廉价磁盘冗余阵列，但现在已改为独立磁盘冗余阵列。RAID 技术的原理是通过条带化存储和奇偶校验两个措施来实现其冗余和容错的目的的。条带化存储意味着能以一次写入一个数据块的方式将文件写入多个磁盘。条带化存储技术将数据分开写入多个磁盘，从而提高数据传输速率并缩短磁盘处理时间。这种系统非常适用于交易处理，但可靠性却很差，因为系统的可靠性等于所写入的磁盘中最差的单个驱动器的可靠性。奇偶校验通过在传输后对所有数据进行冗余校验可以确保数据的有效性。利用奇偶校验，当 RAID 系统的一个磁盘发生故障时，其他磁盘能够重建该故障磁盘。在这两种情况中，这些功能对于操作系统都是透明的，由磁盘阵列控制器（DAC）进行条带化存储和奇偶校验控制。

- 智能输入/输出技术。这项技术主要是为了适应不同节点对网络流量及速率的需要，以及相应网络设备的带宽限制，服务器能够根据局域网中各节点对输入/输出速率的要求进行自动调整，以满足节点的工作需求。一般来说，计算机的速率瓶颈主要在于总线接口和硬盘，为了满足大吞吐量的需求，服务器一般采用双 PCI 总线设计，或为了减轻 CPU 的工作压力，提高运行速率，采用专门的 I/O 处理芯片。

- 智能监控管理技术。这项技术主要是为了方便网络管理人员对服务器的维护，具有这项技术的服务器能自动识别 CPU 的温度、CPU 风扇及电源风扇的状态等，这些状态通过相应内置软件可以明显地在显示屏上显示出来，方便及时进行必要的维护。

- 热插拔技术。这项技术主要是为了避免当一个部件出现故障时的关机更换给服务器正常持续工作带来的影响，热插拔技术允许在开机状态下更换损坏的部件。当然这与冗余和容错技术是相关联的，因为这要求服务器对主要易损部件备有冗余部件，同时系统要允许部件或设备出现错误时尽可能通过软件实现自动修复（一般需要拔下来人工处理）。在正常工作时，一台服务器有两台电源同时供电，两台电源各输出一半功率，从而使每一台电源都工作在轻负载状态，利于电源稳定工作。当其中一台发生故障时，短时间内另一台能接替其工作，并通过软件实现报警。系统管理员可在不关闭系统的情况下更换损坏的电源，采用热插拔冗余电源可以避免由于电源损坏而造成的死机。还有如 PCI 卡也具有同样的容错、冗余和热插拔技术，以方便及时更换。一般为了防止掉电，服务器都要求备有大功率的 UPS 电源，这个 UPS 电源就是在掉电的情况下通过储电池给服务器供电，以确保整个网络在短时间内能正常运行或在短时间内及时通知用户退出系统，从而使网络数据不因断电而丢失。这个服务器的 UPS 的功率一般要求在 3000W 以上，断电延时达 1 个小时以上，且有相应监控软件，便于网络管理人员对电源供电情况进行监控并及时做出相应的决定。

另外，与普通计算机一样，服务器中有许多部件可以灵活选择，但作为服务器又不能像 PC（特别是兼容 PC）一样随便选择，其中的部件都有区别于一般 PC 的地方，如果不加注意很可能花高价头回来的只是一台 PC。如服务器的主板要求支持较高的主频带宽，有的还支持多 CPU 对称多处理器技术、智能监测技术、高内存技术，或者要求具有 SCSI 接口、一二级甚至三四级缓存等；CPU 一般选用服务器专用 CPU，这种 CPU 一般同时具有一二级缓存，具有较高的稳定性；

硬盘一般选择 SCSI 接口，并且支持热插拔；内存方面要求支持大容量、高主频的内存，一般服务器的内存可高达几个 GB，企业级服务器的内存最高可达到 1/2TB（1TB=1000GB），还要求支持最新的 ECC 内存技术。

3. 服务器选择原则

作为服务器的计算机一般是高档微型计算机或小型计算机。一般而言，选择服务器时通常要考虑以下几个方面的性能指标。

（1）可管理性。可管理性是指服务器的管理是否方便、快捷，应用软件是否丰富。在可管理性方面，基于 Windows 平台的 PC 服务器要优于 UNIX 服务器。

（2）可用性。可用性是指在一般时间内服务器可供用户正常使用的时间的百分比。提高可用性有两个方面的考虑：减少硬件平均故障时间和利用专用功能机制。专用功能机制可在出现故障时自动执行系统或部件切换机制，以避免或减少意外停机。

（3）高性能。高性能是指服务器综合性能指标要高。主要要求在运行速度、磁盘空间、容错能力、扩展能力、稳定性、监测功能及电源等方面具有较高的性能指标，尤其是硬盘和电源的热插拔性能、网卡的自适应能力的性能指标要高。

（4）可扩展性。为了使服务器随负荷的增加而平衡升级，并保证服务器工作的稳定性和安全性，必须考虑服务器的可扩展性能。首先在机架上要有为硬盘和电源的增加而留有的充分空间，另外主机上的插槽不但要种类齐全，而且要有一定的余量。

（5）模块化。模块化是指电源、网卡、SCSI 卡、硬盘等部件为模块化结构，且都有热插拔功能，可以在线维护，从而使系统停机的可能性大大减少，特别是分布式电源技术可使每个重要部件都有自己的电源。

以上几个方面是所有用户在选购服务器时通常要重点考虑的，它们之间既互相影响，又各自独立。用户在具体使用时，这些方面的重要性因服务器工作任务的不同也有轻重之分，因此必须综合权衡。此外，品牌、价格、售后服务及厂商实力等因素也是需要考虑的。

2.2.3　租用空间

1. 虚拟主机

虚拟主机是指将一台 UNIX 或 Windows Server 系统的整机硬盘划细，细分后的每块硬盘空间可以被配置成具有独立域名和 IP 地址的 WWW、E-mail、FTP 服务器。这样的服务器在被用户浏览时，看不出来它是与其他服务器共享一台主机系统资源的。在这台机器上租用空间的用户可以通过远程控制技术，如远程登录（TELNET）、文件传输口（FTP），全权控制属于它的那部分空间，如信息的上下载、应用功能的配置等。

通过虚拟主机这种方式使企业可以拥有一个独立站点。这种方式建立的网站与自行购置服务器方式建立的网站没有本质区别，只是需要和虚拟主机提供商打交道，而其性能价格比远远高于企业自己建设和维护一个服务器。

在国内，虚拟主机一般有国内虚拟主机和国外虚拟主机两种，区别就在于虚拟主机放置地点不同，一种在国内，另一种在国外（一般指美国）。虚拟主机放在国内，国内用户访问速度快，但国外用户访问速度慢；服务器放在国外，国外用户访问速度快，国内用户访问速度较慢。如果想让国内、国外的用户访问速度都快，就需要做双镜像，即在国内、国外同时租用虚拟主机，虚拟主机提供商会根据用户访问地点不同做自动解析，当企业的主页更新时，只需在当地上传，镜像虚拟主机会自动更新。

虚拟主机提供商，就是以向企业提供虚拟主机空间为主要业务的网络服务商，有人也称之为"Internet 平台提供商"（Internet Presence Provider，IPP）。实际上，虚拟主机提供商向企业提供的服务不仅仅是虚拟主机，还有域名注册、网页设计、网站推广，一直到电子商务的企业建网全流程服务。

公司建立自己的网站就好比建造一栋办公大楼一样。虚拟主机就是大楼的主体，网页就是大楼的装修，楼有大有小，装修有好有坏，所以要请专业的建筑公司和装修公司来施工，也就是要选择好的虚拟主机提供商和网页制作商。当然建楼之前还要请设计人员设计。也就是根据公司实力、业务量确定虚拟主机的大小、位置、价格、服务等内容。当大楼建好之后还要请物业管理公司来管理维修大楼，也就是委托主页制作商定期或不定期的维护修改主页。这样即便企业人员不懂建筑、不懂装修、不懂管理也可以建立自己的大厦，甚至比自己亲手建立的还要好，因为毕竟是专业公司在提供服务。

各个虚拟主机提供商大多依据空间大小、服务器的性能、服务器的存放位置（中国、美国）、用户操作系统等把虚拟主机划分为不同的级别或类型，不同级别或类型的虚拟主机其租用价格、硬件配置、网络速度和提供服务都不相同。一般虚拟主机提供商都能向用户提供 50MB、80MB、100MB、1GB 直到一台服务器大小的虚拟主机空间。用户可视网站的内容设置及其发展前景来选择。一页网页所占的磁盘空间大约 20～50KB，10MB 大约可以放置 200～500 页。但如果企业对网站有特殊的要求，如图片较多、动画较多、需要文件下载或有数据库等，就需要多一些空间。所以一般用户有 50～100MB 虚拟主机空间就够了。

2. 慎重选择 ISP

网站的建设、维护和开发是企业开展网络营销的前提和基础。从网络平台提供、网站规划设计到网站建设专业化，专业化技术服务商可以为企业创建一个完整的网络营销环境。

ISP 会提供很多服务，可以让企业员工访问 Internet，也可让企业将网站信息放到他们的主机上。选择 ISP 是很重要的决策，会直接影响到 Web 网站的成功与否。选择 ISP 不能以价格作为唯一标准，选择的 ISP 尽管价格低廉，也可能会导致 Internet 链接的速度很慢，访问企业页面时，下载的时间会很长，而访问者不可能久等，就会终止下载。如果所选择的 ISP 的服务不可靠，即使花再多的时间，也访问不到页面，这就会影响到访问企业页面的人数，使顾客满意度下降并降低销售总额。

WWW 服务器是企业网上经营的驻留地，企业信息能否应访问者的浏览请求顺畅地播放出去，WWW 服务器与 Internet 骨干网的连接速率是否能够保持不断线，服务器硬件的性能以及是否能够保持良好的运行状态，WWW 服务器软件的配置以及是否支持 CGI、ASP，维护 WWW 服务器的技术力量是否强大等都是关键所在。所以，在选择 WWW 服务器提供商时，切不可只图便宜，不顾性能，不看技术支持和售后服务。

2.2.4　软件配置

1. 网络操作系统

（1）网络操作系统的选择。选择网络操作系统最好的方法是先选择所需的应用程序、客户机、服务器及实用程序，然后再选择它们共同要求的网络操作系统。

如果服务器设备选用 PC 服务器，操作系统一般局限在 Windows NT/2000/2003/2008、Linux、SCOUNIX、Sun Solaris 上。如果服务器设备选用小型机，操作系统则随品牌而定，一般都是 UNIX 平台。IBM RS 6000 使用 ALX 操作系统，HP 使用 HP UNIX。Sun 公司的 Enterprise 系列 UNIX 服务器在 Web 服务器软件市场中占有很大的份额，世界上很多著名公司的网站都使用了 Solaris 操作系统。

（2）常用网络操作系统简介。可供选用的操作系统有很多，下面介绍几种常用的操作系统。

① Windows NT Server 4.0。Windows NT Server 4.0 是微软公司提供的服务器网络操作系统产品，适合于任何网络环境。Windows NT Server 4.0 具有许多优点，例如，用户熟悉的窗口界面、简便的操作、很好的可扩展性和兼容性、平滑多任务、高可靠性与安全性、多种平台支持以及集成联网环境等。

② Novell NetWare。NetWare 许多年来一直是小型网络市场的工业领袖，自从微软公司占领大片市场后，Novell 公司改变策略，从一个专用的网络操作系统到使其标准支持互联网产品。NetWare 的主要优点：自身支持 TCP/IP、比 Windows NT 运行更快、良好的上门服务、灵活与集成化的网络管理、改进了安装和驱动程序支持并提供即插即用支持。但它难以使用 IDE 控制器管理硬盘和 CD-ROM，缺乏广泛的市场支持，缺少自动检测硬件的特性。

③ Windows 2000 Server。Windows 2000 Server，原名 Windows NT 5.0，它集 Windows 98 和 Windows NT 4.0 的很多优良的功能与性能于一身，继承了 Windows NT 的先进技术，提供了高层次的安全性、稳定性和系统性能。而且微软公司利用从各处收集的大量数据，仔细分析了 Windows NT 4.0 失败的原因，针对 Windows NT 的一些不足，对 Windows 2000 Server 操作系统进行了基本的改进，进一步提高了系统的稳固性和可用性，使 Windows 2000 从 3 个方面提高了系统的稳固性和可用性。其主要特点体现在如下几方面。

第一，核心模式的写保护。核心模式的写保护有助于阻止错误的代码干涉操作系统的工作。为了保护操作系统中的每一部分不受其他部分错误的影响，Windows 2000 在内核部分和设备驱动程序中添加了写保护和只读部分。为了提供这种保护，硬件映射保护标记出包含执行代码的内存页并保护起来，这样即使是 Windows 2000 操作系统本身也不能向这些内存页中写入内容，从而可以有效阻止某些核心模式软件（如驱动程序）或内核软件破坏其他核心模式软件所导致的系统崩溃，因为这些程序经常会试图向那些不能写入的内存中写入数据。由于有了这个保护，某个程序终止运行并不会影响系统中其他程序的运行。

第二，Windows 文件保护。Windows 文件保护保护系统文件不被改写，防止新的软件安装替代了基本的系统文件。在 Windows 2000 之前的 Windows 版本中，安装操作系统之外的软件可能会覆盖共享的系统文件，如动态链接库（.dll 文件）和可执行文件（.exe 文件）。系统文件被覆盖后可能会导致系统性能不可预知、程序运行无规律以及操作系统运行失败等问题。Windows 2000 文件保护在安装前检查原来的系统文件的版本，这样就保证.sys、.dell、.ox、.tiff、.fun、.exe 等系统文件不会被替代。Windows 文件保护在后台运行，保护所有的由 Windows 2000 安装程序安装的文件。它检测其他程序要替换或删除一个被保护的系统文件的企图，还检查文件的数字签名来确定新文件是否为正确的版本。如果文件不是正确的版本，则从 delicate 目录、网络安装路径或者 Windows 2000 光盘中替换这个文件。如果它找不到合适的文件就会提示用户输入正确的路径，还会将替换文件的企图写入事件日志。默认情况下，Windows 文件保护是被激活的。

第三，Driver Signing（驱动程序数字签名）。Windows 2000 中使用 Driver Signing 来识别通过

了 Windows Hardware Quality Labs（WHQL）测试的驱动程序，并且在用户将要安装没有数字签名的驱动程序时对用户提出警告。为了进一步确保驱动程序的质量，Microsoft 对 Windows 2000 中的驱动程序和核心操作系统文件进行数字签名。数字签名与独立的驱动程序包结合在一起，Windows 2000 可以识别它。该数字签名确保文件已经执行并通过了一个水平测试，而且这些文件没有被篡改。如果用户试图安装未签名的驱动程序，Windows 会通知用户。

④ Windows Server 2003。Windows Server 2003 操作系统是微软公司在 Windows NT Server 和 Windows 2000 Server 的基础上于 2003 年 4 月正式推出的新一代网络操作系统，其主要功能就是用于构建 Internet/Intranet 上的网络服务。

Windows Server 2003 简体中文版分 Web、Standard、Enterprise 和 Data Center 4 个版本。这里以 Enterprise（企业版）为例来进行介绍。Windows Server 2003 企业版是为了满足各种规模的企业的一般用途而设计的。它是各种应用程序、Web 服务和基础结构的理想平台，可以用于构建大型商业系统、数据库、电子商务 Web 站点以及文件和打印服务器，提供了高度的可靠性和优异的性能。企业版最大支持 8 个处理器和 64GB 内存，最小配置为 CPU 速度不低于 133MHz，内存不少于 128MB。由此可知 Windows Server 2003 的硬件适应性十分宽泛，具有优异的可伸缩性。

⑤ Windows Server 2008。Windows Server 2008 虽是建立在 Windows Server 先前版本的成功与优势上，不过 Windows Server 2008 已针对基本操作系统进行改善，以提供更具价值的新功能及更进一步的改进。新的 Web 工具、虚拟化技术、安全性的强化以及管理公用程序，不仅可节省时间、降低成本，并可为 IT 基础架构提供稳固的基础。

安装 Windows Sever 2008 所需的硬件配置：

处理器要求最低 1.0GHz x86 或 1.4GHz x64，推荐 2.0GHz 或更高；内存最低 512MB，推荐 2GB 或更多，内存最大支持 32 位标准版 4GB、企业版和数据中心版 64GB，64 位标准版 32GB，其他版本 2TB；硬盘最少 10GB，推荐 40GB 或更多。

⑥ Solaris。Solaris 是 Sun 公司的主要产品，用于安全的、可靠的、可扩展的、基于工作组的 Internet 系统中。在 UNIX 操作系统上，Solaris 处于领先地位，它是一种牢固可靠的并有广泛产品基础的系统平台。从 Solaris 7 以后，开始支持 SPARC 和 Intel 两种硬件平台。与以前版本相比，Solaris 7 主要有如下新特性：SPARC 平台的 Solaris 7 的应用进程和核心进程增加到 64 位地址空间，完全兼容 32 位和 64 位应用程序，支持 Intel 平台可以安装到 PC 上，系统进行了多方面的扩充，在内存分配、负交换技术及易用性方面都有改进。目前 Solaris 属于混合开源软件。2005 年 6 月 14 日，Sun 公司将正在开发中的 Solaris 11 的源代以 CDDL 许可开放，这一开放版本就是 OpenSolaris。作为一款为云计算而开发的企业级操作系统，能够在大规模云环境中，实现安全和快速的服务部署。

⑦ Linux。Linux 操作系统最早是由芬兰赫尔辛基大学计算机系学生 Linus Torvalds 创建的。当时 Linus 编写了基于 PC、类似于 Minix 的操作系统，并于 1991 年 10 月 5 日在 comp.os.minix 新闻组发布了这个消息。这立即得到了全世界编程爱好者的响应，他们通过 Internet 共同开发和完善了这个崭新的操作系统，Linus 命名该操作系统为 Linux。

Linux 的意义不仅仅在于增加了一种操作系统，更重要的是它创建了自由软件的新天地，全世界的 Linux 设计者和爱好者共同支撑着这片天地。Linux 的内核源代码完全公开，系统源代码免费发放。在最近几年中，Linux 得到了很大的发展，其功能不断增强，性能不断提高，应用软件也迅猛地增加，特别是 Internet 外围自由软件如 Web 服务器、动态页面编程语言和数据库软件的兴起，使 Linux 逐渐成为一种建造 Web 网站软件平台的理想操作系统，实现了 Web 网站软件平台的投入近乎为零。

2. 网络数据库

数据库技术自 20 世纪 60 年代出现以来发展迅猛，现已成为计算机科学技术中一个极为重要的分支，其应用无处不在。电子商务活动中，存在着海量的数据与信息，在电子商务系统中数据库存储系统更是一个必不可少的组件，而且电子商务系统对数据存取设备的容量、性能、安全性以及灾难恢复能力提出了更高要求。目前，数据库系统中的数据存储设备已从早期的主机内置的形式发展到外置存储系统，更进一步地发展到网络存储体系结构，并出现了许多相关产品。

电子商务是以数据库技术和网络技术为支撑的，其中数据库技术是其核心。每一个电子商务站点后台必须有一个强大的数据库在支撑其工作，从数据的管理到查询、生成动态网页、数据挖掘以及应用数据的维护都离不开网络数据库。在上述应用当中，关系数据库占有重要位置。

关系数据库最初设计为基于主机/终端方式的大型机上的应用，其应用范围较为有限。随着客户机/服务器方式的流行和应用向客户机方的转移，关系数据库又经历了客户机/服务器时代，并获得了极大的发展。关系数据库具有完备的理论基础、简洁的数据模型、透明的查询语言和方便的操作方法等优点，随着 Internet 应用的普及，目前，应用在网络上的数据库系统历经发展，已从传统的关系数据库发展为关系对象型数据库。

（1）Oracle。Oracle 是以高级结构化查询语言（SQL）为基础的大型关系数据库，是目前最流行的客户机/服务器体系结构的数据库。它具有以下特点。

- 从 Oracle 7.x 版本以来，Oracle 引入了共享 SQL 和多线程服务器体系结构，这减少了 Oracle 的资源占用，并增强了 Oracle 的能力，使之在低档的软硬件平台上用较少的资源就可以支持更多的用户，而在高档平台上可以支持成百上千的用户。
- 提供了基于角色（Role）分工的安全保密管理，在数据库管理功能、完整性检查、安全性、一致性方面都有良好的表现。
- 支持大量的多媒体数据，如二进制图形、声音、动画以及多维数据结构等。
- 提供了与第三代高级语言的接口软件 RPO*系列，能在 C、C++等主语言中嵌入 SQL 语句及过程化语句对数据库中的数据进行操纵。它还有许多优秀的前台开发工具，如 Power Builder、SQL * Forms、Visual Basic 等，可以快速开发生成基于客户端 PC 平台的应用程序，并且有良好的移植性。
- 提供了新的分布式数据库能力，可通过网络较方便地读写远端数据库里的数据。由网络相连的两个 Oracle 数据库之间通过数据库链接（DB-Links）建立访问机制，并使得在物理上存放于网络中的多个 Oracle 数据库在逻辑上可以看成是一个大的数据库。用户通过网络对异地数据库中的数据同时进行存取，而服务器之间的协同处理对于工作站用户及应用程序而言是完全透明的。
- 系统提供了对称复制技术，这包含实时复制、定时复制、存储转发复制。对复制的力度而言，有整个数据库表的复制、表中部分行的复制。

Oracle 公司在 2007 年推出的 Oracle 11g 版本具有如下产品特点及优势：

- 在所有类型的数据处理操作中压缩数据，使其能够用于所有应用程序负载，通过减少磁盘输入/输出（I/O）和提高内存效率，提升查询性能；
- 快速文件重复数据删除，消除 Oracle 数据库中存储的重复的文件副本，减少存储空间，提高涉及重复内容的写操作和复制操作的性能；
- 快速文件压缩，压缩数据库中存储的非结构化数据或文件数据；

- 备份和数据压缩，恢复管理器进行数据库备份时对备份数据进行压缩；
- 网络流量压缩，当数据保护（Data Guard）解析重做差异时压缩，提高网络利用率并将差异解析速度提高两倍。

总之，Oracle 作为目前一个流行的数据库平台，优势在于其安全性和海量数据处理能力，可以运行在 UNIX、Windows 系列和 Linux 等多种操作系统平台上。在 Oracle 套件中提供的 Oracle Enterprise Manager（OEM）是一个新增的为企业管理员准备的管理工具。

（2）Microsoft SQL Server。Microsoft SQL Server 是微软公司开发研制的数据库产品，性能高效稳健，并与 Windows NT 系列的操作系统完美兼容。它是一个客户机/服务器结构的关系数据库管理系统，具备 C/S 结构的一切优点。

目前微软公司出品的 SQL Server 2005 主要提供了如下的特点：

- 全面重新设计的 DTS 体系结构和工具；
- 引入了由管理工具和管理应用编程接口（API）组成的集成化套件用以降低操作的复杂度；
- 主要改进包括表分区、增强复制功能和 64 位支持特性；
- 允许使用任何 Microsoft .NET 语言开发数据库对象的能力；
- 增添新的 XML 数据类型；
- 新增查询类型和在事务中进行错误处理的能力。

SQL Server 2005 可运行在台式机、笔记本机上，也可运行在 Windows 服务器的多处理器计算机上。因此，在电子商务站点构建中均可将 SQL Server 2005 作为首选。

（3）MySQL。MySQL 是一个多用户、多线程的符合 SQL 标准的关系数据库服务器。SQL 是世界上最流行的、标准的数据库语言，可以方便地存储、修改、访问信息。MySQL 是一个自由软件，编码和各编译版本完全开放，而且能和 Linux、PHP 紧密结合。

MySQL 的主要目标是快速、健壮、易用。MySQL 最初的开发目的是在一个便宜的硬件设备上能够快速处理海量数据的 SQL 服务器。经过多年的测试，它已经是可以提供一组丰富实用功能的系统了。MySQL 的主要特点：完全支持多线程、多处理器；支持多平台，例如 Linux、Macs、OS/2、Windows 9x/NT/2000 等；可支持多种数据类型；支持 Select 语句；支持 ODBC；可以在一个查询语句中对不同数据库中的多个表进行查询；索引采用快速 B 树算法，每个表允许有 16 个索引，每个索引可以有 16 个列，索引名称可长达 256 个字节；支持定长和变长记录；可以处理大数据库；数据库中所有的列都有默认值；可以支持多个不同的字符集，例如 ISO-8859-1、Big5 等；函数名和表名与列名之间不会产生冲突；服务器可以给客户端提供多种语言的出错信息；MySQL 客户端 TCP/IP 连接、UNIX Sockets 或者 NT 下的命名通道连接到服务器端；MySQL 特有的 Show 命令可以查询数据库、表和索引信息等。

目前，官方公布的 MySQL 最新版本是 5.5 版本，用户可以直接从官方网站下载各编译版本和源码包，各种操作系统的安装包基本都有。

2.3　确定功能

2.3.1　安装 Windows Server 2008

网站的服务器要想发挥作用，必须安装一种网络操作系统，并配置其他相关的软件。这里为服务器选择微软公司的 Windows Server 2008 作为系统平台。

1. 安装服务器前应准备的工作

（1）明确 Windows Server 2008 对硬件的要求。Windows Server 2008 是一种功能完善的操作系统，从它被推出后一直深受广大用户的欢迎。但并不是任何一台计算机都适合安装 Windows Server 2008 操作系统，因为 Windows Server 2008 对硬件的配置要求较高，甚至有一些苛刻。具体配置如下。

CPU：最低 1.0GHz x86 或 1.4GHz x64，建议配置 2.0GHz 或更高的处理器。

RAM：最低 512MB，推荐 2GB 或更多；32 位标准版最大支持 4GB、企业版和数据中心版最大支持 64GB，64 位标准版最大支持 32GB，其他版本最大支持 2TB。

硬盘：最少 10GB，推荐 40GB 或更多。内存大于 16GB 的系统需要更多空间用于页面、休眠和转存储文件。如果条件允许，建议使用 SCSI 接口的硬盘。SCSI 接口硬盘的技术性能优于普通 IDE 接口硬盘，即使是目前最高速度的 ATAl00 硬盘，其整体性能也无法与 SCSI 接口硬盘相提并论。

显示器：对于显示器没有特别的要求，普通 VGA 显示器即可。如果用户的 Windows 服务器可以实现远程控制，可以在以后的使用中不用显示器。但在安装操作系统时，显示器是必需的。

光驱：要求使用 DVD-ROM，因 CD-ROM 使用的光盘容量有限，无法使用 Windows Server 2008 的安装光盘。

网卡：1 块或多块 NE2000 以太网兼容网卡。

需要注意的是，虽然网络适配器（网卡）可以在安装 Windows Server 2008 后添加，但为了便于有关网络组件的安装和设置，建议在安装操作系统前安装网卡，这样安装操作系统的同时便可以安装相应的驱动程序。

为了确保安装成功，在正式安装之前需要检查并确保计算机硬件与 Windows Server 2008 兼容，可以参考 http://www.windowsservercatalog.com 中所列内容。如果当前的硬件不被支持，即将进行的安装可能不会成功。

（2）确定文件系统的类型。Windows Server 2008 支持 FAT、FAT32、NTFS 和 CDFS 4 种文件系统。其中，CDFS（激光磁盘归档系统）是针对光盘的访问所设计的，它仅应用于对光盘进行读写操作的光驱设备上。用户在安装 Windows Server 2008 操作系统时可以选择 FAT、FAT32 和 NTFS 中的一种，安装前如果硬盘已进行了分区，在安装过程中可以删除原有的分区，重新创建新的分区，也可将原来的 FAT 或 FAT32 分区转换成 NTFS 分区。

需要注意的是，如果所安装的是域控制器，则必须使用 NTFS 文件系统的分区。

（3）选择安装方式。在安装 Windows Server 2008 操作系统时，可选择"升级安装"和"重新安装"两种方式。选择升级安装时，将把 Windows Server 2008 安装在现有操作系统所在的目录中，原有的用户账号等信息将被同时自动迁移。选择重新安装时，将在计算机中安装一套新的 Windows Server 2008 操作系统，然后再在新的操作系统上建立新的用户账号、设置权限等。

（4）确定服务器的角色。Windows Server 2008 可充当域控制器、成员服务器和独立服务器 3 种角色。这里以中小型网络用户为主要对象，一个网络中一般只有一台服务器，这台服务器只能是域控制器。确定了服务器的角色后，还要确定服务器的域名、域计算机账号（即系统管理员账号）及其密码。域计算机账号可以对该域拥有管理特权，系统默认的账号为 Administrator，用户也可更换成其他的名字。不过，为了保证系统的安全，域名、域计算机及其密码必须牢记和保密。

2. Windows Server 2008 的安装过程

本节以 Windows Server 2008 R2 Standard 版本为例，安装操作步骤如下。

① 启动计算机，并在光驱中插入 Windows Server 2008 R2 的源安装光盘，使计算机可以从光驱引导。启动成功后，会出现图 2-1 所示的安装 Windows 提示信息。

② 单击"下一步"按钮后，可以进行安装操作系统，也可以浏览安装 Windows 须知、修复计算机，如图 2-2 所示。

图 2-1　Windows Server 2008 安装提示信息　　　　图 2-2　Windows Server 2008 开始安装界面

③ 因为此时需全新安装，因此选择"现在安装"，之后系统提示选择安装的操作系统，在这里选择"Windows Server 2008 R2 Standard"，如图 2-3 所示。

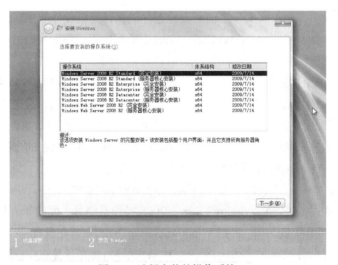

图 2-3　选择安装的操作系统

④ 单击"下一步"按钮后，需阅读许可条款。只能选择"我接受许可条款"一项，如图 2-4 所示。

⑤ 单击"下一步"按钮后，可以选择"升级"或"自定义"安装类型，这里选择"自定义"，如图 2-5 所示。

⑥ 选择"自定义"安装类型后系统会进行正式安装，直至安装完成，如图 2-6 所示。

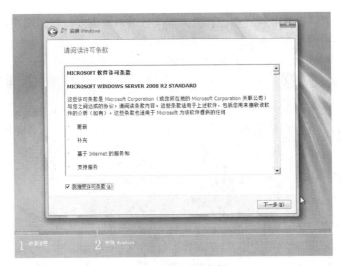

图 2-4　阅读许可条款

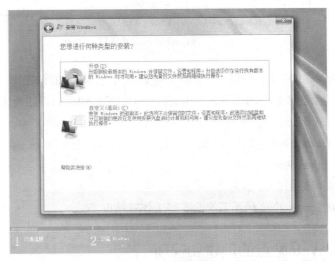

图 2-5　选择安装类型

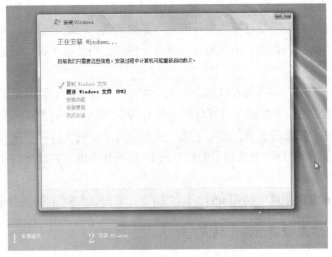

图 2-6　安装 Windows Server 2008 过程

⑦ 系统安装完毕后需要重新启动计算机，首次登录系统需要设置超级用户（Administrator）的密码，如图 2-7 所示。

图 2-7　第一次登录设置密码

在 Windows Server 2008 中，超级用户必须有密码，而且密码不能包含用户的账户名，不能包含用户姓名中超过两个连续字符的部分，至少有六个字符长，包含以下四类字符中的三类字符：

英文大写字母（A 到 Z）；

英文小写字母（a 到 z）；

10 个基本数字（0 到 9）；

非字母字符（例如!、$、#、%）。

至此，Windows Server 2008 操作系统的安装工作就结束了。

2.3.2　企业 Web 站点的创建和管理

"站点"包括两方面的应用，一种是通常人们所认为的在 Internet 上的 Web 站点，如通常所见的网站；另一种就是平常最容易忽视的在局域网内部的站点，它是企业 Intranet 的重要组成部分。它的作用就是为所有的用户提供一个共同访问信息的窗口，当然这个窗口经过适当配置还可应用到互联网上。

站点其实只是一个用户访问的入口点，即网络中的一个 IP 地址，也就是说只要为访问某些内容安排一个存放位置，然后再为这个位置分配一个 IP 地址即可。上过网的人都知道，进入某个网站后，首先会进入这个网站的主页，然后再通过主页中的一系列"链接"进入到其他网页。所以在站点中最关键的是站点主页，上面所设的站点的 IP 地址其实也是直接指向存放这个主页的计算机的 IP 地址。

Windows Server 2008 中可以使用 IIS7.0 建立站点，下面以 IIS 7.0 为例讲解如何组建站点。

1.　利用默认站点组建 Web 站点

任何一个站点都需要有一个主目录，这个主目录就是存放这个站点文件的主文件夹，站点主页文件必须放在指定的目录下，否则系统就找不到这个文件所在的位置了。当然这并不是说所有站点中的文件都必须在这一个目录下，有些文件是不可能在这个目录下的。如在站点中调用的其他站点或网络中其他计算机的一些文件就不可能在这个目录下找到，这时可以用一个"虚拟目录"来存放这些文件所对应的位置信息，虚拟目录中存放的文件不是这些文件的实际路径，而是指向这些文件实际路径的路径信息，如这些存放在其他计算机上的文件所在的计算机名、所属的域或者是对应的 IP 地址以及网址等。在"虚拟目录"中存放这些文件的虚拟路径的目的是为了在站点中调用这些不在本地计算机上的文件。

安装好 IIS 7.0 后系统提供了一个默认网站，如图 2-8 所示，在这个默认网站中系统已提供了一些基本的站点文件（当然可以全部删除这些文件）。

图 2-8　默认网站（Default Web Site）

现在要做的就是为这个默认网站准备一个主页，并将该主页文件放到默认网站的主目录下。如果没有改动，IIS 7.0 默认网站（Default Web Site）主目录的位置是在 Windows Server 2008 安装盘根目录下的"Intepub \ wwwroot"下，而系统默认的主页文件名为"iisstart.htm"，当然这些都是可以根据需要再做更改的。在选中"Default Web Site"后，可在右侧的"Default Web Site 主页"和"属性"中进行详细的设置。

2. 新 Web 站点的创建

利用 IIS 可以新创建一个属于自己的站点。Windows Server 2008 已自带一个 IIS 7.0，通过这个 IIS 7.0 可以方便地创建新的站点，下面就以某企业创建一个新站点为例来介绍新建网站的方法。

新建网站的操作步骤如下。

① 选择"开始→管理工具→Internet 信息服务（IIS）管理器"命令（见图 2-9），弹出如图 2-10 所示的 Internet 信息服务（IIS）管理器。在该对话框中可以看到在这个域的所有服务器，从中选择一个专门用来创建 Web 站点的服务器。

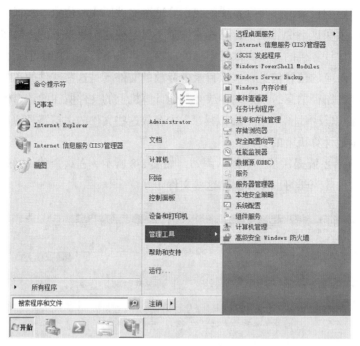

图 2-9　打开 Internet 信息服务（IIS）管理器

图 2-10　Internet 信息服务（IIS）管理器

② 在 Internet 信息服务（IIS）管理器中，展开本地计算机，右键单击"网站"文件夹，指向"添加网站"，如图 2-11 所示，这样会出现一个"添加网站"对话框，如图 2-12 所示。利用这个对话框可以方便地创建一个基本功能的站点。

③ 在"添加网站"对话框中输入"网站名称"为"E-bookshop"、"物理路径"为"C:\E-bookshop"和"IP 地址"为"10.1.1.38"，其他项目中已有系统的默认设置，一般不要更改，如图 2-13 所示。

④ 在"添加网站"对话框中设置完毕后，单击"确定"按钮，即可完成新添网站的建立，在 IIS 管理器中可以看到所填加的站点，如图 2-14 所示，至此一个新 Web 站点建立完成。

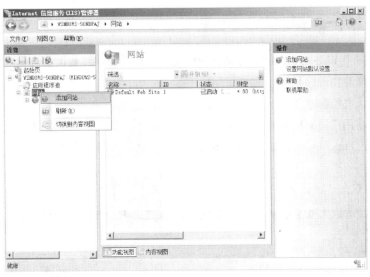

图 2-11　新建一个 Web 站点

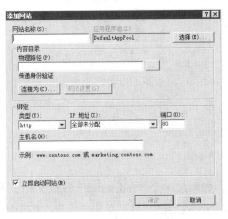

图 2-12　"添加网站"对话框

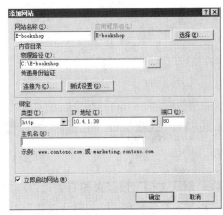

图 2-13　设置"添加网站"对话框

图 2-14　新添加的站点"E-bookshop"

3. Web 站点的管理

上面创建了一个 Web 站点，创建好站点的框架后，有时需要对其设置进行修改，如"默认文档"、"日志"或修改物理路径等。

（1）修改默认文档。

默认文档是在用户访问网站时默认浏览的文档，IIS7.0 设置了 5 个默认文档，Default.htm、Default.asp、index.htm、index.html 和 iisstart.htm，在"默认文档"功能设置中可对其进行添加、修改和排序。

在图 2-14 中双击"默认文档"，即可打开"默认文档"设置页，如图 2-15 所示。

图 2-15　"默认文档"设置页

在"默认文档"设置页的右侧可以添加默认文档，如添加一个"index.asp"默认文档，可以单击"添加…"后，在"添加默认文档"对话框中输入"index.asp"，然后单击"确定"按钮即可。如图 2-16 所示。

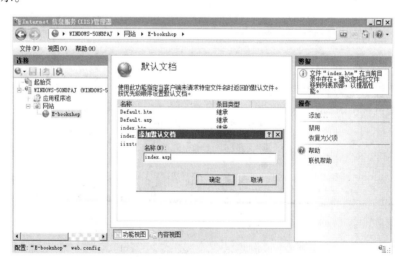

图 2-16　添加"index.asp"为默认文档

添加完毕后，"index.asp"将会排在默认文档中的第一位，如图 2-17 所示。当用户访问此网站时，如果在网站目录中存在"index.asp"这个文件，用户优先访问"index.asp"这个文档。如果"index.asp"这个文档不存在，系统会依次搜索第二个、第三个文档，如果所有文档均不存在，系统将发送无法显示的错误页面。

图 2-17　排在第一位的"index.asp"

管理员可以根据需要自定义默认文档的顺序，在图 2-17 中选中一个默认文档，单击右侧的"上移"或"下移"即可。

（2）修改日志设置。

使用"日志"功能页可以配置 IIS 记录向 Web 服务器发出的请求的方式以及创建新日志文件的时间，当网站出现问题时，可以通过日志查询问题所在，因此日志文件是 Web 站点的重要文件，选择一个安全的位置存放以免丢失，同时也便于备份。

在图 2-14 中双击"日志"，即可打开"日志"设置页，如图 2-18 所示。

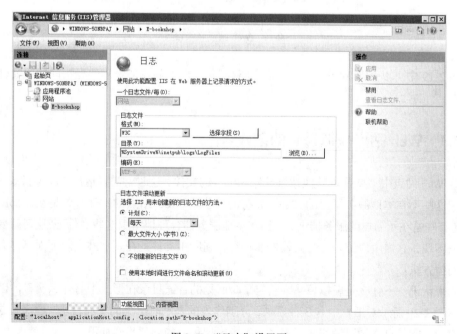

图 2-18　"日志"设置页

在"日志"设置页中主要设置日志的存放目录，默认情况下站点日志存放于系统盘，随着日志的增加，系统盘的可用空间会越来越少，这样会影响 Web 服务器的性能，因此需要将存放目录进行修改，只要将其放置到非系统盘的任何一个目录下即可。

（3）修改物理路径。

在 Web 站点建立完成后，有时 Web 站点需要改版，但又想保留原有版本的所有文件，因此需要新建一个文件夹用于存放新版文件，这时 Web 站点的物理路径就需要修改。

在图 2-14 中单击右侧"管理网站"中的"高级设置…"，即可打开"高级设置"对话框，如图 2-19 所示。

图 2-19　Web 站点高级设置

在图 2-19 中可以修改 Web 站点的"物理路径"，将 Web 站点的物理路径指向新版文件所存放的文件夹。

2.3.3　Web 站点虚拟目录的创建

有些 Web 站点中需要调用其他站点或计算机上的文件，这时就需要运用"虚拟目录"这一功能来组织这些不在本地服务器上的文件。如有的大公司 Web 站点的文件有些是在总部的服务器上，而还有些是在子公司的服务器上，怎样在本地服务器合理地组织这些文件呢?这时就要通过虚拟目录来实现，这样用户访问的时候就根本感觉不到所用文件是在其他站点。下面具体介绍虚拟目录的创建方法。

首先来认识一下什么是虚拟目录，它与平时所见的普通目录在形式上有什么明显的区别呢?

在如图 2-20 所示对话框中有 3 种目录，分别代表的是平时所见的普通目录、程序目录和虚拟目录，它们之间是靠 3 种目录的图标来区分的。虚拟目录的创建步骤如下。

图 2-20　在 IIS 中的目录状况

① 首先要明白创建虚拟目录的目的是为 Web 站点来服务的，不是为服务器服务的，所以这里要选择前面创建好的"E-bookshop"站点。如图 2-21 所示，在"E-bookshop"站点上单击鼠标右键，在快捷菜单中选择"添加虚拟目录"，出现"添加虚拟目录"对话框，如图 2-22 所示。

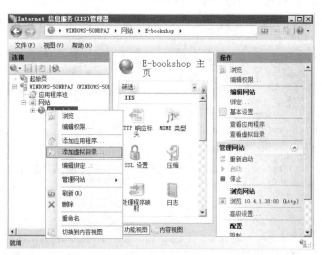

图 2-21　添加虚拟目录

② 在图 2-22 中添加虚拟目录的别名"shop"，同时指定虚拟目录的物理路径"C：\E-bookshop\shop"，如图 2-23 所示，然后单击"确定"按钮，虚拟目录的创建就完成了。

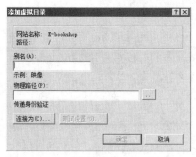

图 2-22　"添加虚拟目录"对话框

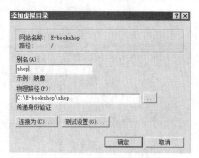

图 2-23　添加虚拟目录

2.3.4　FTP 站点的创建和使用

创建 FTP 站点的意义主要在于将来修改 Web 站点。"FTP"是一个 TCP/IP 中附带的"文件传输协议"，它是用来进行远程文件传输的。FTP 站点可以帮助解决如站点管理员不在 Web 服务器旁边，需要修改站点上的错误，需要更新站点，或者下载站点上一些不便于公开的内容等问题。

1．FTP 站点的创建

在了解了 FTP 站点的一些功能后，下面首先介绍 FTP 站点的创建方法。这里需要说明的是，FTP站点相对 Web 站点来说是独立的，是直接创建在服务器上的，虽然 FTP 也属于站点的一种，但不像前面介绍的虚拟目录是专门依附于 Web 站点的，当然它也是为 Web 站点服务的。此外需要在 IIS 中添加 FTP 角色服务才可以建立 FTP 站点，FTP 站点的目录应该建立在 NTFS 格式的分区上。

建立 FTP 站点的主要操作步骤如下。

① 在 Internet 信息服务（IIS）管理器中，展开本地计算机，右键单击"网站"文件夹，指向"添加 FTP 站点…"，如图 2-24 所示，这样会出现一个"添加 FTP 站点"对话框，如图 2-25 所示。利用这个对话框，可以按照提示创建一个 FTP 站点。

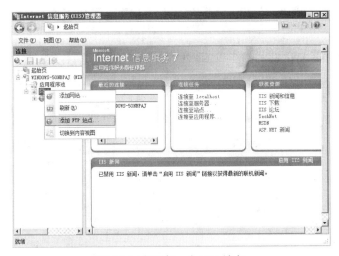

图 2-24　新添加一个 FTP 站点

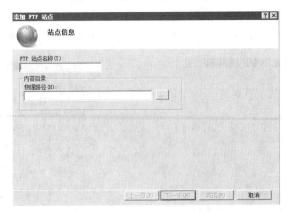

图 2-25　"添加 FTP 站点"对话框

② 在如图 2-25 所示的对话框中，输入"FTP 站点名称"和"物理路径"，如站点名称为"E-bookshop-FTP"，物理路径需要指向 Web 站点的目录，这样才能够对 Web 站点文件进行修改，如图 2-26 所示。

图 2-26　输入站点信息

③ 在图 2-26 中输入完毕站点信息后，单击"下一步"按钮，对 FTP 站点进行绑定，如图 2-27 所示，在此只需要输入 IP 地址即可，即"10.4.1.38"，保持端口的默认值"21"，不进行修改，因为一旦修改很可能造成系统通信不成功。

图 2-27　绑定和 SSL 设置

④ 进行完"绑定和 SSL 设置后"，单击"下一步"按钮，进行"身份验证和授权信息"的设置，如图 2-28 所示。

⑤ 一般情况下，为 Web 站点设置的 FTP 站点是不能够使用"匿名"验证的，而且授权也应该是指定用户的，因此将"身份验证"设置为"基本"，"授权"设置为"指定用户"，并指定"Admimistrator"为授权用户，授予权限为"读取"和"写入"，如图 2-29 所示。

⑥ 设置完"身份验证和授权信息"后，单击"完成"按钮，即可完成 FTP 站点的添加。

2. FTP 站点的使用

FTP 站点建立完毕后，可以在 IE 浏览器地址栏中输入 FTP 站点的地址后，输入具有权限的用户名和密码，然后浏览 FTP 站点内容，显示界面如图 2-30 所示。

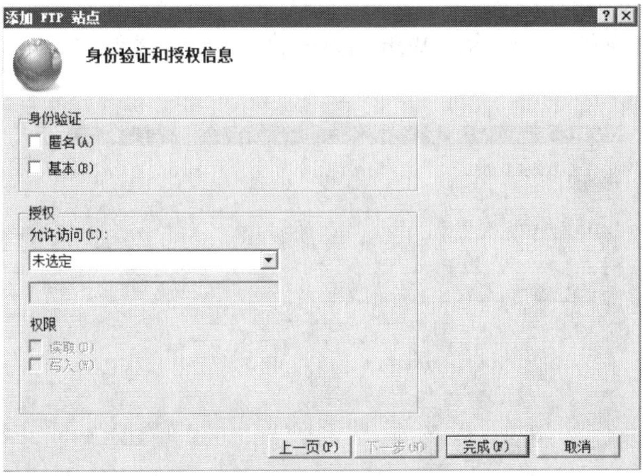

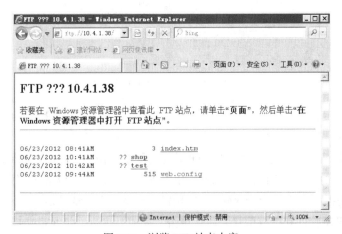

图 2-28　身份验证和授权信息

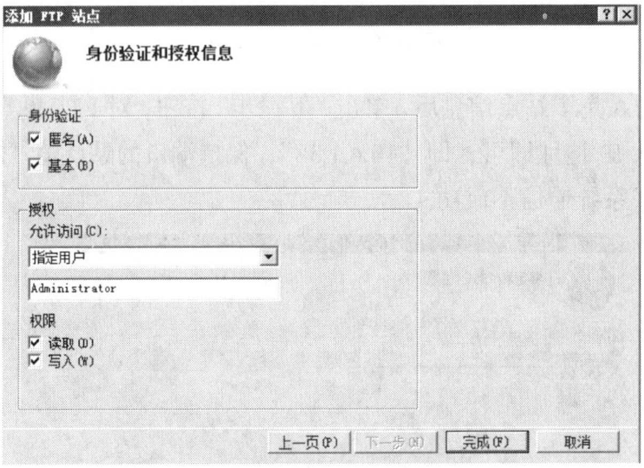

图 2-29　设置"身份验证和授权信息"

图 2-30　浏览 FTP 站点内容

在图 2-30 中只能浏览或下载 FTP 站点中的内容，如需修改或写入，需在 Windows 资源管理器中打开 FTP 站点，并且同样需要输入具有权限的用户名和密码，显示界面如图 2-31 所示。在此窗口中，用户可以像使用本地文件夹一样新建文件夹或修改文件等。

图 2-31 在 Windows 资源管理器中打开 FTP 站点

2.3.5 SQL Server 2005 的安装与配置

SQL Server 2005 有很多版本：企业版、开发版、标准版、个人版等。每一个版本包含的客户端工具基本上是一样的，而服务器组件可能有些不同。本节以标准版为例介绍 SQL Server 2005 的安装与配置。

1. 安装 SQL Server 2005 的 Internet 要求

目前 SQL Server 2005 有 32 位版本和 64 位版本，在 Internet 方面就有相同要求。下表列出 SQL Server 2005 的 Internet 要求。

组　件	要　　　求
Internet 软件	所有 SQL Server 2005 的安装都需要 Microsoft Internet Explorer 6.0 SP1 或更高版本，因为 Microsoft 管理控制台（MMC）和 HTML 帮助需要它。只需 Internet Explorer 的最小安装即可满足要求，且不要求 Internet Explorer 是默认浏览器。 然而，如果只安装客户端组件且不需要连接到要求加密的服务器，则 Internet Explorer 4.01（带 Service Pack 2）即可满足要求。
Internet 信息服务（IIS）	安装 Microsoft SQL Server 2005 Reporting Services SSRS） 需要 IIS 5.0 或更高版本。
ASP.NET 2.0	Reporting Services 需要 ASP.NET 2.0。安装 Reporting Services 时，如果尚未启用 ASP.NET，则 SQL Server 安装程序将启用它。

2. 安装 SQL Server 2005

SQL Server 2005 的安装程序比较智能，基本上用户只需按照提示进行安装，除特殊情况外，选择默认项即可。

① 插入 SQL Server 2005 安装光盘，需要注意安装光盘共两张，需要先插入光盘 1，出现如图 2-32 所示界面。

② 选择"服务器组件、工具、联机丛书和示例"便可安装数据库服务器，安装数据库服务器之前需先检查程序的兼容性，如图 2-33 所示。

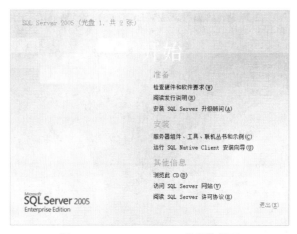

图 2-32　SQL Server 2005 的安装界面

③ 选择"运行程序"，并接受微软的软件许可条款，系统会自动安装必备组件，如图 2-34 所示。

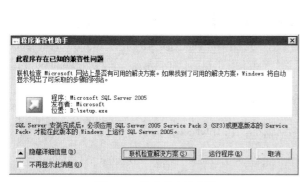

图 2-33　检查程序兼容性

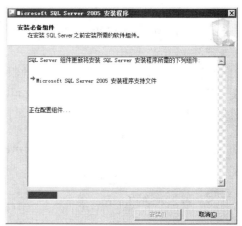

图 2-34　安装必备组件

④ 安装完毕后，系统进入 SQL Server 的安装向导，如图 2-35 所示。

图 2-35　SQL Server 安装向导

⑤ 单击"下一步"按钮，安装向导首先进行系统配置检查，如图 2-36 所示。

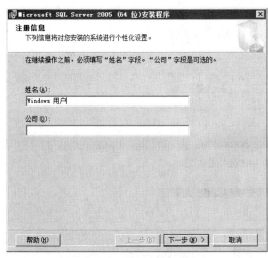

图 2-36　系统配置检查

⑥ 检查完毕后，单击"下一步"按钮，填写"注册信息"，如图 2-37 所示。

⑦ 填写完注册信息后单击"下一步"按钮，安装系统提示选择要安装的组件，建议全部选中。如图 2-38 所示。

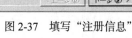

图 2-37　填写"注册信息"　　　　　　　　图 2-38　选择要安装的组件

⑧ 选择完安装组件单击"下一步"按钮，安装向导要求设置实例名，使用默认的实例名即可。安装程序就绪后，安装向导将会准备正式安装，如图 2-39 所示。

⑨ 确认清单无误后，选择"安装"按钮，安装向导要求"请放入光盘 2"，如图 2-40 所示。

⑩ 放入光盘 2 后，单击"确定"按钮，系统便会自动安装，并列出相应产品的安装状态，如图 2-41 所示。

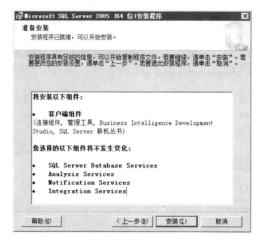

图 2-39　准备正式安装 SQL Server 2005

图 2-40　安装向导要求"请放入光盘 2"

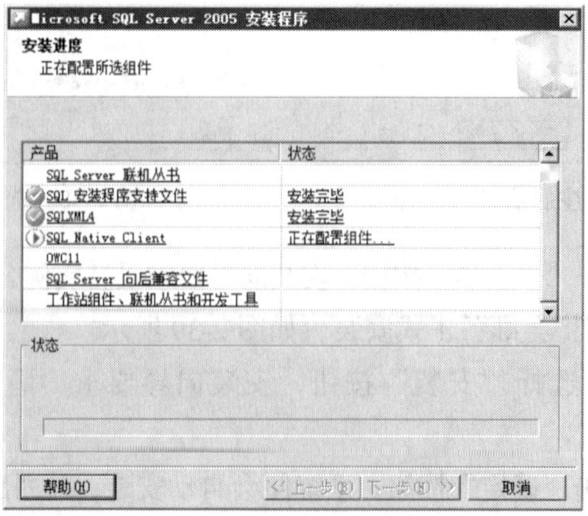

图 2-41　SQL Server 2005 安装过程

至此 SQL Server 2005 数据库安装与标准配置基本完成，重新启动计算机后，系统会自动加载 SQL Server 数据库，为用户提供服务。

2.4　本章小结

建立一个电子商务网站，要涉及许多方面的工作，本章主要围绕着网站建设初期必须要做好的几项工作做了较为详尽的说明。首先介绍了如何选择一个好的域名，怎样申请注册域名，企业怎样根据自身的实际情况，选择一种最佳的建站方式；然后介绍了如何选择一家合适的 ISP；选择主机托管方式应注意的一些问题。最后又介绍了利用 Windows Server 2008 配置 Web 服务器，建立和管理 Web 站点、虚拟目录、FTP 站点等项工作的具体方法和详细步骤，以及关于 SQL Server 数据库的安装与配置。做好上述工作，将为企业网站建设打下良好的基础。

2.5　课堂实验

实验 1　申请域名

1.　实验目的

（1）为网上书店设计一个有意义的域名，如"叮当"。
（2）了解域名代理服务机构名称与网址，熟悉申请域名的整个流程与管理机构。

2.　实验要求

（1）环境准备：有能够连接 Internet 的计算机。
（2）知识准备：互联网知识、域名知识。

3.　实验目标

（1）设计、申请一个好记忆，又与网站主体内容相一致的域名。
（2）域名要选择简短、切题的文字。
（3）域名不应与其他单位的商标或企业标识发生冲突。

4.　问题分析

（1）域名太长。企业名称很长，为了保持一致，域名也很长。
（2）域名无特点、不易记住。对域名的作用理解不够，没有充分挖掘企业标识和企业文化中蕴含的潜力。
（3）不能反映网站主题内容。域名中除了中心词很重要外，其他部分也很关键。网站主题也可以靠非中心词体现。

5.　解决方法

（1）一个好的域名应该与企业的性质、企业的名称、企业的商标及平时的企业宣传一致。选择与本公司密切相关的域名，但注意不能超过 20 个字符。

（2）设计、选择域名要与企业经营的产品或服务有关联，要简短，读起来上口。

（3）设计域名可以利用地方方言的读音或英语单词的谐音等增加可记性。

这里为网站设计的域名为：dingdang.com.cn，ding-dang.com.cn，dingdang-book.com.cn。

6. 实验步骤

通过注册服务机构申请注册域名的操作步骤如下。

（1）打开中国互联网络信息中心（CNNIC）主页，如图 2-42 所示，网址为 http://www.cnnic.com.cn。

图 2-42　CNNIC 的主页

（2）在主页中的"基础资源服务"导航中，选择"CN 域名"，出现如图 2-43 所示的页面。

图 2-43　CN 域名注册

（3）在图 2-43 所示界面中单击"CNNIC 认证 CN 域名注册服务机构查询"链接，可搜索 CNNIC 授权的各家注册服务机构。

（4）企业可以根据自己的喜好，选择一家机构申请注册自己的域名，这里以中国万网为例来作说明。在 IE 浏览器中输入"http://www.net.cn"，进入中国万网的首页，如图 2-44 所示。

图 2-44　中国万网首页

（5）在"域名查询"栏中输入企业想申请注册的域名，并单击右侧的"查询"按钮。域名注册系统在数据库中查找该域名是否已经存在，如该域名已被注册，则提示申请者域名已存在，请更换域名；否则会提示该域名是未被注册的域名。

（6）"dingdang.com.cn"域名已被注册，如图 2-45 所示。

图 2-45　域名查询结果

（7）由于 dingdang.com.cn 域名已被注册，需要更换一个事先准备好的其他域名。输入"ding-dang"，查询结果显示该域名未被注册，如图 2-46 所示。

图 2-46　"ding-dang"域名未被注册

（8）单击"立即注册"按钮，出现如图 2-47 所示的页面，要求首先注册成为万网的会员。

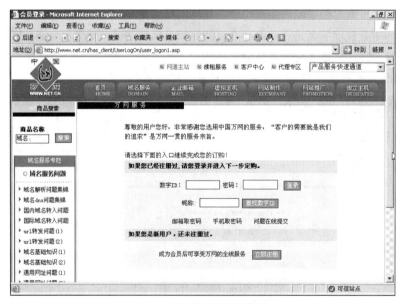

图 2-47　注册成为万网会员

（9）单击"立即注册"按钮，出现如图 2-48 所示的万网会员表单页面。

（10）根据要求填写会员表单相关项目，如图 2-49 所示。

（11）填写完毕，单击表单下方的"立即注册"按钮，在随后出现的核对信息页面中进行检查，如内容无误，则单击"确定"按钮，如图 2-50 所示。

图 2-48 万网的会员表单

图 2-49 填写会员表单

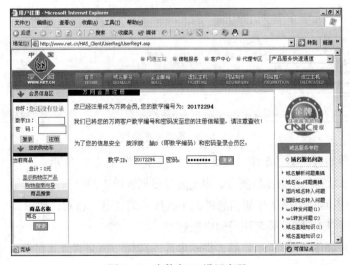

图 2-50 为数字 ID 设置密码

（12）输入密码，单击"登录"按钮，进入注册域名状态，如图 2-51 所示。

图 2-51　选择域名类型

（13）单击"CN 英文域名注册"链接，如图 2-52 所示。

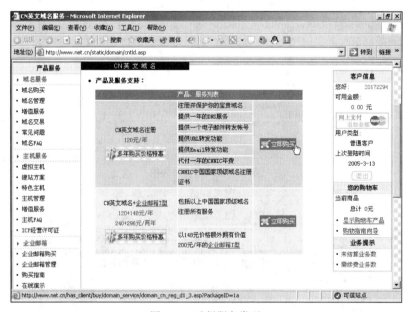

图 2-52　选择服务类型

（14）选择一种服务类型，单击"立即购买"按钮，如图 2-53 所示。

（15）表单中要填写的项目比较复杂，申请者可根据表单中的提示进行填写。然后单击"提交"按钮，系统很快会返回一个确认注册信息的网页，让申请者进行核对，如图 2-54 所示。检查无误后，单击"提交"按钮，完成域名注册的申报过程。

（16）接着出现如图 2-55 所示界面，提示申请人选择一种交费方式付费。至此完成整个域名注册过程。

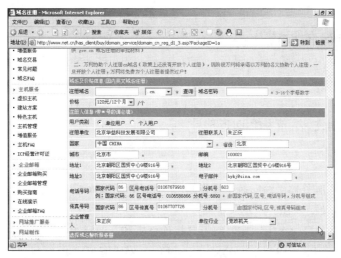

图 2-53　填写企业信息

图 2-54　核对信息

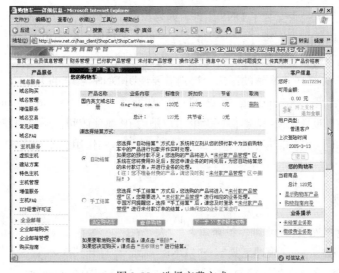

图 2-55　选择交费方式

实验 2　DNS 的设置

1．实验目的

添加域名系统组件，完成系统 DNS 的设置。

2．实验要求

（1）环境准备：服务器已经安装了操作系统 Windows Server 2008。

（2）知识准备：域名知识与 DNS 知识。

域名系统（DNS）是一个用于在网络上寻找计算机和其他资源的等级性命名系统。DNS 最常见的用途是提供一项服务，将好记的 DNS 域名映射到网络资源或 IP 地址。这可以允许配置成查询 DNS 的计算机用主机名称而不是用 IP 地址来指定远程系统。

3．实验目标

（1）添加域名系统（DNS）组件。

（2）新建符合 dingdang 网站需要的区域。

（3）新建符合 dingdang 网站需要的域。

（4）新建符合 dingdang 网站需要的主机。

4．问题分析

（1）对于 DNS 的用途不了解。

（2）安装 Windows Server 2008 时没有安装 DNS 组件，无法进行设置。

（3）对于区域、域和主机的关系不清楚。

5．解决方法

（1）首先检查系统是否安装了 DNS 组件，如果没有，首先要进行安装。安装可以运行"开始→管理工具→服务器管理器"程序，在"角色"中可以选择服务器角色"DNS 服务器"，然后单击"下一步"按钮开始安装，如图 2-56 所示，选择服务器角色"DNS 服务器"。

（2）教师讲解 DNS 对于网站的用途，特别需要说明 DNS 与 IP 的关系。

在本实验中，假设 dingdang 网站的 IP 地址是 10.4.1.38，dingdang 网站的域名是 www.dingdang.com，设置 DNS 能够保证无论用户是用 IP 地址访问，还是用域名访问都可以打开 dingdang 网站的首页。换句话说，就是 DNS 具有解析域名的作用，能够将 IP 地址与域名捆绑在一起。

6．实验步骤

设置 dingdang 网站 DNS 的操作步骤如下。

（1）单击"开始"→"管理工具"→"DNS"命令，打开"DNS 管理器"窗口。

（2）双击计算机名，准备配置 DNS 服务器，如图 2-57 和图 2-58 所示。

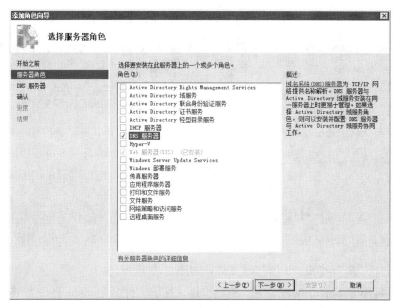

图 2-56 添加 "DNS 服务器" 角色

图 2-57 DNS 管理器窗口（1）

图 2-58 DNS 管理器窗口（2）

（3）单击 "正向查找区域"，准备添加新区域，如图 2-59 所示。

（4）用鼠标右键单击 "正向查找区域"，在弹出的快捷菜单中选择 "新建区域" 命令，打开 "新建区域向导" 对话框，如图 2-60 所示。

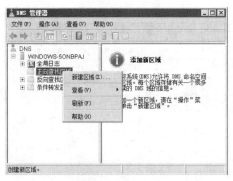

图 2-59 DNS 管理器窗口（3）

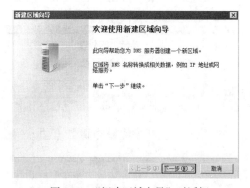

图 2-60 "新建区域向导" 对话框

（5）单击 "下一步" 按钮，进行 "区域类型" 设置，如图 2-61 所示。

（6）选择"主要区域"单选按钮，单击"下一步"按钮，设置区域名"com"，如图 2-62 所示。

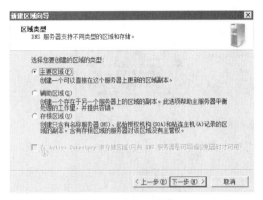

图 2-61　选择区域类型　　　　　　　　　　　　　图 2-62　设置区域名称

（7）单击"下一步"按钮，设置区域文件，如图 2-63 所示。

（8）选择"创建新文件，文件名为"单选按钮，区域文件名为 com.dns，单击"下一步"按钮，设置新建区域动态更新，如图 2-64 所示。

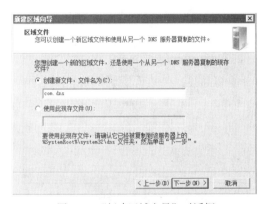
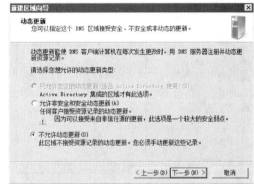

图 2-63　"新建区域向导"对话框　　　　　　　　图 2-64　"新建区域向导"对话框

（9）因为允许动态更新是较大的安全弱点，所以应该选择"不允许动态更新"单选按钮，单击"下一步"按钮，完成新建区域的设置，如图 2-65 所示。

（10）单击"完成"按钮，在 DNS 管理器窗口中会显示出设置好的内容，如图 2-66 所示。

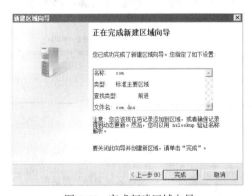
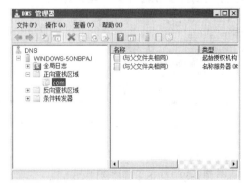

图 2-65　完成新建区域向导　　　　　　　　　图 2-66　完成了区域设置的 DNS 管理器窗口

（11）用鼠标右键单击"com"区域，在弹出的快捷菜单中选择"新建域"命令，打开"新建域"对话框，输入新建域名：dingdang，如图 2-67 所示。

（12）单击"确定"按钮，在 DNS 窗口中显示完成设置的内容，如图 2-68 所示。

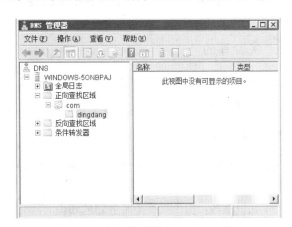

图 2-67　输入新建域名　　　　　　　　　　图 2-68　完成了新建域设置的 DNS 窗口

（13）用鼠标右键单击"dingdang"域，在弹出的快捷菜单中选择"新建主机"命令，打开"新建主机"对话框，如图 2-69 所示。

（14）输入主机名称"www"，输入 IP 地址"10.4.1.38"，如图 2-70 所示。

图 2-69　"新建主机"对话框（1）　　　　　图 2-70　"新建主机"对话框（2）

（15）单击"添加主机"按钮，完成主机设置，如图 2-71 所示。

（16）单击"确定"按钮，在 DNS 管理器窗口可以看到添加的内容，如图 2-72 所示。

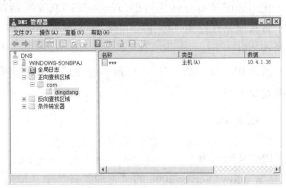

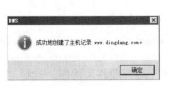

图 2-71　DNS 成功创建主机说明　　　　　图 2-72　完成了主机添加的 DNS 管理器窗口

至此，dingdang 网站的 DNS 设置就完成了。

实验 3 设置 Internet 信息服务管理器（IIS）

1. 实验目的

（1）了解 IIS 中主要项目的功能与属性设置方法。
（2）掌握 IIS 的使用技巧。

2. 实验要求

（1）环境准备：2 台以上的计算机，主机 CPU 550 MHz 以上，另外配有 256 MB 以上的内存、网卡等部件。
（2）知识准备：操作系统及服务器的知识。

3. 实验目标

（1）正确安装 IIS 7.0。
（2）了解各选项的功能并能正确使用。
（3）减少安全漏洞。

4. 问题分析

（1）Windows Server 2008 中没有 IIS 7.0。安装 Windows Server 2008 时系统不会默认安装 IIS 7.0，所以要单独添加。
（2）建立了 Web 站点，却不能使用它发布网页。当 IIS 中建有多个 Web 站点时，只能有一个处于启动状态，其他站点都处于停止状态，所以不能看到该站点中的内容。
（3）网站中的信息被非法侵入者盗取。网络安全问题一直是微软公司产品无法彻底解决的难题。要堵塞和减少安全漏洞，必须从多个方面采取措施，包括安装 IIS 子组件时的选择设置。

5. 解决办法

（1）使用添加 Windows 组件的方法将 IIS 7.0 安装到管理工具中。
（2）将其他站点设为"停止"，启动用户想使用的 Web 站点；或使用不同的主机头名来区分不同的站点。
（3）当对 IIS 比较熟悉以后，尽量不要使用默认方式安装 IIS，而要采取手动方式根据自己的需要选择安装项目。

6. 实验步骤

（1）IIS 7.0 的安装。
① 在 Windows Server 2008 的"管理工具"中，单击"服务器管理器"程序，选择"添加角色"，打开如图 2-73 所示的"添加角色向导"窗口。

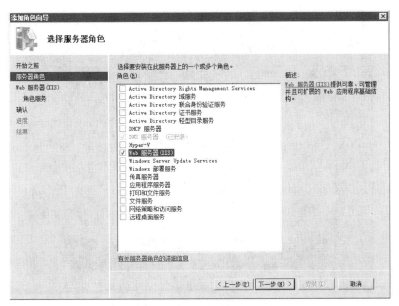

图 2-73 "添加/删除程序"窗口

② 在"添加角色向导"窗口中，选中"Web 服务器（IIS）"，然后单击"下一步"按钮，进行 Web 服务器的角色添加。

③ 依据向导提示，所有选项均选择默认即可，最后"添加角色向导"会给出安装结果，提示安装成功，如图 2-74 所示。

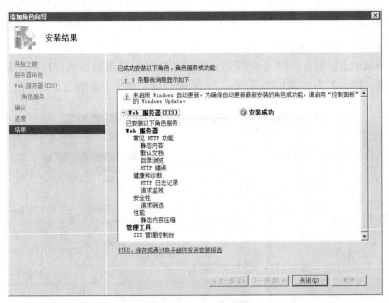

图 2-74 成功安装 Web 服务器（IIS）角色

若要检查 IIS 7.0 是否安装成功，请在浏览器地址栏中输入以下地址：http://localhost/。如果已经成功地安装了 IIS 7.0，并且可以正确地配置 Web 站点，按"Enter"键后就会在 IE 浏览器窗口中看到如图 2-75 所示的"IIS7"默认文档内容。

图 2-75　在 IE 浏览器窗口中测试 IIS 6.0

（2）IIS 7.0 的管理。

当 IIS 应用程序或系统其他方面出现问题时可以重新启动 Internet 服务，开发者也可能需要停止或重新启动 IIS 提供的服务。

重新启动 Internet 服务要优于重新启动计算机。在 IIS 7.0 中，可以停止并重新启动所有 Internet 服务（包括 Web 服务和 FTP 服务等），这使得在应用程序运行不正常或变为不可用时无需重新启动计算机。在 Windows Server 2008 中，可以使用 Internet 信息服务（IIS）管理器来重新启动、启动或停止 Web 服务器（IIS）角色。

① 在"Internet 信息服务（IIS）管理器"中，选中左边树窗格本地计算机图标，然后从右侧操作窗口中选择"停止"命令即可停止 Web 服务器（IIS）角色，如图 2-76 所示。

图 2-76　Internet 信息服务（IIS）管理器

② 也可以根据需要选择"重新启动"或"停止"命令实现 Web 服务器的重启或停止功能。

2.6 课后习题

1. 自己先设计一个有一定意义的域名，然后到 CNNIC 的站点上做域名查询，看其是否已被人注册，如没有注册，选择一家域名注册服务机构申请注册。

2. 在 Internet 上查找提供虚拟主机服务的网络公司的资料，分析比较其提供的服务和收费情况，找出最好的一两家机构。

3. 到网上查找有关服务器的资料，看 25 000 元左右的工作组级的服务器技术指标如何。

4. 创建一个 Web 站点，通过设置站点属性，使其不接受匿名访问。

5. 通过对主机头的设置，使服务器在只有一个 IP 地址的情况下，可以同时访问多个站点。

6. 设置一个虚拟目录，使其指向网上邻居中的某台计算机的某个目录。

7. 分别在域服务器和普通服务器中各建立一个 FTP 站点，比较其设置方法有哪些不同。

8. 安装 SQL Server 2005 或 2008 数据库，并简单浏览数据库的功能。

第3章

电子商务网站设计与开发

本章主要介绍常用的网站开发工具和技术、网站设计和规划、网页上传等方面的知识。

3.1 网站开发工具与技术

3.1.1 Expression Web 和 Dreamweaver CS5

1. HTML 和 Expression Web 简介

HTML 是 Hyper Text Markup Language 的缩写，直译为超文本标识语言，是一种广泛应用于 Internet 静态网页制作的标记语言，现在已经大规模地应用在静态网页的制作中。由于使用 HTML 代码编写网页，代码量比较大，而且编写调试也比较困难，因此市场上出现了很多可视化的网页编写工具，Expression Web 就是其中的优秀软件工具之一。

中文版 Expression Web 是 Microsoft 公司在 2006 年 11 月推出的专业化网页制作软件，它是微软 Expression 设计套装的一部分。微软将 Expression Web 作为 FrontPage 的升级产品提供给用户，在功能以及可扩展性方面都有很大的提升，它广泛应用于网页制作、网站设计等诸多领域。

为了满足人们对网页制作的要求，Expression Web 在其前身 FrontPage 原有的基础上进行了诸多改进，例如，增加了团队协作功能、各种类型的网站报表，改善了网站发布功能等。

使用 Expression Web 能方便地制作和设计网站。它成为微软主要的网页制作软件，而 FrontPage 也将逐渐退出历史的舞台。

与 FrontPage 作为入门级的网页制作软件不同，Expression Web 是一个专业的设计工具，可用来建立现代感十足且以标准为基础的网站，为您在 Web 上提供绝佳的质量。

Expression Web 在其前身 FrontPage 原有的站点管理、编辑 HTML、发布网页等功能基础上，还增加了许多新的功能和特性。

（1）全面支持现代 Web 标准。

依预设将建立 CSS 架构且遵循 XHTML 1.0 Transitional 的网站，并且能更好地支持多种主流浏览器，简化了部署和维护。设定弹性的结构描述设定，以便在浏览器的特定结构描述外，还支持 HTML/XHTML/Strict/Transitional/Frameset 和 CSS 1.0/2.0/2.1 的所有组合。

（2）精密的 CSS 架构和格式。

使用可直接处理位置、缩放、边界和填补的强大设计接口工具，产生雅致、现代的 CSS 页面配置。使用样式应用和位置工具列，以便精确地控制 CSS 样式的产生方式以及产生于何处，并使用样式产生器来进行完善的样式设计和有效率的样式编辑。

（3）丰富数据展示。

使用强大的所见即所得 XSLT 设计工具，在业界标准的 XML 数据上建立与格式化显示。从数据显示工作窗格中拖放，以便有效率地建立显示，并以 XPath Expression 产生器建构复杂的 XPath 查询与复合字段。您可使用完善的 CSS 功能集，套用与您网站其他检视一致的视觉格式化到数据检视内。

（4）强大的服务器技术。

以服务器和使用者控件的整合为支持，充分运用 ASP.NET 2.0 功能，且不含程序代码数据系结，以便将网站转换成动态的、交互式的 Web 应用程序。使用控件工具箱、属性方格和依控制而定的"动作菜单"，以快速地插入和设定 ASP.NET 控件。通过 IntelliSense 以及整合的设计和程序代码接口中的卷标完成，快速地撰写 ASP.NET 标记，并以 ASP.NET 主版页面的控件更有效率地更新网站。

2.　Dreamweaver CS5

Dreamweaver 是美国 Adobe 公司开发的集网页制作和管理网站于一身的"所见即所得"网页编辑器。它是第一套针对专业网页设计师特别开发的可视化网页开发工具，利用它可以轻而易举地制作出跨越平台限制和跨越浏览器限制的充满动感的网页。Dreamweaver 以其强大的功能、方便的动态网页制作和高效率已经将 FrontPage 拉下"最好网页编辑器"的宝座。自 Dreamweaver 3.0 开始，Adobe 公司注意了网站开发工具的配合，由 Dreamweaver 和制作矢量动画的 Flash、处理网页图像的 Fireworks，共同组成了著名的 Dream Team 开发工具包，被 Adobe 公司称为 Dream Team（梦之队），业界则称之为"网页设计三剑客"。

Dreamweaver 最大的好处在于，它可以使一个原来对网页一窍不通的人迅速成为网页制作高手，并可以给专业的网站设计师提供强大的开发能力和无穷的创作灵感。具体来讲，Dreamweaver 具备以下的特点。

（1）最佳的制作效率。Dreamweaver 可以用最快速的方式将 Firework、FreeHand 或 Photoshop 等软件中的内容移至网页上，能与 Playback、Flash、Shockwave 和外挂程序等搭配，不需离开 Dreamweaver 便可完成，整体运用流程自然顺畅。除此之外，只要单击便可使 Dreamweaver 自动开启 Firework 或 Photoshop 来进行编辑与设定图像文档的最佳化。

（2）网站管理。使用网站地图可以快速制作网站雏形，设计、更新和重组网页，改变网页位置或内容。Dreamweaver 会自动更新所有链接。

（3）无可比拟的控制能力。Dreamweaver 是唯一提供 Roundtrip HTML、视觉化编辑与原始码编辑同步的设计工具，它包含 HomeSite 和 BBEdit 等主流文字编辑器。帧（Frames）和表格的制作速度快得令人无法想象，支持精准定位，利用可轻易转换成表格的图层，以拖拉置放的方式进行版面配置。

（4）所见即所得。Dreamweaver 成功整合动态式出版视觉编辑及电子商务功能，提供超强的支持能力给第三方厂商，包含 ASP、Apache、Broad Vision、Cold Fusion、iCAT、Tango 与自行开发的应用软件。

（5）梦幻样板和 XML。Dreamweaver 将内容与设计分开，应用快速网页更新和团队合作网页编辑。建立网页外观的样板，指定可编辑或不可编辑的部分，内容提供者可直接编辑以样式为主的内容而不会改变既定样式，还可以使用样板正确地汇入或输出 XML 内容。

（6）全方位呈现。利用 Dreamweaver 设计的网页，可以全方位地呈现在任何平台的热门浏览器上。CSS 的动态 HTML 支持鼠标切换图效果、声音和动画的 DHTML 效果，可以在 Netscape 和 IE 浏览器上执行。使用不同浏览器演示功能，Dreamweaver 可以告知在不同浏览器上执行的效果如何。当有新的浏览器上市时，只要从 Dreamweaver 的网站下载它的描述文档，便可得知详尽的成效报告。

（7）支持动态网页。Dreamweaver 集成功能强大，使它成为网页的设计工具和网站的开发工具。通过手工编码以及通过使用可视化对象和行为来快速生成动态的、数据库驱动的 Web 应用程序。Dreamweaver 支持 ASP、ASP.NET、JSP 和 PHP 等多种服务器端技术。

Dreamweaver CS5 在前期版本的基础上，又增加了多项新的功能。

（1）集成 CMS 支持。

尽享对 WordPress、Joomla!和 Drupal 等内容管理系统框架的创作和测试支持。"动态相关文件"允许您直接访问某个页面的相关文件，甚至可用于动态页面；"实时视图导航"则提供动态应用程序的精确预览。

（2）全面的 CSS 支持。

借助功能强大的 CSS 工具设计和开发网站，无需另外提供实用程序就能以可视方式显示 CSS 框模型，即使在外部样式表中，也可以减少手动编辑 CSS 代码的需求。

（3）集成 FLV 内容。

通过轻松点击和符合标准的编码将 FLV 文件添加到任何网页中。借助"实时视图"中的 FLV 回放功能预览影片。

（4）站点特定的代码提示。

从 Adobe Dreamweaver CS5 中的非标准文件和目录代码提示中受益，它可以实现对 WordPress、Drupal 和 Joomla!等第三方 PHP 库和 CMS 框架的增强提供支持。

（5）更广阔的 Dreamweaver 社区。

与一个广阔的 Dreamweaver 社区共同学习和分享。从在线 Adobe 设计中心和 Adobe 开发人员连接、培训和研讨会、开发人员认证计划以及用户论坛中受益。

（6）支持领先技术。

在支持大多数领先的 Web 开发技术的环境中进行设计和开发，这些技术包括 HTML、XIITML、CSS、XML、JavaScript、Λjax、PHP、Adobe ColdFusion 软件和 ASP.NET。

（7）Adobe BrowserLab 集成新增功能。

使用多个查看、诊断和比较工具预览动态网页和本地内容。BrowserLab 是一个新的 CS Live

在线服务，可以跨 Web 浏览器和操作系统快速、准确地测试 Web 内容。

（8）CSS Starter 页。

借助更新和简化的 CSS Starter 布局，快速启动基于标准的网站设计。

（9）简单的站点建立。

以前所未有的速度快速建立网站，分阶段或联网站点甚至还可以使用多台服务器。

网页制作工具软件很多，除了前面的两种以外，其他的软件也是各有所长，但对于网页制作者来说，"所见即所得"无疑是最方便、最直接的功能。Dreamweaver 作为最专业的网页制作工具，是我们制作专业网页时的首选。

网页制作工具选择好之后，剩下的任务就是根据前面所设计好的具体的一个个网页的版面，将其内容包括文字、图片、声音、动画等网页元素添加到网页中去，最终形成对外的正式的网页。

3.1.2　ASP 和 ASP.NET

在 WWW 技术发展初期，Web 页面上主要是静态的内容，页面中主要由文本、图形和超链接组成。用户只能从页面上获取信息，而不能和页面进行交互。随着 Web 技术的不断发展，Web 页面上开始加入了动态和交互式的内容，并取得了成功。Web 动态技术发展快、种类多，其中包括脚本语言、CGI、ASP、ASP.NET、JSP 和 PHP 等。这里主要对脚本语言、CGI、ASP 和 ASP.NET 技术进行简要介绍。

1．脚本语言

脚本语言（Script Language）是一种简单的描述性语言，它的语法结构与计算机上的高级语言颇为相似，所以相对于其他的 Web 技术来说是简单易用的。脚本语言的出现较好地解决了 Web 页的动态交互问题。它通过一个<SCRIPT>标记嵌入到 HTML 页中，编程对 Web 页元素进行控制，从而实现 Web 页的动态化和交互性。一般地，脚本语言分为客户端和服务器端两个不同的版本。客户端的版本通过实现上述的控制页面元素来达到改变 Web 页外观的功能；服务器端的版本则被用来完成服务器端的诸多功能，如输入验证、表单处理、数据库查询、表单生成、输出定向等一系列服务器端为实现与客户端交流所必须完成的功能。

现今比较流行的脚本语言有网景公司的 JavaScript 和微软公司的 VBScript。这两种语言虽然形式和语法有所不同，但功能相似，没有质的区别，用户可以根据自己的情况进行选择。

2．通用网关接口（CGI）编程

与脚本语言不同，CGI 可以说是一种通信标准，它的任务是接受客户端的请求，经过辨认和处理，生成 HTML 文档并重新传回到客户端。这种交流过程的编程被叫做通用网关接口（CGI）编程。CGI 可以运行在许多平台上，具有强大的功能，它可以处理表单、创建表单、创建 Web 页上的动态内容、在 Web 页中增加搜索功能，处理服务器端的图像映像文件、创建聊天室等与用户交流的应用程序等。

用来实现 CGI 编程的语言有许多种，如现今市面上流行的 C/C++语言、Visual Basic 语言、Tcl 语言、Shell Script、Perl 语言、Applescript 等。具体使用哪一种语言来编程，主要看所编程序的速度要求和适用范围要求，用编译语言编出的程序运行速度比用解释语言编出的程序要快，但编程难度较大；用 Visual Basic 这样的语言编出的程序只能在 Windows 平台上运行，而用 C 语言编写的程序可以在几乎所有的平台上运行。所以，最终如何选择，还要视具体情况而定。

CGI 的缺点有如下几个。

- 开发 CGI 需要比较复杂的语言，学习不易。
- 与 HTML 文件毫无关系，集成困难。
- 程序开发时间长，并且排错困难。
- 维护困难。
- 执行效率低。

每个用户都会启动一个新的进程，消耗资源过快。

过去人们为了交互式的动态页面不得不忍受 CGI 的种种缺点，但是，当一种能完成同样功能且更具优越性的工具出现时，人们当然会选择这种工具。ASP 就是这样一种基本可以取代 CGI 的工具。

3. ASP 技术

ASP（Active Server Pages，动态服务器页面）是微软公司推出的一种用以取代 CGI 的技术。与 CGI 相比，ASP 为用户提供了一种真正的简便易学、功能强大的服务器编程技术。

ASP 其实是微软公司开发的一套服务器端脚本运行环境，通过 ASP 用户可以建立动态的、交互的、高效的 Web 服务器应用程序。有了 ASP 用户就不必担心客户的浏览器是否能运行所编写的代码，因为所有的程序都将在服务器端执行，包括所有的嵌在 HTML 文档中的脚本程序。当程序执行完毕后，服务器仅将执行的结果返回给客户浏览器，这样也就减轻了客户端浏览器的负担，大大提高了交互的速度。与前面提到的 Web 开发技术相比，ASP 具有很大的优势。ASP 的特点如下。

- 用 VBScript、JavaScript 等简单易懂的脚本语言，结合 HTML 代码，可快速地实现网站的应用开发。
- 与浏览器无关，用户只要使用可执行 HTML 码的浏览器，就可以浏览 ASP 所设计的网页内容。ASP 使用的脚本语言均在 Web 服务器端执行，用户端的浏览器不需要执行这些脚本语言。
- ASP 可与任何 ActiveX 描述性语言相容。除了可使用 VBScript、JavaScript 语言来设计外，还可以通过插件的方式，使用由第三方所提供的其他脚本语言，如 Peri、Tcl 语言等。
- ASP 的源程序，不会被传到客户浏览器，因而可以避免源程序外泄，也提高了程序的安全性。而且可使用服务器端的脚本来产生客户端的脚本。
- 支持 ASP 隔离程序。隔离的 ASP 应用程序在服务器上拥有独立的内存空间进行运行。当某个应用程序执行失败时，可以保护其他应用程序和服务器不受影响，同时它也可以在不停止服务器的情况下，终止一个应用程序或卸载其组件。
- ActiveX 服务器组件具有无限可扩充性。可以使用 Visual Basic、Java、Visual C++、COBOL 等编程语言定制自己所需要的 ActiveX 服务器组件。

4. ASP.NET

ASP.NET 是统一的 Web 应用程序平台，它提供了为建立和部署企业级 Web 应用程序所必需的服务。ASP.NET 为能够面向任何浏览器或设备的更安全的、更强的可升级性、更稳定的应用程序提供了新的编程模型和基础结构。

ASP.NET 是 Microsoft .NET Framework 的一部分，是一种可以在高度分布的 Internet 环境中简化应用程序开发的计算环境。.NET Framework 包含公共语言运行库，它提供了各种核心服务，如内存管理、线程管理和代码安全。它也包含 .NET Framework 类库，这是一个开发人员用于创建应用程序的综合的、面向对象的类型集合。

ASP.Net 主要包括 WebForm 和 WebService 两种编程模型。前者为用户提供建立功能强大，外观丰富的基于表单（Form）的可编程 Web 页面。后者通过对 HTTP、XML、SOAP、WSDL 等 Internet 标准的支持提供在异构网络环境下获取远程服务，连接远程设备，交互远程应用的编程界面。

ASP.NET 具有以下特点。

- 可管理性：ASP.NET 使用基于文本的、分级的配置系统，简化了将设置应用于服务器环境和 Web 应用程序的工作。因为配置信息是存储为纯文本的，因此可以在没有本地管理工具的帮助下应用新的设置。配置文件的任何变化都可以自动检测到并应用于应用程序。
- 安全：ASP.NET 为 Web 应用程序提供了默认的授权和身份验证方案。开发人员可以根据应用程序的需要很容易地添加、删除或替换这些方案。
- 易于部署：通过简单地将必要的文件复制到服务器上，ASP.NET 应用程序即可以部署到该服务器上。不需要重新启动服务器，甚至在部署或替换运行的已编译代码时也不需要重新启动。
- 增强的性能：ASP.NET 是运行在服务器上的已编译代码。与传统的 Active Server Pages（ASP）不同，ASP.NET 能利用早期绑定、实时（JIT）编译、本机优化和全新的缓存服务来提高性能。
- 灵活的输出缓存：根据应用程序的需要，ASP.NET 可以缓存页数据、页的一部分或整个页。缓存的项目可以依赖于缓存中的文件或其他项目，或者可以根据过期策略进行刷新。
- 国际化：ASP.NET 在内部使用 Unicode 以表示请求和响应数据，可以为每台计算机、每个目录和每页配置国际化设置。
- 移动设备支持：ASP.NET 支持任何设备上的任何浏览器。开发人员使用与用于传统的桌面浏览器相同的编程技术来处理新的移动设备。
- 扩展性和可用性：ASP.NET 被设计成可扩展的、具有特别专有的功能来提高群集的、多处理器环境的性能。此外，Internet 信息服务（IIS）和 ASP.NET 运行时，它们会密切监视和管理进程，以便在一个进程出现异常时，可在该位置创建新的进程使应用程序继续处理请求。
- 跟踪和调试：ASP.NET 提供了跟踪服务，该服务可在应用程序级别和页面级别调试过程中启用。可以选择查看页面的信息，或者使用应用程序级别的跟踪查看工具查看信息。在开发和应用程序处于生产状态时，ASP.NET 支持使用.NET Framework 调试工具进行本地和远程调试。当应用程序处于生产状态时，跟踪语句能够留在产品代码中而不会影响性能。
- 与.NET Framework 集成：因为 ASP.NET 是.NET Framework 的一部分，整个平台的功能和灵活性对 Web 应用程序都是可用的。也可从 Web 上流畅地访问.NET 类库以及消息和数据访问解决方案。ASP.NET 是独立于语言之外的，所以开发人员能选择最适于应用程序的语言。另外，公共语言运行库的互用性还保存了基于 COM 开发的现有投资。

- 与现有 ASP 应用程序的兼容性：ASP 和 ASP.NET 可并行运行在 IIS Web 服务器上而互不冲突；不会发生因安装 ASP.NET 而导致现有 ASP 应用程序崩溃的情况。ASP.NET 仅处理具有.aspx 文件扩展名的文件。具有.asp 文件扩展名的文件继续由 ASP 引擎来处理。然而，应该注意的是会话状态和应用程序状态并不在 ASP 和 ASP.NET 页面之间共享。
- ASP.NET 启用了分布式应用程序的两个功能：Web 窗体和 XML Web 服务。相同的配置和调试基本结构支持这两种功能。Web 窗体技术使用户能够建立强大的基于窗体的网页。Web 窗体页面使用可重复使用的内建组件或自定义组件以简化页面中的代码。

使用 ASP.NET 创建的 XML Web 服务可使用户能够远程访问服务器。使用 XML Web 服务，商家可以提供其数据或商业规则的可编程接口，之后可以由客户端和服务器端应用程序获得和操作。通过在客户端/服务器和服务器/服务器方案中的防火墙范围内使用标准（如 XML 消息处理和 HTTP），XML Web 服务可启用数据交换。以任何语言编写的且运行在任何操作系统上的程序都能调用 XML Web 服务。

5. ASP 与 ASP.NET 的区别

许多初学者，经常会问 ASP 和 ASP.NET 到底有什么区别呢。

ASP（Active Server Pages）是微软公司 1996 年 11 月推出的 Web 应用程序开发技术，它既不是一种程序语言，也不是一种开发工具，而是一种技术框架，不需使用微软公司的产品就能编写它的代码，能产生和执行动态、交互式、高效率的网站服务器的应用程序。运用 ASP 可将 VBScript、javascript 等脚本语言嵌入到 HTML 中，便可快速完成网站的应用程序，无需编译，可在服务器端直接执行。容易编写，使用普通的文本编辑器编写，如记事本就可以完成。由脚本在服务器上而不是客户端运行，ASP 所使用的脚本语言都在服务器端上运行，用户端的浏览器不需要提供任何别的支持，这样大大提高了用户与服务器之间的交互的速度。此外，它可通过内置的组件实现更强大的功能，如使用 ADO 可以轻松地访问数据库。

之后，微软公司又推出 ASP.NET。这不是 ASP 的简单升级，而是全新一代的动态网页实现系统，用于一台 Web 服务器建立强大的应用程序，是微软公司发展的新体系结构.NET 的一部分，是 ASP 和.NET 技术的结合。提供基于组件、事件驱动的可编程网络表单，大大简化了编程。还可以用 ASP.NET 建立网络服务。

ASP 与 ASP.NET 的区别有如下几方面。

- 开发语言不同。ASP 仅局限于使用 non-type 脚本语言来开发，用户给 Web 页中添加 ASP 代码的方法与给客户端脚本中添加代码的方法相同，导致代码杂乱。ASP.NET 允许用户选择并使用功能完善的 strongly-type 编程语言，也允许使用潜力巨大的.NET Framework。
- 运行机制不同。ASP 是解释运行的编程框架，所以执行效率比较低。ASP.NET 是编译性的编程框架，运行服务器上的编译好的公共语言运行库（CLR）代码，可以利用早期绑定、实时编译来提高效率。
- 开发方式不同。ASP 把界面设计和程序设计混在一起，维护和重用困难。ASP.NET 把界面设计和程序设计以不同的文件分离开，复用性和维护性得到了提高。

ASP.NET 与 ASP 的主要区别在于前者是编译（Compile）执行，而后者是解释（Interpret）执行，前者比后者有更高的效率。除此之外，ASP.NET 还可以利用.NET 平台架构的诸多优越性能，如类型安全，对 XML、SOAP、WSDL 等 Internet 标准提供强健支持。

从上面的介绍，读者可以看出，ASP.NET 与 ASP 相比，具有突出的优势，它取代 ASP 成为 Web 应用开发的主流平台也就是很自然的了。

3.1.3　ASP.NET 应用程序实例

1. 网站后台管理员登录程序 login.aspx

具体程序如下。

```
<%@ Page language="c#" Codebehind="login.aspx.cs" AutoEventWireup="false" Inherits=
"liuyan.login" %>
<!DOCTYPE HTML PUBLIC "-//W3C//DTD HTML 4.0 Transitional//EN" >
<HTML>
    <HEAD>
        <title>login</title>
        <meta name="GENERATOR" Content="Microsoft Visual Studio .NET 7.1">
        <meta name="CODE_LANGUAGE" Content="C#">
        <meta name="vs_defaultClientScript"content="JavaScript">
        <meta name="vs_targetSchema"
content="http://schemas.microsoft.com/intellisense/ie5">
        <LINK href="css/style.css" type="text/css" rel="stylesheet">
    </HEAD>
    <body MS_POSITIONING="GridLayout">
        <form id="Form1" method="post" runat="server">
            <table cellspacing="1" cellpadding="2" width="250" align="center"
bgcolor= "#1111EE" border="0">
                <tbody>
                    <tr bgcolor="#1111EE">
                        <td colspan="2" height="25">
                            <div align="center"><span class="style1">管理员登录
</span>
                            </div>
                        </td>
                    </tr>
                    <tr bgcolor="#ffffff">
                        <td width="53" height="22">
                            <div align="right">账号:
                            </div>
                        </td>
                        <td width="186" height="22">
                            <asp:TextBox id="usernames" CssClass="input"
runat= "server" Width="150px"></asp:TextBox>
                        </td>
                    </tr>
                    <tr bgcolor="#ffffff">
                        <td height="22">
                            <div align="right">密码:
                            </div>
                        </td>
```

```
                    <td height="22">
                        <asp:TextBox id="password" CssClass="input"
runat="server" TextMode="Password" Width="150px"></asp:TextBox>
                    </td>
                </tr>
                <tr bgcolor="#ffffff">
                    <td colspan="2" height="22">
                        <p align="center">
                            <asp:Button id="Button1" runat="server" Text="确定">
</asp:Button>
                        </p>
                    </td>
                </tr>
            </tbody>
        </table>
        <table>
            <tr>
                <td><asp:label id="Label3" runat="server" Width="368px"
Height= "24px" ForeColor="Navy"></asp:label></td>
            </tr>
        </table>

    </form>
    </body>
</HTML>
```

将 login.aspx 文件放到 WWW 服务器根目录下的 test 目录中，在浏览器的地址栏输入 http://localhost/test/login.aspx 并回车运行该文件，运行效果如图 3-1 所示。

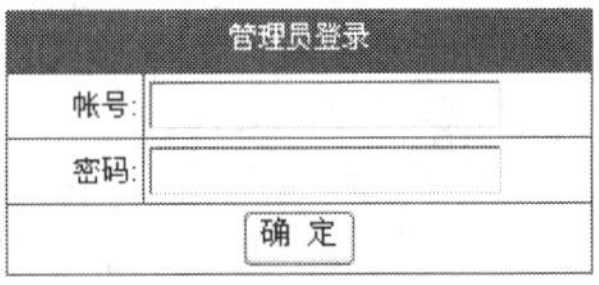

2. 发表留言的 ASP.NET 程序

这个程序是提供网友提交留言的窗口。本程序涉及到 add.aspx、add.aspx.cs 和 liuyan.dll 3 个文件和几个图像文件。

图 3-1 运行 login.aspx 文件的效果

```
<%@ Page language="c#" Codebehind="add.aspx.cs" AutoEventWireup="false" Inherits=
"liuyan.add" %>
<!DOCTYPE HTML PUBLIC "-//W3C//DTD HTML 4.0 Transitional//EN" >
<HTML>
    <HEAD>
        <title>add</title>
        <meta content="Microsoft Visual Studio .NET 7.1" name="GENERATOR">
        <meta content="C#" name="CODE_LANGUAGE">
        <meta content="JavaScript" name="vs_defaultClientScript">
        <meta content="http://schemas.microsoft.com/intellisense/ie5"name="vs_targetSchema">
            <LINK href="css/style.css" type="text/css" rel="stylesheet">
    </HEAD>
        <body MS_POSITIONING="GridLayout">
        <form runat="server">
            <table cellSpacing="0" cellPadding="2" width="700" align="center"border="0">
                <TBODY>
                    <tr>
                        <td height="30">
```

```
                                <p><IMG height="25" src="images/add.gif" width="80"
border= "0">  
                                    <asp:hyperlink id="login"runat="server">
</asp:hyperlink></p>
                                </td>
                            </tr>
                        </TBODY>
                </table>
                    <table cellSpacing="1" cellPadding="2" align="center" bgColor="#1111EE"
border="0">
                        <tbody>
                         <tr bgColor="#1111EE">
                                <td colSpan="2" height="25">
                                    <div align="center"><span class="style1">发表留言
</span></div>
                                </td>
                    </tr>
                            <tr bgColor="#ffffff">
                                <td width="150" height="22">
                                    <p align="right">你的昵称:
                                    </p>
                                </td>
                                <td width="300" height="22"><asp:textbox id="username"
runat= "server" MaxLength="10" CssClass="input" Columns="10"
Width="128px"></asp:textbox><asp:requiredfieldvalidator id="RequiredFieldValidator1"
runat="server" ErrorMessage="必填"
ControlToValidate="username"></asp:requiredfieldvalidator></td>
                            </tr>
                    <tr bgColor="#ffffff">
                        <td height="22">
                            <p align="right">QQ 号码:
                            </p>
                        </td>
                        <td height="22"><asp:textbox id="qq" runat="server"
MaxLength= "10" CssClass="input" Columns="10"></asp:textbox>
                                    <asp:RegularExpressionValidator
id="RegularExpression Validator1" runat="server" ErrorMessage="错误" ControlToValidate="qq"
    ValidationExpression="^\d{5,9}$"></asp:RegularExpression Validator>
                                    <asp:RequiredFieldValidator
id="Required FieldValidator4" runat="server" ErrorMessage="必填"
ControlToValidate="qq"> </asp:RequiredFieldValidator></td>
                            </tr>
                            <tr bgColor="#ffffff">
                                <td height="22">
                                    <p align="right">Email 地址:
                                    </p>
                                </td>
                                <td height="22"><asp:textbox id="email" runat="server"
MaxLength="30" CssClass="input"></asp:textbox><asp:regularexpressionvalidator id="admin1"
runat="server" ErrorMessage="错误" ControlToValidate="email"
ValidationExpression= "\w+([-+.]\w+)*@\w+([-.]\w+)*\.\w+([-.]\w+)*"
    Display="Dynamic"></asp:regularexpressionvalidator>
```

```
                                        <asp:RequiredFieldValidator
id="RequiredFieldValidator5" runat="server" ErrorMessage="必填"
ControlToValidate="email"></asp:RequiredField Validator></td>
                        </tr>
                        <tr bgColor="#ffffff">
                            <td height="22">
                            <p align="right">头像:
                            </p>
                        </td>
                        <td height="22">
                        <asp:dropdownlist id="pic"
onChange="document.images['img1']. src=options[selectedIndex].value;" runat="server"
CssClass="input">

            <asp:ListItem Value="pic/1.gif" Selected="True">头像1</asp:ListItem>
            <asp:ListItem Value="pic/2.gif">头像2</asp:ListItem>
            <asp:ListItem Value="pic/3.gif">头像3</asp:ListItem>
            <asp:ListItem Value="pic/4.gif">头像4</asp:ListItem>
            <asp:ListItem Value="pic/5.gif">头像5</asp:ListItem>
            <asp:ListItem Value="pic/6.gif">头像6</asp:ListItem>
            <asp:ListItem Value="pic/7.gif">头像7</asp:ListItem>
            <asp:ListItem Value="pic/8.gif">头像8</asp:ListItem>
            <asp:ListItem Value="pic/9.gif">头像9</asp:ListItem>
            <asp:ListItem Value="pic/10.gif">头像10</asp:ListItem>
            <asp:ListItem Value="pic/11.gif">头像11</asp:ListItem>
            <asp:ListItem Value="pic/12.gif">头像12</asp:ListItem>
            <asp:ListItem Value="pic/13.gif">头像13</asp:ListItem>
            <asp:ListItem Value="pic/14.gif">头像14</asp:ListItem>
            <asp:ListItem Value="pic/15.gif">头像15</asp:ListItem>
            <asp:ListItem Value="pic/16.gif">头像16</asp:ListItem>
            <asp:ListItem Value="pic/17.gif">头像17</asp:ListItem>
            <asp:ListItem Value="pic/18.gif">头像18</asp:ListItem>
            <asp:ListItem Value="pic/19.gif">头像19</asp:ListItem>
            <asp:ListItem Value="pic/20.gif">头像20</asp:ListItem>
            </asp:dropdownlist>  <img src="pic/1.gif" id="img1" /></td>
                        </tr>
                        <tr bgColor="#ffffff">
                            <td height="22">
                                <p align="right">留言主题:
                                </p>
                        </td>
                        <td height="22"><asp:textbox id="title" runat="server"
  MaxLength= "30" CssClass="input" Columns="25"></asp:textbox><asp:requiredfieldvalidator
id="Required Field Validator2" runat="server" ErrorMessage="必填"
  ControlToValidate="title"></asp: requiredfieldvalidator></td>
                        </tr>
                        <tr bgColor="#ffffff">
                            <td height="22">
                                <p align="right">留言内容:
                                </p>
                        </td>
                        <td height="22"><asp:textbox id="content" runat="server" CssClass=
```

```
"input" Width="211px" Height="96px"
    TextMode="MultiLine"></asp:textbox><@sp:requiredfieldvalidator id="RequiredFieldValidator3"
    runat="server" ErrorMessage="必填"
    ControlToValidate="content"></asp:requiredfieldvalidator></td>
                                </tr>
                                <tr bgColor="#ffffff">
                                    <td colSpan="2" height="22">
                                            <p align="center"><asp:button id="Button1"
    runat="server" Text="提交"></asp:button></p>
                                    </td>
                                </tr>
                            </tbody>
                </table>
                </form>
        </body>
</HTML>
```

留言簿的界面如图 3-2 所示。

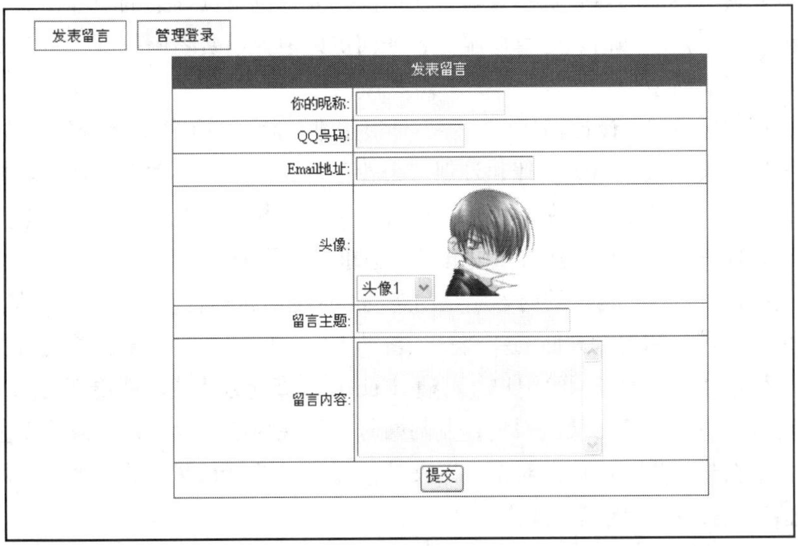

图 3-2　留言簿窗口界面

3.2　电子商务网站设计与制作

　　要想建立一个优秀的电子商务网站，除了要求网站的建设者要有很高的软件应用技巧以外，还必须要对网站进行全面细致地分析和系统设计，在此基础上动手开发，才能取得成功。

3.2.1　电子商务网站内容设计的流程

　　要将企业网站作为在 Internet 上展示企业形象、企业文化，进行电子商务活动的信息空间，除了要进行网站的总体策划，确定网站的目标和定位等，还要进行电子商务网站的内容设计与制作，这是网站开发的重点。

1. 网站内容设计的原则

在当前的 Internet 应用中，很多企业纷纷建立自己的网站，但由于对网站的认识还不够深入，多数企业并不知道自己的网站能干什么，更不了解网站设计需要把握的规律。一些企业甚至只发布了几页的内容就算是建立了一个网站，而且其信息从来不更新。企业要在 Internet 上开展电子商务，就应该在网站的内容设计方面遵循一些基本原则。一般来说，最起码应考虑到以下 3 个方面：信息内容、访问速度和页面美感。基于国内网页制作价格过高和网速过慢的现实，信息内容和访问速度应优先考虑，同时兼顾美感。以下分别从这 3 个方面来说明。

（1）新、精、专的信息内容。

- 信息内容永远处于第一位。企业建立网站的目的就是为了表现一定的内容，需要用户根据这些内容进行电子商务的开展，而用户访问网站的主要目的就是想发现自己感兴趣的信息。要提高电子商务网站的访问率，增加企业的效益，就必须先在信息内容上多下工夫。信息内容要新、精、专，要有特色，否则企业电子商务网站即使开发出来也是一个失败的系统，不能够对企业的效益有所提高。要提供可读性强的内容，如公司营销的特色、产品的优点，如何做好售后服务，如何更好地为消费者服务等，一定要站在消费者的立场去考虑问题。

- 内容设计要有组织。设计网站也许并不是很困难，但这一工作与编制传统的宣传品一样，都需要网页设计人员谨慎处理和筹划。企业开发人员首先必须确定企业需要表达的主要信息，然后仔细斟酌，把所有想法合情合理地组织起来。然后设计一个个页面式样，先试用于有代表性的用户，接着重复修订，务求尽善尽美。

- 及时更新信息内容。网页的内容应是动态的，应随时进行修改和更新，以紧紧抓住用户。特别是有关产品和技术方面的新消息、新动态等，应该及时展现，并且每次更新的页面内容应尽量在主页中提示给用户，可通过 URL 链接的方式或注明更新时间来表示。当一个浏览者在事隔多日后又返回到企业网站时，发现网站在内容设计或信息量方面有了新的变化，会进一步增加他们对企业网站的信任。时常更新网站的内容，让网站一直保持新鲜感，消费者才会经常光临。

（2）安全快速的访问。

- 提高浏览者的访问速度。在确定内容的基础上，尽量提高速度十分必要，况且国内通信线路本身传输速率就太慢。有时就算网站的内容再好，但速度太慢，浏览者也会失去耐心，从而影响企业网站的访问量。因此，在设计网站内容时，考虑网站的实际访问速度是非常有必要的。

- 要有安全良好运转的硬件和软件环境。要确保有稳定、全天 24 小时、全年 365 天都可以连续工作的性能良好的服务器硬件，这是至关重要的。在电子商务的交易过程中，一定不要发生服务器死机、病毒发作等问题，避免由于硬件的原因而造成用户网上交易中断、信息丢失等问题。

- 要使信息便于用户浏览。网站的任何信息都应在最多 3 次点击之内得到。比如一个摄影器材公司的网站，如有用户想了解某种型号的产品信息，应该能够在 3 次点击之内得到信息。一般的步骤是，网站首页内有指向产品网页的链接，产品网页有指向各型号产品网页的链接，型号产品有指向该产品的更详尽的产品信息的链接。在很多情况下，由于在网站内容设计中犯下了网站结构层次太深的错误，导致无法满足"3 次点击"的要求，这样会使有价值的信息被埋在层层的链接之后，一般浏览者不会有足够的耐心去找到它们，以致放弃浏览。

（3）美感十足、方便用户访问的页面。

- 提供交互性。缺乏互动的网站一定缺少对浏览者的吸引力，要加强网站的营销效果，就必须加强在网站互动方面的投入，包括采用即时的留言簿、反馈表单、在线论坛以及加入数据库功能等各种方式，并投入专门的人员负责维护。只有当用户能够很方便地与企业网站进行信息的相互交流时，企业网站才能吸引用户，才能加强与企业客户的关系，企业在网上进行产品销售和服务的机会才会增加。

- 完善的检索和帮助功能。合理地组织网站信息内容，以便让浏览者能够迅速、准确地检索到要查找的信息。如果一个用户进入网站后不能迅速地找到自己要找的内容，那么这个网站就很难留住浏览者。因此，有必要将一些信息进行分类，并提供对各种信息入口的检索功能，让消费者快速地找到他想要的产品，甚至连相关产品也列出来，以刺激用户的购买欲。通常使用数据库技术为浏览者提供准确而快速的检索功能。此外，网站中应提供一些联机帮助功能，千万不能让用户在网站中不知所措，不知道如何才能找到所需的信息。

- 方便用户访问和购买。对于电子商务网站，购买方便原则是最重要的原则之一，为此要减少用户购买过程中的干扰信息（如广告等）；要为用户提供个性化的服务，与用户建立一种非常和谐的亲密关系；要使订购流程清晰、流畅，如用户下订单的流程是否清楚，是否随时可以中断购买程序，订单上是否有所买产品及其价格，运费内含还是外加，货物几天内收到，货款的支付方式，产品退货的处理，对于交易安全的保证，使用何种交易技术等。要尽可能地提供商品的细节，越详细越好，必要时提供产品的详细图片，以激发购买欲等。目前电子商务网站中普遍引入购物车系统以方便用户访问和购买。

2. 网站内容设计流程

一般来说，在电子商务网站的内容设计过程中，企业应首先成立电子商务网站开发小组，然后由小组内的设计人员和开发人员共同确定网站的基本要求和主要功能。

电子商务网站的内容设计流程一般要经过如下步骤：首先在网站总体规划阶段所确定的信息需求和网站功能的基础上，收集与网站内容主题相关的关键信息；再利用一个逻辑结构有序地将这些信息组织起来，确定其信息结构，并开发出一个网站内容设计的基本模型；选择本企业一些有代表性的用户进行测试，根据他们提出的意见，再逐步完善这个模型，最终形成正式的企业网站的内容模块。

（1）收集与该网站有关的一些关键信息。建立一个行之有效的营销性网站决不能马虎、草率行事，文字资料应由公司内部的专人负责整理，最好是熟悉市场营销并有一定文字组织能力的人，他们能够站在企业、市场和消费者的多个角度考虑文字的组织方式。通常情况下，资料常常来自于本企业的宣传手册、彩页、各种报告及技术资料等，这些资料往往是从企业的角度组织的，而缺乏从用户角度来考虑问题，因此应对这些资料加以整理后才能在网站中使用。

（2）网站信息结构的设计。设计人员根据收集到的信息和总体规划阶段对网站提出的主要需求与功能开始构思，确定计算机管理的范围、网站应具有的基本功能、人机界面的基本形式、网站的链接结构和总体风格等。通常，设计人员要把包括整个网站结构的构思用草图的形式提交给企业电子商务网站领导小组，经审核通过后才能进行下一步的工作。

（3）网站运行环境的选择。根据网站信息结构的设计，结合企业的实力进行电子商务网站运行平台的选择，包括网络操作系统、Web 服务器及数据库系统的选择。

（4）进行网页可视化设计。设计人员根据以上获得的信息，通过草图的方式，以尽可能快的速度和尽可能完备的开发工具来建造一个仿真模型，该模型应包括主页和其他网页的版面设计、色彩设计、导航栏设计、相关图像的制作与优化，然后将该模型提交给企业电子商务网站领导小组，经审核通过后才能进行网页的制作。

（5）网页制作。将确定好的仿真模型利用各种网页开发技术（HTML、CSS、Java、Flash、ASP、CGI 等技术），使模型中的各种类型的内容有机地整合在一起。通常情况下，在网页制作过程中，需利用一定的 Web 数据库技术进行信息和数据的动态发布和提供。

（6）网站测试。在网站正式被使用之前，要由一些典型的用户和开发人员一起进行试用、检查、分析效果，对网站进行全范围的测试，包括速度、兼容性、交互性、链接正确性及超流量测试等，发现问题及时记录并解决。

（7）网站发布。最后通过 FTP 软件把所有的网站文件从测试服务器传到正式服务器上去，网站就可以正式地对外发布了。

这套完整的网站内容设计过程可以安排在一定的时间内完成，通常需用几个月的时间。当网站正式启用后，还要进行跟踪调查，以了解用户是如何使用网站的。一旦得到用户对网站的看法或建议，应据此对网站进行相应的调整。

3.2.2　网站信息结构的设计

一个电子商务网站应该包括什么样的信息内容，具备什么样的功能，以及采取什么样的表现形式，并没有统一的模式。不同形式的网站及其网站的内容、实现的功能、经营方式、建站方式、投资规模也各不相同。一个功能完善的电子商务网站可能规模宏大，耗资几百万元，而一个最为简单的电子商务网站也许只是将企业的基本信息搬到网上，将网站作为企业信息发布的窗口，甚至不需要专业的人员来维护。一般来说，电子商务网站建设与企业的经营战略、产品特性、财务预算以及当时的建站目的等因素有着直接关系。

1.　网站信息内容及其功能模块

尽管每个电子商务网站规模不同，表现形式各有特色，但从经营的实质上来说，不外乎信息发布型和产品销售型这两种基本形式。一个综合性的网站可能同时包含了这两种基本形式。现在，绝大多数企业还没有上网，即使已经建立网站的企业，网站的应用水平也处于初级阶段，离开展真正的电子商务还很远，在相当长的时期内，这种状况不会有根本的改变，因此，信息发布型的网站仍然是电子商务网站的主流形式。信息发布型电子商务网站中信息结构的设计主要是从公司、产品、服务等几个方面来进行的。

（1）公司概况。公司概况包括公司背景、发展历史、主要业绩、经营理念、经营目标及组织结构等，让用户对公司的情况有一个概括的了解，以此作为在网络上推广公司的第一步，也可能是非常重要的一步。

（2）员工信息。员工信息介绍公司的人力资源，主要部门的员工特别是与用户有直接或间接联系的员工都应有自己的页面，包括姓名、经历、技能、兴趣及联系方式等，这是网站人性化的一个重要手段，以便于建立服务于消费者的一对一关系。

（3）产品目录。产品目录提供公司产品和服务的目录，方便用户在网上查看。企业可根据实际需要决定资料的详简程度，或者配以图片、视频和音频资料，最简单的应包括产品和服务的名称、品种、规格和功能描述。但在公布有关技术资料时应注意保密，避免被竞争对手利用，造成不必要的损失。

（4）产品价格表。用户浏览网站的部分目的是希望了解产品的价格信息，对于一些通用产品及可以定价的产品，应该留下产品价格；对于一些不方便报价或价格波动较大的产品，也应尽可能为用户了解相关信息提供方便，比如设计一个标准格式的询问表单，用户只要填写简单的联系信息，点击"提交"就可以了。

（5）产品搜索。如果公司产品比较多，无法在简单的目录中全部列出，而且经常有产品升级换代，那么为了让用户能够方便地找到所需要的产品，除了设计详细的分级目录之外，增加关键词搜索功能不失为有效的措施。

（6）公司动态。通过公司动态可以让用户了解公司的发展动向，加深对公司的印象，从而达到展示企业实力和形象的目的。因此，如果有媒体对公司进行了报道，别忘记及时转载到网站上。

（7）网上订购。即使没有像 Dell 那样方便的网上直销和配套服务功能，针对相关产品为用户设计一个简单的网上订购程序仍然是必要的，因为很多用户喜欢利用提交表单而不是发电子邮件。当然，这种网上订购功能和电子商务的直接购买有本质的区别，只是用户通过一个在线表单提交给网站管理员，最后的确认、付款、发货等仍然需要通过网下来完成。

（8）销售网络。实践证明，用户直接在网站订货的并不一定多，但网上看货网下购买的现象比较普遍，尤其是价格比较贵重或销售渠道比较少的商品，用户通常喜欢通过网络获取足够信息后在本地的实体商场购买。应充分发挥电子商务网站的这种作用，因此，应尽可能详尽地告诉用户在什么地方可以买到他所需要的产品。

（9）售后服务。有关质量保证条款、售后服务措施，以及各地售后服务的联系方式等都是用户比较关心的信息，而且，是否可以在本地获得售后服务往往是影响用户购买决策的重要因素，对于这些信息应该尽可能详细地提供。

（10）技术支持信息。技术支持信息对于生产或销售高科技产品的公司尤为重要，网站上除了产品说明书之外，企业还应该将用户关心的技术问题及其答案公布在网上，比如说一些常见故障处理、产品的驱动程序、软件工具的版本等信息资料，可以通过在线提问和常见问题回答 FAQs 的方式体现。创建 FAQs 可以避免公司的技术支持人员重复回答相同的问题，如果将问题列于 FAQs 页面的上部，并将每个问题与答案链接在一起，可以节省企业和浏览者双方的时间和精力。在线提问可以很方便地让用户直接在网上给公司留言，为一些没有 E-mail 地址的用户提供方便，浏览者可以随时提出任何有关公司、产品或技术方面的信息需求，而不必通过电话联系。

（11）联系信息。网站上应该提供足够详尽的联系信息，除了公司的地址、电话、传真、邮政编码、网管 E-mail 地址等基本信息之外，最好能详细地列出客户或者业务伙伴可能需要联系的具体部门的联系方式。对于有分支机构的企业，同时还应当有各地分支机构的联系方式，在为用户提供方便的同时，也起到了对各地业务的支持作用。

（12）财务报告。对于股份制尤其是上市的企业，应该将重要的财务报告上网，让股民能够方便地查询到这些信息，包括中报、年报和各种配股计划等。

（13）辅助信息。有时由于一个企业产品品种比较少，网页内容显得有些单调，可以通过增加一些辅助信息来弥补这种不足。辅助信息的内容比较广泛，可以是本公司、合作伙伴、经销商或用户的一些相关新闻、趣事，或者产品保养/维修常识、产品发展趋势等。

（14）其他内容信息。其他内容信息可以是反馈表、公司人才招聘信息、到其他相关网站的链接，但千万不要将直接竞争对手的网站链接到网页中，还可以提供一些娱乐信息、有关专家或权威部门对产品和服务的证明、表示公司具体物理位置的电子地图、网站内容最近更新的日期以及网页版权信息等。

（15）增值服务。国外许多企业认识到"网站必须提供有价值的服务"这一真谛，并竞相开辟了网络环境下的新服务项目（免费客户主页、客户需求专案提交等），以增加其服务功能，如宝洁"封面女郎"就专为指导女性美容而设；施贵宝也开设了类似的网上健康护理与男士美容的指导栏目；柯达的"全球风光图片库"、"摄影佳作解析"，耐克的体育项目论坛，立顿的"菜谱大全"、"美食指导"等，都起到了增值服务作用。所以这些网站对网民来说是"具有价值"的，它们会吸引用户再次光临。

当然，上述基本信息仅仅是电子商务网站应该关注的基本内容，并非每个电子商务网站都必须涉及，同时也有很多内容并没有罗列进去。在规划设计一个具体网站内容模块和功能时，主要应考虑企业本身的目标和所决定的网站功能导向，让企业上网成为整体战略的一个有机组成部分，让网站真正成为有效的品牌宣传阵地、有效的营销工具，或者有效的网上销售场所。

2. 网站链接结构的设计

电子商务网站往往是一个大型的复杂的综合网站，为了实现信息的有效传递，也为了方便用户以最少的时间浏览网站获得所需信息，网站开发人员应在网站信息结构设计的同时，规划并设计好主次分明、结构清晰的网站链接结构，使浏览者对网站内容一目了然。

一般来说，建立网站的链接结构有如下两种基本方式。

（1）树状链接结构（一对一）。树状链接结构是类似 DOS 的目录结构，首页链接指向一级页面，一级页面链接指向二级页面。立体结构看起来就像一棵二叉树。这样的链接结构浏览时，一级级进入，一级级退出。优点是条理清晰，浏览者明确知道自己在什么位置，不会"迷"路。缺点是浏览效率低，一个栏目下的子页面到另一个栏目下的子页面必须绕经首页。

（2）网状链接结构（一对多）。网状链接结构是类似网络服务器的链接，每个页面相互之间都建立有链接，立体结构像一张网。这种链接结构的优点是浏览方便，随时可以到达自己喜欢的页面。缺点是链接太多，往往使浏览者迷路，搞不清自己在什么位置，看了多少内容。

这两种基本结构都只是理想方式，在实际的网站设计中，总是将这两种结构混合起来使用。网站开发者总希望浏览者既可以方便快速地到达自己需要的页面，又可以清晰地知道自己的位置。所以，最好的办法是，首页和一级页面之间用网状链接结构，一级和二级页面之间用树状链接结构，超过三级页面，在页面顶部设置导航条。

如果网站内容庞大，分类明细，需要超过三级页面，那么最好在页面里显示导航条，可以帮助浏览者明确自己所处的位置。读者经常会看到许多网站页面顶部会出现类似这样的表示："您现在的位置是：首页→产品信息→松下产品→摄像机→彩色摄像机"。

链接结构的设计，在实际的网页设计与制作中是非常重要的一环。采用什么样的链接结构将直接影响到版面的布局。例如，主菜单放在什么位置，是否每页都需要放置，是否需要用分帧框架，是否需要加入返回首页的链接。在链接结构确定后，再开始考虑链接的效果和形式。

随着电子商务的推广，网站竞争越来越激烈，对链接结构设计的要求已经不仅仅局限于可以方便快速地浏览，更加注重个性化和相关性。例如，在一个企业网站的产品信息页内，需要加入有关新产品、畅销产品、热卖产品、特价产品等的链接。

3. 网站整体风格的设计

网站的整体风格设计在网站的内容设计中，既是设计的重点又是难点，是所有网页开发者最希望掌握的，其原因在于没有一个固定的程序可以参照和模仿。给定一个主题，任何两个人都不可能设计出完全一样的网站，这就是风格。

网站风格是抽象的，是指网站的整体形象给浏览者的综合感受。这个"整体形象"包括网站的 CI（标志、色彩、字体、标语）、版面布局、浏览方式、交互性、文字、语气、内容价值及网站荣誉等诸多因素，如用户觉得网易是平易近人的，迪斯尼是生动活泼的，IBM 是专业严肃的，这些都是网站给人们留下的不同感受。风格是独特的，是一个网站不同于其他网站的地方：或者色彩，或者技术，或者是交互方式，能让浏览者明确分辨出这是该网站独有的。风格是有人性的，通过网站的外表、内容、文字、交流，可以概括出一个网站的个性和情绪：是温文儒雅，是执著热情，是活泼易变或是严肃沉稳。

有风格的网站与普通网站的区别在于：在普通网站上看到的只是堆砌在一起的信息，浏览者只能用理性的感受来描述，比如信息量大小、浏览速度快慢；但有风格的网站可以使人有更深一层的感性认识，比如觉得网站有品位，和蔼可亲，像老师，像朋友。

其实风格就是一句话：与众不同!

通常情况下，网站的设计者要根据企业的具体情况，找出其最有特色、特点的东西——最能体现网站风格的东西，并以它作为网站的特色加以重点强化，突出宣传。例如，再次审查网站名称、域名、栏目名称是否符合这种个性，是否易记；审查网站标准色彩是否容易联想到这种特色，是否能体现网站的风格等。具体的做法没有定式，这里仅提供以下一些参考。

体现网站风格的常用方法有如下几个。

（1）使企业的标志尽可能出现在每个页面上。无论在页眉、页脚或者背景出现均可。标志可以是中文、英文字母，可以是符号、图案，可以是动物或者人物等。比如，搜狐是用图案作为标志，新浪用字母 sina+眼睛作为标志。标志的设计创意来自网站的名称和内容。

（2）突出网站的标准色彩。网站给人的第一印象来自视觉冲击，确定网站的标准色彩是相当重要的一步。不同的色彩搭配产生不同的效果，并可能影响到浏览者的情绪。"标准色彩"是指能体现网站形象和延伸内涵的色彩，如 IBM 的深蓝色、肯德基的红色条型、Windows 视窗标志上的红蓝黄绿色块，都使大家觉得很贴切，很和谐。一般来说，一个网站的标准色彩不超过 3 种，太多则让人眼花缭乱。标准色彩要用于网站的标志、标题、主菜单和主色块，给人以整体统一的感觉。文字的链接色彩、图片的主色彩、背景色、边框等色彩尽量使用与标准色彩一致的色彩。

（3）突出网站的标准字体。标准字体是指用于标志、标题、主菜单的特有字体，一般网页默认的字体是宋体。为了体现网站的"与众不同"和特有风格，企业可以根据需要选择一些特别字体。在关键的标题、菜单、图片里使用统一的标准字体。

（4）设计一条朗朗上口的宣传标语。网站的宣传标语可以说是网站的精神、网站的目标，可以用一句话甚至一个词来高度概括，类似实际生活中的广告金句。例如：雀巢的"味道好极了"，Intel 的"给你一个奔腾的芯"。要将这些标语放在首页中的动画、标题里，或者放在醒目的位置。

（5）使用统一的图片处理效果。使用统一的图片处理效果举例说可以是阴影效果的方向、厚度、模糊度都必须一样。

（6）创造一个企业网站特有的符号或图标。创造一个企业网站特有的符号或图标举例说可以是采用企业自己设计的线条、点、花边等。

网站风格的形成不是一次定位的，必须在实践中不断优化、调整、修饰。

3.2.3　网页的可视化设计

1．网页设计应遵循的原则

（1）网页命名要简洁。由于一个网站不可能就是由一个网页组成，它有许多子页面，为了能使这些页面有效地被链接起来，网页开发者最好给这些页面起一些有代表性的而且简洁易记的网页名称。这样既会有助于以后方便地管理网页，又会在向搜索引擎提交网页时更容易被别人检索到。

（2）确保页面的导航性好。用户不可能像网站开发人员一样了解该企业网站，所有的用户在寻找信息方面总会存在困难，因此需要所浏览的企业网站的支持，以便有很强的结构感和方位感。一般来说，网站应提供一个关于本网站的地图，让用户知道自己在哪儿以及能去哪儿。而且，如果能够让用户在主页上以关键字或词语查找所需的信息，肯定受用户欢迎。所有页面从头至尾都要使用导航标志，尤其是要用"返回到首页"链接。如果是图像导航按钮，那么要有清晰的标识，让人看得明白，千万别只顾视觉效果，而让用户不知东西南北；如果是文本导航，则其链接颜色最好用约定俗成的：未访问的用蓝色，点击过的用紫色或栗色，应使文本链接和页面上其他文字有所区分，给用户一个清楚明白的导向。

（3）网页要易读。这就意味着需要规划文字与背景颜色的搭配方案。注意不要使背景的颜色冲淡了文字的视觉效果，也不应该用太复杂的色彩组合，让用户很费劲地浏览网页。此外，网页的字体、大小也是需要考虑的因素。

（4）合理设计视觉效果。视觉效果对于网页来说是相当重要的成分，它主要体现在网页结构和排版上。要善用表格来布局网页，不要把一个网站的内容像做报告似的一二三四罗列出来，要注意多用表格把网站内容的层次性和空间性突出显示出来，使人一眼就能看出网站的重点所在。不要在页面上填满图像来增加视觉趣味，应尽可能多地使用彩色圆点，它们较小并能为列表项增加色彩活力，此外，彩色分隔条也能在不扰乱带宽的情况下增强图像感。

（5）为图片添加文字说明。给每幅图像加上文字的说明，在出现之前就可以看到相关内容，尤其是导航按钮和大图片更应如此。这样一来，当网络速度很慢不能把图像下载下来时或者用户在使用文本类型的浏览器时，照样能阅读网页的内容。

（6）不宜使用太多的动画和静态图片。在进行网页设计时要确定是否必须要用 GIF 动画或 Flash 插件，如果可以不用，就选择静止的图片，因为它的容量要小得多。如果不得不在网站上放置大的图像，最好使用图像缩微图，把图像的缩小版本的预览效果显示出来，这样用户就不必浪费金钱和时间去下载他们根本不想看的大图像。不要使用横跨整个屏幕的图像，要避免用户滚动屏幕。此外还要确保动画、静态图片和网页内容有关联，它们应和网页浑然一体，要表现一定的网页内容，而不是空洞的。

（7）页面长度要适中。一个长的页面的传输时间要比较短的页面的传输时间长，太长的页面传输会使用户在等待中失去耐心，而且为了阅读这些长文本，浏览者不得不使用滚动条，很多用户厌恶在网上使用滚动条，调查表明只有 10%的用户会上下移动文本，观看屏幕显示范围之外的信息。如果有大量的基于文本的文档，如企业的合同、财务报表、产品的使用说明书等，就应当以 Adobe Acrobat 支持的 PDF 格式的文件形式来放置，以便企业用户能离线阅读，从而节省宝贵的时间，或将所有关键的内容和导航选项置于网页的顶部。

（8）Java 程序少用为宜。不要使用大幅面的 Java 程序，能够用 JavaScript 替代效果的则尽量不要使用 Java。因为目前来讲 Java 的运行速度还是比较慢，往往使浏览者没有耐心等待页面全部显示出来。

（9）整个页面风格要一致。网站上所有网页中的图像、文字，包括背景颜色、区分线、字体、标题、注脚等，要统一表现风格，这样用户在浏览网页时会觉得舒服、顺畅，会对该网站留下一个深刻的印象。

（10）尽量使用相对超级链接。在制作图像或文本超级链接时，尽可能地使用相对超级链接，这是因为这样制作的网页的可移植性比较强。例如把一组源文件移到另一个地方时，相对路径名仍然有效，而不需要重新修改链接的目标地址。另外，使用相对超级链接时输入量也较少，在同一页的链接项当然应该使用相对地址，因为使用绝对地址后可能会每选择一个链接，都要把该页重新装载一次。如果是链接到不直接相关的文件时，使用绝对路径比较好，这样以后要是把源文件移到另外的目录下就不需要更改链接了。最后，要保证超链接直观有效，以便使用户能够很快地找到其想要的东西，最好每一页同样的位置上都有相同的导航条，使浏览者能够很直观地从每一页上访问网站的任何部分。

（11）不要滥用尖端技术。在网页开发中，要适当地使用新技术，但不要过多地使用最新的网站开发技术，因为企业电子商务网站的主流用户关注更多的是网站有无有用的内容和企业提供优质服务的能力。使用最新和最棒的技术有可能会打击企业部分用户访问网站的兴趣和积极性，因为如果用户缺乏合理使用新技术的经验，加上用户系统太慢而导致在访问网站期间崩溃，那么他们将不会再来。另一方面，最新的网站开发技术还存在用户浏览器的版本支持问题，有些较低版本的浏览器还不能支持当前最新的网站开发技术。

2. 网页版面布局设计

版面指的是用户在浏览器中看到的一个完整页面（可以包含框架和层）。因为每个用户所使用的显示器分辨率不同，所以同一个页面的大小可能出现 640 像素×480 像素、800 像素×600 像素、1024 像素×768 像素等不同尺寸。布局就是指以最适合用户浏览的方式将图片和文字排放在页面的不同位置。

（1）网页版面布局步骤。

- 创建初始方案。新建的页面就像一张白纸，没有任何表格、框架和约定俗成的东西，网页设计人员可以尽可能地发挥其想像力，将可能想到的"景象"画上去（可以用一张白纸和一支铅笔，也可以用绘图软件 Photoshop 等）。这属于创造阶段，不讲究细腻工整，不必考虑细节功能，只以粗陋的线条勾画出创意的轮廓即可。尽可能地多画几张，最后选定一个满意的作为继续创作的脚本。

- 初步设计网页的布局。在初始方案的基础上，将前面已确定的需要放置的功能模块安排到页面上，注意必须遵循突出重点、平衡谐调的原则，将网站标志、主菜单等最重要的模块放在最显眼、最突出的位置，然后再考虑次要模块的排放。
- 定案。将初步布局精细化、具体化。

（2）常见的版面布局形式。制作网页常用的版式有单页和分栏（分帧或多框架）两种，在制作网页时要根据网页内容选择版式。但因为浏览器的宽幅有限，一般不宜设计成3栏以上的布局。

- "T"结构布局。所谓"T"结构，就是指网页上边和左边相结合，页面顶部为横条网站标志和广告条，下方左面为主菜单，右面显示内容的布局，这是网页设计中用的最广泛的一种布局方式。在实际设计中还可以改变T布局的形式，如左右两栏式布局，一半是正文，另一半是形象的图片、导航；正文不等两栏式布置，通过背景色区分，分别放置图片和文字等，如图3-3所示。

图3-3　"T"结构布局

这样的布局有其固有的优点，因为人的注意力主要在右下角，所以企业想要发布给用户的信息都能被用户以最大可能性获取，而且很方便；其次是页面结构清晰，主次分明、易于使用。缺点是规矩呆板，如果细节色彩上不注意，很容易让人"看之无味"。

- "口"型布局。这是一个形象的说法，就是指页面上下各有一个广告条，左面是主菜单，右面是友情链接等，中间是主要内容，如图 3-4 所示。

图 3-4　"口"型布局

这种布局的优点是页面充实、内容丰富、信息量大，是综合性网站常用的版式，特别之处是顶部中央的一排小图标起到了活跃气氛的作用。缺点是页面拥挤，不够灵活。

- "三"型布局。这种布局多用于国外网站，国内用的不多。特点是页面上横向两条色块，将页面整体分割为 4 部分，色块中大多放广告条。
- 对称对比布局。顾名思义，采取左右或者上下对称的布局，一半深色，另一半浅色，一般用于设计型网站。优点是视觉冲击力强，缺点是将两部分有机地结合比较困难。
- POP 布局。如图 3-5 所示，POP 引自广告术语，就是指页面布局像一张宣传海报，以一张精美图片作为页面的设计中心。常用于时尚类网站，优点显而易见：漂亮且吸引人；缺点就是速度慢。

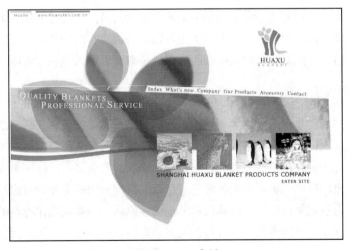

图 3-5　POP 布局

以上总结了目前网络上常见的几种布局，其实在现实的应用中基本上都是经过一定的变化的，所以网站上呈现出丰富多彩、别具一格的布局形式。网页设计人员在了解这些布局的一些基本的优劣之后，适当地利用其优点，结合一些富有形式美感的因素进行设计，就能设计出非常漂亮的网页。

（3）页面版面布局原则与技巧。版式设计通过文字图像的空间组合，表达出和谐与美。只有当内容和形式，即具体的网页的排版布局达到一种协调的状态才算是一种真正成功的网页设计。所以，不能单独考虑网页的内容的排版，以为只要能够把具体内容清晰流畅地放到网站上就行了，这样会严重影响用户的心情。同样，假如不顾网页的内容，只顾页面的形式，即使页面再漂亮，用户也不会欢迎，因为他们从这样的页面中获得的信息很少，没有达到其目的，而用户上网的目的就是获取信息，不只是欣赏。经过对许多成功网站的分析发现：除了页面上面的标题部分和下面的结尾部分，网页中间的主题部分一般采用 1:2、2:1 或 1:2:1 的结构，这是最常见、最流行的网页结构方式，因为网页设计人员可以方便而有条理地组织网页的信息。当然，这并不意味着每个网站的设计都一定要用这种结构方式，只要能够合理地组织信息，便于交流，采用其他更为灵活多变的结构方式也可以。

下面是在进行网页版面布局设计时要遵循的一些原则，供读者参考。

- 正常平衡。正常平衡亦称"匀称"，多指左右、上下对照形式，主要强调秩序，能达到安定、诚实、信赖的效果。
- 异常平衡。异常平衡即非对照形式，但也要平衡和韵律，当然都是不均衡的，此种布局能达到强调性、不安性、高注目性的效果。
- 对比。所谓对比，不仅利用色彩、色调等技巧来作表现，在内容上也可涉及古与今、新与旧、贫与富等对比。
- 凝视。所谓凝视是指利用页面中人物的视线，使浏览者仿照跟随的心理，以达到注视页面的效果，一般多用明星凝视状。
- 空白。空白有两种作用，一方面对其他网站表示突出卓越，另一方面也表示网页品位的优越感，这种表现方法对体现网页的格调十分有效。
- 尽量用图片解说。此法对不能用语言说明或用语言无法表达的情感，特别有效。图片解说的内容可以传达给浏览者更多的感性认识。

以上的设计原则，虽然有些枯燥，但是如果网页设计人员能领会并活用到页面布局里，效果就大不一样了。比如，网页的白色背景太虚，则可以加些色块；版面零散，可以用线条和符号串来分隔；左面文字过多，则右面可以插一张图片保持平衡；表格太规矩，可以改用倒角试试。

3. 网页色彩设计

网页中最难处理的就是色彩搭配的问题了。如何运用最简单的色彩，表达最丰富的含义和体现企业形象，是网页设计人员需要不断学习、探索的课题。网页的色彩是树立网站形象的关键之一，色彩在网站设计中的作用是相当大的，它是艺术表现的要素之一。在网页设计中，应根据和谐、均衡和重点突出的原则，将不同的色彩进行组合、搭配来构成美丽的页面。可以根据色彩对人们心理的影响，合理地加以运用。按照色彩的记忆性原则，一般暖色比冷色的记忆性强；色彩还能使人产生联想、象征某些事物，如红色象征血、太阳，蓝色象征大海、天空和水面等。那么网页的背景、文字、图标、边框、超链接……应该采用什么样的色彩、搭配什么色彩才能最好的表达出预想的内涵呢？

根据专业的研究机构研究表明：彩色的记忆效果是黑白色的 3.5 倍。也就是说，在一般情况下，彩色页面比完全黑白页面更加吸引人。

在网页设计中较通常的做法是：主要内容文字用非彩色（黑色），边框、背景、图片用彩色，这样页面整体不单调，用户看主要内容也不会眼花。

（1）网页色彩搭配的原理。

- 色彩的鲜明性。网页的色彩要鲜艳，容易引人注目。
- 色彩的独特性。要有与众不同的色彩，使得用户对企业网站的印象强烈。
- 色彩的合适性。色彩和网站要表达的内容气氛相适应。如用粉色体现女性网站的柔性。
- 色彩的联想性。不同色彩会产生不同的联想，如蓝色想到天空，黑色想到黑夜，红色想到喜事等，选择色彩要和网页的内涵相关联。

（2）网页色彩搭配的技巧。下面的一些方法是众多的网页设计人员在实践过程中的体会，希望能够为企业的电子商务网站的设计起到一定的参考作用。

- 相同色系色彩。先选定一种色彩，然后调整透明度或者饱和度（也就是将色彩变淡或者加深），产生新的色彩，用于网页。这样的页面看起来色彩统一，有层次感，容易塑造网页和谐统一的氛围，缺点是容易造成页面的单调，因此往往利用局部加入对比色来增加变化，如局部对比色彩的图片等。
- 运用对比色或互补色。先选定一种色彩，然后选择它的对比色或互补色，这样整个页面色彩丰富，这种用色方式容易塑造活泼、生动的网页效果，特别适合体现轻松、积极的素材的网站，缺点是容易造成色彩杂乱，使用该方法要注意色彩使用的度。
- 使用过渡色。过渡色能够神奇地将几种不协调的色彩统一起来，过渡色包括几种形式：两种色彩的中间色调，单色中混入黑、白、灰进行调和以及单色中混入相同色彩进行调和等。
- 用黑色和一种彩色。比如大红的字体配黑色的边框感觉很"酷"。
- 不要将所有颜色都用到，尽量控制在 3 种色彩以内，并且在其中选择一种作为主色调。一般情况下，在进行企业电子商务网站的内容设计时，应先根据总体风格的要求定出一至两种主色调，有 CIS（企业形象识别系统）的则应该按照其中的VI运用色彩，易于与公司的传统型宣传方式统一，起到承上启下的作用，然后再进行网页的详细设计。
- 背景和文字的对比尽量要大，要有足够的对比度来保证页面易于阅读，绝对不要用花纹繁复的图案作背景，以便突出主要的文字内容。
- 由于国家和种族、宗教和信仰不同以及生活的地理位置、文化修养的差异等，不同的人群对色彩的好恶程度有着很大的差异。

在设计中要考虑主要用户群的背景和构成，如儿童喜欢对比强烈、个性鲜明的纯颜色；生活在草原上的人喜欢红色；生活在闹市中的人喜欢淡雅的颜色。

4. 网页中图片和文字的设计

用户在网上经常是四处漫游，因此必须设法吸引和维护他们对企业网站的注意力。如万维网最吸引人的就是多媒体特征，所以在企业电子商务网站的设计中要善于利用一些特色的效果，页面上最好有醒目的图像、新颖的画面、美观的字款，使其别具特色，令人过目不忘。

（1）善用图片。现今 Web 上所展现的绝大多数图片和图像是 GIF、JPEG 格式和 PNG 文件格式。简单地讲，漫画、图标、动画和平铺式图案背景通常采用 GIF 格式，照片和艺术复制品通常采用 JPEG 格式。有一点需要说明的是，将照片转换成 100 像素×100 像素或更小的图标时，可以优先考虑使用 GIF 格式来保存图像。

图像的内容应有一定的实际作用，切忌虚饰浮夸，最佳的图像应集美观与信息内容于一身。图像总是为页面的使用而服务的，一幅大而漂亮的图像，如果它妨碍了页面所要进行的工作，就将降低页面的整体质量。在这种情况下，使用小图像甚至不使用图像将是更好的选择。一个页面的好坏在于它是否提供了有用的信息，所以不管图像如何漂亮或是标新立异，如果随意将它加入到页面将很难成为好的图像。在一幅图像中使用的颜色越多，看起来越鲜艳，则在 Web 上显示的时间也越长。在图像的大小处理方面有一些技巧。比如说，GIF 格式是一种固有的 8 位格式，它能很好地处理包含大块单色区域的图像；JPEG 是一种固有的 24 位格式，由于这种格式使用有损的压缩方法，所以它的文件大小不一定比保存为 GIF 格式的文件大。实际上，JPEG 文件通常比 GIF 文件小。压缩时得到尽可能小的文件的方法是，对于 GIF 文件，在保持图像质量的情况下使用较少的颜色；对于 JPEG 文件，在保持图像质量的情况下使用尽可能高的压缩比。

图像可以弥补文字的不足，但并不能够完全取代文字。很多用户把浏览软件设定为略去图像，以求节省时间，他们只看文字。因此，制作页面时，必须注意将图像所包含的重要信息或链接到其他页面的指示用文字重复表达一次。

（2）网站字体。下面是网页设计中有关字体的使用原则和技巧，仅供读者参考。

- 不要使用超过 3 种以上的字体。字体太多则显得杂乱，没有主题。
- 不要用太大或太小的文字。因为版面是宝贵而有限的，粗陋的大字体不能带给浏览者更多的信息。在进行网页设计时，最好不要把文字的显示规格设得太小，也不能太大。文字太小，用户读起来困难；文字太大，或者文字视觉效果变化频繁，用户看起来不舒服。
- 避免过多使用不停闪烁的文字。闪动的文字看起来很好玩，但它可能使用户分心，最好避免使用它。有的网页设计人员想通过闪烁的文字来引起浏览者的注意，但一个页面中最多不能超过 3 处闪烁文字，太多了给用户一种眼花缭乱的感觉，反而会影响用户去访问该网站的其他内容。

3.2.4　首页设计

首页也叫主页，它是网站的形象页面，是网站的"门面"，故被称为"Home Page"，它的设计是一个网站成功与否的关键。一个网站主题的鲜明与否、版面精彩与否、立意新颖与否等将直接影响到浏览者是否愿意到该站中漫游。网站是否能够吸引浏览者留在网站上，是否能够促使浏览者继续点击进入，全凭首页设计的效果。所以，首页设计对于任何网站都是至关重要的。网页设计人员必须对首页的设计和制作足够重视。

首页的设计应该遵循快速、简洁、吸引人、信息概括能力强、易于导航的原则，同时应纳入企业 CIS 计划，与企业 CIS 的其他内容协调起来。在一个网站的首页就要将自己企业的强势直接道出，所有绝活、高招、亮点等要立即用上，首先对浏览者形成兴趣冲击力，将其吸引住，从而促使其深入浏览。如耐克 2001 年 2 月网站首页是乔丹三分羞涩、七分谐谑的滑稽大面孔，让人忍俊不禁；可口可乐至少 6 幅爆笑首页走马灯似地转个不停，让人总惦记着下次还会看到什么新花样；柯达每期首页出一帧摄影经典范例解析，吸引各国摄影爱好者，纷纷上网去探其精妙。这些首页都属非同凡响之作，使人过目不忘。

1.　首页的功能模块

首页的功能模块是指在首页上需要实现的主要内容及其功能，最简单的电子商务网站的首页上也必须清楚地列出 3 项要点：机构名称、提供的产品或服务以及主页内容（即网站上其他页面还载有什么资料），通常一个电子商务网站首页上应将本站的基本内容列出。

（1）页头。页头用来准确无误地标示企业的网站，它应该能够体现出企业网站的主题，而该主题是与企业的产品和服务紧密相关的。它应集中、概括地反映企业的经营理念和服务定位，可以用企业的名称、标语、徽号或图像来表示。世界《财富》500 强的企业网站有明确的主题，在首页就将其置于屏幕显著位置。如通用电器以"我们将美好的事物带给生活"为建站之铭；宝洁的旗号是"我们尽己所能，使人们生活日胜一日"；3M 称其使命是"让消费者生活更轻松，更美好"；联邦快递是"数百万的人以本公司的服务开始其一日之计"；通用汽车网站名为"人在旅途"；杜邦是"科学的奇迹"等。

（2）主菜单。主菜单即导航条，它提供了对关键页面的简捷导航，其超链接或图标应明确地表明企业网站的其他页面上还载有什么样的信息，用户能够根据这样一个简单的功能化的界面，迅速地到达他们所需信息的其他页面上。

（3）最新消息的传递。Internet 上不断有新事物出现，每天都有新花样。如果企业网站的主页从不改变，用户很快会厌倦。在主页上预告即将有新资料推出，可吸引用户再来浏览。可以在页头以大字标题宣布新消息，也可以定期改变主页上的图像，或更改主页的式样。同样，为保持新鲜感，应时刻确保主页提供的是最新信息。将更新主页信息的工作纳入既定的公关及资料编制计划内，即企业使用传统方法（例如新闻稿）传递的新信息会即时出现在企业网站的主页上。要确保链接畅通，以免用户收到"无法查阅所需页面"的信息而感觉没趣。

（4）电子邮件地址。在页面的底部设计简单的电子邮件链接，可使用户与负责 Internet 网站或负责网上反馈信息的有关人员迅速取得联系。这将为用户找人请教或讨论问题节省大量的搜索时间，它还能使企业获得 Internet 网站外的信息反馈。

（5）联络信息。联络信息列出通信地址、公关或营业部门的电话号码等，以便用户通过非 E-mail 的方式与公司相关人员获得联系。

（6）版权信息。这是适用于首页内容的版权规定，也可以在首页上标示一句简短的版权声明，用链接方法带出另一个载有详细使用条款的页面，这样可以避免首页显得杂乱。

（7）其他信息。除了包括以上的信息以外，一般的电子商务网站上还需要其他一些信息，如广告条、搜索、友情链接、邮件列表、计数器等。

在首页上选择哪些信息，实现哪些功能，是否需要添加其他的信息，都是首页设计首先需要确定的。在首页设计时，可以利用现有信息来制作首页，不需要从头做起，因为有许多现成的文字、图画等资料可供网页设计人员选用，例如公司的宣传小册、公关文件、技术手册、资料库等。很多情况下，只要用很短的时间就可把这些材料传到网页上使用。但应切记页面给人的第一观感最为重要，在网上到处浏览的人很多，如果首页没有吸引力，很难令用户深入浏览。

2. 首页的可视化设计

确定好首页的内容和功能后，就可以设计首页的版面了。就像搭积木一样，每个内容模块是一块积木，如何拼搭出一座漂亮的房子，就看设计者的创意和想像力了。许多企业的首页设计平庸，既无特色又显呆板，原因就是其缺乏让人"神往其间"的视觉兴趣点。在图文类首页中，通常以图片和标题为兴趣点，由于图片通常较文字更能吸引人的注意力，故图片上的兴趣点就是首页的兴趣点。许多首页为吸引浏览者的注意力，将文字标题融合在画面中，使两个兴趣点合为一体。

设计版面的最好方法是，找一张白纸、一支笔，先将理想中的草图勾勒出来，然后再用网页制作软件实现。一般大中型企业网站和门户网站设计首页时常用信息罗列型的设计，即在首页中罗列出网站的主要内容分类、重点信息、网站导航、公司信息等，也就是上面谈到的各种功能模块。这种风格以展示信息为主，在细微之处体现企业形象。它要求设计人员了解企业的 CIS，熟悉企业标志、吉祥物、字体及用色标准，在网站的局部将之体现出来，往往于平淡之中勾画出一个优美的符合企业特点的曲线给人以深刻的印象，从而将企业形象印在浏览者的脑海里。

在设计中，应避免"封面"问题。封面是指没有具体内容，只放一个标徽 Logo 点击进入，或者只有简单的图像菜单的首页。除非是艺术性很强的网站，或者确信内容独特足以吸引浏览者进一步点击进入的网站，否则，封面式的首页不会给企业网站带来什么好处。用户上网浏览需要快速、有价值的信息，如果等待若干分钟，只显示一个粗劣的"进入"图标，那么没有人会再耐心地等待进入下一页。

3. 首页设计要注意的问题

从根本上来说，首页就是全网站内容的目录，也是一个索引，但只罗列目录显然是不够的。在首页的设计中，以下事项需要引起设计者的重视。

（1）首页明确，主题突出。要能使用户通过企业网站首页了解企业的主要任务。要达到这个目的，最好在文本或图像中设置阐明主题的句子——视觉兴趣点，这一点对于绝大多数的企业来说是很重要的。因为不像大型的有名企业，只要屏幕上出现与之相关的信息，人们马上就能知道这是谁及其主要业务是什么。建议在网站主页显示的第一行列出本网站的主题。如柯达公司的主题句是"再拍一张"，在其网站首页的左上角以醒目的字体显示出来；而波音以"世界航天业领袖"为网站标题。

（2）尽可能缩短下载时间。首页上包括许多图像，如公司标志、有关产品的图像或着重标出的某些新产品或特殊产品的图像，这些因素是导致首页下载时间过长的主要因素。主页的下载时间最长不宜超过 30s。主页上的图像应力求简朴，避免耽搁用户的时间。图像越大、颜色越深，传送页面的时间愈长。这并不是说要完全略去图像不用，只是提醒网页设计人员要注意使用图像所引起的效果。页头图像最好保持在大约 10KB 以下，可以考虑只用两三幅"短小精悍"的图像。主页整体上要能够迅速传送，最好测试一下主页在网络状况稍差条件下的传送速率。

此外，还需注意配合最低档的设备，例如标准的小型显示器，不要假设人人都用高清晰度的大银幕。运用先进浏览软件所提供一些尖端功能是可以的，但应确保主页在较低版本的浏览软件上（例如某些网上服务所提供的专用浏览软件）仍可顺畅地显现。

3.2.5 其他页面的设计

1. 新闻页面的设计

任何类型企业的电子商务网站都应该有一个新闻页面，该页面担负着双重作用，既可以用来动态发布有关新产品或新开发项目或公司活动的情况，又可以作为公司的活动年表。有了电子商务网站，公司就可以迅速地以较低的成本发布新闻稿。

新闻页面的风格应保持一致，不要使用那些不利于任何文本阅读的背景图片和颜色，也不要使用与主页面同样的链接颜色，它应是理想的可打印页面，应保持清晰、简单、快捷的特点以便于打印，通常使用样式表 CSS 来保持新闻页面风格的一致。

建立新闻页面，首先在主页上要编写并设置可点击的新闻标题，然后再编写完整的新闻页面，这些页面通过超链接与新闻标题相连。

（1）主页中的新闻标题。标题要能足够清楚地描述新闻的要点，以便用户能确切地知道自己点击的是什么。通常标题的文字不宜过长，主要包括的要素与设计的方法如下。

- 新闻标题组成的要素。新闻日期：日期位于标题的开头。使用一个动词来描述该新闻的目的，如说明产品或公司发生了什么。涉及的产品或企业：着重表示该新闻直接涉及的产品或企业。提示语：用来激发浏览者的兴趣，如加一个"new"图标或字样表示新闻是最新的。
- 新闻标题的版面布置。主页中新闻标题的版面布置要保持简单、清晰、引人注目，通常可采用以下几种方法。新闻标题的排列按降序进行排列，开头顶部是最近的新闻，底部是最旧的新闻；可在新闻标题前采用标准编目符或小的图像作为点缀，增加页面的可读性；将新闻标题的列表放在一个上下滚动的窗口中以容纳更多的新闻。

（2）新闻页面。新闻页面要满足易于导航的要求，首先要方便用户从新闻页面到网站中其他内容页面的跳转，其次还要方便用户迅速地到达其他的新闻页面。通常可以通过在新闻页面建立以下几种方式来实现。

- 建立菜单栏导航系统以便于用户实现新闻页面与网站中其他页面间的无缝跳转。
- 建立与前面或后面新闻的链接，这样用户可在其中浏览而不必经常返回主新闻页。
- 将新闻进行分类或按时间建索引，用户可根据时间或内容检索其感兴趣的新闻。
- 在新闻页面中包含与该新闻有关的图片、声音或其他多媒体文件。
- 将稿件中出现的关键人名链接到其 E-mail 地址或其 Internet 页面上。
- 考虑链接到稿件中提到的任何企业合伙人、公司雇员的见解或其他说明。
- 客户、分析家或公共舆论对该新闻稿主题的见解。

2. 产品页面的制作

产品页面一般采用信息分层、逐层细化的方法展示公司产品或服务。所谓信息分层就是将它放在不同详细程度的页面上，从而允许用户能自上而下地找到最适合自己需要的信息层。也就是说，首先建立一个产品/价格清单（第 1 层），该清单允许用户为每一项选择一个产品页面（第 2 层），这个页面又能引出具有详细信息的页面（第 3 层）。如果这些层还不够，还可以继续分层，进一步建立具体到多个按产品系列分类的产品/价格清单的链接页面。每个信息层都允许用户在相应的信息深度范围内通过导航条进行浏览。

这样，产品页面的主要内容应包括 Internet 产品/价格清单以及单个的产品页面，建立产品名称到产品页面的链接，还可以利用高级的表格给目录增加新的风格和生动的图像。

产品页面的创建主要在于掌握产品目录的层次结构和导航方法。产品目录设计的思想和整个网站结构的思想是一致的，都是由概括到详细的层次结构。这样，首先就要将信息分层，将它们放在不同详细程度的页面上，从而允许用户能够自上而下找到最适合于其需要的信息层。

产品目录的分层通常如下。

第 1 层：首先建立一个产品/价格列表，该表使用户能够全面浏览公司的产品。

第 2 层：对应每个产品的页面，该页面将对此项产品的有关信息进行全面的介绍。

第 3 层：产品更深层次的信息，如果浏览者还要深入了解该产品的技术细节、设计维护等，可以通过本页面获得这些信息。

第 4 层：如果浏览者对第三层的信息还不满足，可以通过网络向公司的有关人员进一步了解信息。

产品页面应达到以下要求。

- 包含关于产品尽可能多的有用的信息。
- 具有独创性。产品页面不仅是对产品的纯客观的描述，还可以包括一些消费者的评价及媒体的报道等能提高产品可信度的信息。
- 包含网站的导航菜单及其到产品/价格列表目录的链接。另外要注意的是不要在产品页面上增加太多无用的链接。

3. 雇员页面

雇员是企业最宝贵的资源和财富，网上企业通过创建每个雇员的页面可以吸引潜在客户，同时也是使虚拟企业人格化的有效手段。客户希望把电子邮件发给一个有名字的真正的人，而不是Web 站。对企业和消费者而言，集中介绍雇员的 Web 页面是一种好的解决办法。

雇员页面是使网上企业人格化的重要方法，网民可通过浏览雇员页面而了解公司的技术实力，由此培养对企业的信心。

目前，网上企业的雇员页面大都采用框架的形式。最简单的框架是将网页分成左右两部分，左半部分的框架中放置雇员名字，按字母顺序排列的清单，每个雇员名字都链接到该雇员的个人页面；个人页面的内容放置在右半部分的框架中。这种方法与无框架页面相比，能为用户提供更方便、简捷的导航。

（1）设计雇员目录。设计按字母排序的雇员清单，填入左框。建议在雇员清单文档开头添加简单的标题和小的标志图像，表明这是该公司的雇员目录。

（2）创建默认页面。默认页面是在用户第一次启动雇员目录，进入某个雇员个人页面之前右框显示的页面，默认页面应提供下列基本信息：企业名称及标志；如何使用框架浏览式的雇员目录页面；返回网站主页的链接。

（3）创建个人页面。个人页面应能尽量多地包括关于该雇员的信息，企业应鼓励雇员自己创建个人页面。个人页面应包括以下基本元素。

- 联系信息。给出雇员的 E-mail、电话、传真，最好能提供到该雇员地址的链接，这样用户可以直接跳转到他的地址或将 E-mail 直接发送到信箱。

- 组织和部门信息。雇员及其部门在公司中的地位也应包括在内，同时还要提供到该部门页面的链接。
- 雇员背景信息。可按标准格式和布局录入雇员的教育和专业背景信息，简历是个好材料。尽量提供与该雇员在网上其他资料的链接。
- 增加一些有趣的材料。增加反映该雇员独特个性的材料，如爱好、获得过的荣誉等。

4. 其他页面设计

（1）客户支持页面。Internet 是一种理想的消费者服务工具，目前，Internet 的最佳用途可能是与消费者通信并为其提供服务。许多用户上网并不是要购买商品，而是寻求帮助，Internet 网站应尽其所能为客户提供服务和技术支持。令人满意的服务能更好地满足客户需求，这种投资必定会获得回报。在设计客户支持页面时，尽可能地站在客户的角度，预测每种潜在的需要，向客户提供有用的信息，使他们对企业和产品产生亲切感。

（2）市场调研页面。Internet 即时互动的特性决定了它是一种有效的市场调研工具。网上企业可通过制作市场调研页面来收集消费者及其对产品、服务的评价、建议等信息，由此可建立起市场信息数据库，作为营销决策的量化基础。

（3）企业信息页面。网上企业的特点之一是资信不易确定，这是网上购买者不轻易下订单的主要原因之一。因此，企业应尽量提高企业资信的透明度，让浏览者了解企业的状况。企业信息页面能达到这个目的，它主要包括公司数据库、财务表格、与投资者关系等页面。

（4）其他内容。除上述基本内容外，根据企业本身的特点还可以在企业网站上包括其他内容，如赞助商页面、货物追踪系统、电子货币及安全保密系统等。

3.2.6　网页制作

1. 电子商务网站中的 Web 资源

目前，很多企业及其电子商务网站都很重视网络数据库的重要性，在充分利用网络的即时性、互动性方面，网络数据库起着重要的作用。但是，究竟何时应用数据库？何时不用？如何应用数据库？企业哪些业务或内容需要通过 Web 数据库来实现？如何进行维护？这些问题都需要进行仔细地分析。一般而言，一个电子商务网站中的 Web 资源总是包括静态网页和动态网页两种，静态网页就是一个个 HTML 文件，制作好后，内容相对稳定，不需要经常修改，文件比较小，适合在网上传输，执行效率很高；而动态网页中包含的是需要频繁更新的数据，动态网页由数据库和相应的应用程序构成，由于其页面中包含的内容是来自数据库的，因此，可根据用户的不同选择返回不同的页面。

通常情况下，有关公司介绍、员工信息、销售网络、售后服务信息、联系信息等是一些相对固定不变的信息，其更改的频率不高，可以以静态网页的方式进行制作。而关于产品的信息、网上销售的信息（产品价格、产品目录、购物车、订单、产品搜索等）以及其他服务（如技术支持、公司新闻动态、论坛系统），特别是网站的管理系统，一般而言都是采用动态网页的形式。总而言之，凡是网页上的内容需要与用户进行交互，就要用动态网页的方式来进行。

2. 静态网页的制作

制作静态网页的第一步就是要选定一种网页制作软件（或工具）。从原理上来讲，用任何一种文本编辑器都可以制作静态网页，但"所见即所得"的可视化开发工具无疑是最方便的。在这里选择使用 Dreamweaver 来制作静态网页。

下面，通过模拟制作一个"叮当"网上书店网站，来简要介绍建立一个静态网站的主要过程。"叮当"网上书店首页如图3-6所示。

图3-6 "叮当"网上书店首页

创建网站的操作步骤如下。

① 创建本地网站。在 Dreamweaver 文档编辑状态，选择"站点→新建站点→站点"命令，在"本地站点文件夹"右侧，单击"浏览"按钮，在硬盘中选择一个文件夹，完成本地网站的建立。

② 制作网站站标和横幅动画。网站标志（Logo）简称"站标"，是网站特色和内涵的集中体现。"叮当"网上书店网站站标力求简单明快，这里使用文字的排列来体现网站的主题，如图3-7所示。

图3-7 网站 logo

制作网站站标和网页横幅的方法很多，可以使用 PhotoShop 或 Fireworks 软件完成制作。

网站导航栏是用 Flash 制作的具有很强动感效果的导航栏，如图3-8所示。

图3-8 网站导航栏图像

图3-9所显示的是网页横幅的图像。

③ 使用 Dreamweaver 布局视图或表格功能设置首页布局。使用 Dreamweaver CS5 中的布局视图，可大大简化网页制作过程。"叮当"网上书店网站首页的布局结构如图3-10所示，其中1为标题栏，包括站标、导航栏等；2是横幅栏；3是会员登录；4是促销海报等板块；5是特价书专区；6是图书分类板块；7是新书展示区；8是畅销书排行榜板块；9为版权信息。

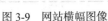

图 3-9　网站横幅图像

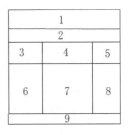

图 3-10　首页布局示意图

④ 使用 Dreamweaver 完成网页制作。制作首页标题栏：首页标题栏包括网站标志图片、导航 Flash 和购物车等。先绘制一个二行三列的表格，调整单元格大小，然后依次合并第一列第二行的单元格，插入网站标志图片；合并第二行第二列和第三列的单元格 Flash 导航，插入购物车等各项图片。

⑤ 插入一个一行一列的表格，在其中插入横幅图像。

制作首页内容栏：首页内容包括图书分类板块、新书推荐板块、畅销书目板块及特价促销板块等。

在每个板块的单元格中，分别输入相应的内容，并设置不同的背景颜色，有些板块还要设置链接。

制作网站版权信息和版主声明栏：输入版权声明，插入版权符号。

⑥ 制作二级网页。网站首页制作完成后，用户可根据自己的情况决定是否制作二级网页。如制作二级网页，最好先制作一个模板，然后利用模板快速制作首页导航栏各个栏目所对应的网页。二级网页的制作方法与网站首页的制作方法相似，这里不再重复介绍。

3. 动态网页的制作

电子商务网站是具有高度可交互性的动态网站，一个电子商务网站上如果只有静态 Web 页，则这个网站绝对不能够满足用户和企业双方对信息访问和数据处理的需要。网站中的信息资源不能随时更新，不能与用户进行信息的交流，用户不能根据自己的意愿有选择地浏览网页，那这个网站就会成为一张"过期的报纸"。并且用户在与企业进行电子商务行为时产生了大量的动态数据——即时交易数据、安全认证数据等，这也都要求电子商务网站提供大量的动态网页。

一般而言，动态网页的制作分为两种：网页表示形式的动态制作和网页数据内容的动态制作。

（1）网页表示形式的动态制作。网页表示形式的动态制作是通过在静态网页中添加活动内容，附加一些由其他语言所编写的小程序来使原本内容固定的 HTML 文件更加吸引人，目前有 4 种制作方式，分别介绍如下。

- Script（脚本）语言。在 HTML 中结合脚本语言，如 Netscape 和 Sun 公司开发的 JavaScript，微软公司的 VB Script 以及 Perl Script 来形成动态变化的 HTML 表示形式，如能够随着用户鼠标的移动显示不同的文字内容信息，或者单击某个图片后它突然向下坠落，当打开某个网页时一张可爱的图片从左下角徐徐升起等。这些脚本语言是对 HTML 语法和功能的扩展和延伸，它们能够创建一些特殊的对象和处理让用户制作出显示效果变化丰富的网页。

- Java Aplets。网络语言 Java 能够在任何系统平台上建立应用程序，并被几乎所有的浏览器支持，在 HTML 中加入用 Java 语言编写的 JavaApps 能够生成水中涟漪、倒影、计数器、滚动字幕、变色按钮、渐变时钟、数字时钟等动态效果。

- 层叠样式表（CSS）。能够用来定义网页数据元素的编排、显示、格式化及特殊效果，以弥补 HTML 数据格式变化有限的缺点，例如，在一个网页中可以精确定位某个图片背景的位置。

- 虚拟现实建模语言（VRML）。主要用途是描述物体的三维空间信息，让网页的浏览者可以看到 3D 的物体。用户不仅可以看到物体的正面，还可以看到物体的其他角度，或将物体加以旋转、拉近、推远等。利用这一特性，企业可以在电子商务网站中充分展示相关产品。

（2）网页数据内容的动态制作。交互式动态网页中网页数据内容的动态制作一般是和数据库系统联系在一起，通过特定的编程语言和外部应用程序来访问企业信息系统中已经存在于数据库中的信息。网页数据内容的动态制作是动态 Web 页的一个最重要的应用，也是电子商务网站中 WWW 资源建设的一个最重要的组成部分。

交互式动态网页的制作主要包括两大步骤：数据库设计和动态应用程序的制作。

① 数据库设计阶段。此阶段主要工作是根据前面确定的网站信息结构图进行数据库的逻辑设计、物理设计，并将具体的数据录入到数据库管理系统中去。具体包括分析各实体之间的关系，确定数据库的关系数据模型，将之转化到具体的数据库管理系统中，并形成一份明确的数据库设计文档。数据库设计文档的主要内容为关于数据库的详细说明，包括数据定义、数据库模式以及实体关系图表、数据库报表的内容、显示元素及它们如何连接至数据库等。

② 程序设计阶段。在进行应用程序的编写之前，必须考虑 Web 数据库接口技术、编写应用程序的编程语言，然后再进行应用程序的编写。

- Web 数据库接口技术的选择。Web 与数据库连接方法很多，选择何种 Web 数据库接口技术来进行动态网页的制作取决于网站开发者所掌握的编程语言的种类、所使用的后台数据库系统以及网站的运行环境。

- 编程语言的选择。编程语言的选择对于任何项目的开发来说都是重要的一步，动态网站的开发也不例外，除了要考虑开发者掌握该程序设计语言的熟练程度、应用程序与数据库通信的效率等因素以外，还要考虑开发的动态网页中将要使用的数据库系统和 Web 服务器。例如，几乎所有的数据库都支持 C 和 C++语言，而一些新的编程语言 Java、Visual Basic、JavaScript、VBScript 不具有广泛的适用性，依赖于编程平台和相关的 WWW 服务器。

- 应用程序的编写。应用程序的编写包括动态网页的可视化设计和动态交互应用程序的编写，动态网页的可视化设计与前面所讲的静态网页的可视化设计一样。动态交互应用程序的编写一般都遵循下面的基本步骤：读取、分解和解码由 HTML 表单传送的数据→生成一个数据库操作命令→连接数据库服务器、并发送数据库操作命令→从服务器获取操作命令所产生的结果→将结果格式化成 HTML 页面发送给用户。

4. 用 Dreamweaver CS5 制作数据动态网页

Dreamweaver CS5 软件功能很强，既可以制作静态网页，也可以制作动态网页，包括可以动态显示数据的网页。这一功能对那些不太熟悉编程的用户来说，非常有价值。

用 Dreamweaver CS5 创建数据动态网页的工作流程包含 7 大步骤。

（1）设置在 Dreamweaver 中开发 ASP.NET 动态网页的环境。对站点的设置，是通过 Dreamweaver CS5 开发基于 ASP.NET 的 Web 应用程序的前提。在 Dreamweaver 中设置 ASP.NET 动态网页的环境，主要是设置网站的本地信息、远程信息和测试服务器等项内容，此外还要部署 DreamweaverCtrls.dll 控件至应用程序根目录下的 Bin 目录中。

- 设置站点的本地信息，如图 3-11 所示。其中，"站点名称"设置为"dingdang"，"本地根文件夹"设置为网页程序所在的磁盘目录，"默认图像文件夹"设置需要单击"高级设置"、"本地信息"，为站点指定 dingdang 系统下的 images 文件夹为默认图像文件夹。此外，"Web URL 的 HTTP 地址"设置为 http://localhost/dingdang，这意味着在此之前需要将 C:\Inetpub\dingdang 文件夹设置为 Web 共享，其共享名为 dingdang，这样便可通过该 HTTP 地址来访问网站。

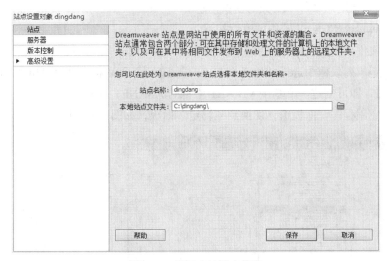

图 3-11　设置本地站点信息

- 设置站点的远程信息，如图 3-12 所示。由于对网页的设计、测试和运行均是在本机上操作的，因此这里将访问方式设置为"本地/网络"，而远端文件夹则与本地根文件夹设置为相同的目录。
- 设置站点的测试服务器，如图 3-13 所示。

图 3-12　设置站点的远程信息

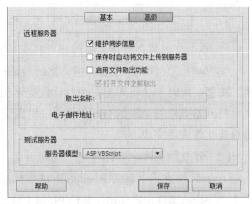

图 3-13　设置站点的测试服务器

需要注意的是，如果需要 Dreamweaver CS5 来调用数据库中的动态数据，则测试服务器是必须设置的，否则无法对程序进行部署。在这里将测试服务器文件夹设置为与本地文件夹相同的目录。

站点设置完成后，还有一步极为重要的操作，就是站点的部署。如忽略了本步操作，结果会导致程序无法正常运行。

所谓站点的部署，实质上是部署 DreamweaverCtrls.dll 控件。该控件属于复合控件，是 Dreamweaver CS5 在 ASP.NET 页面中用于处理数据的关键控件。事实上，在 Dreamweaver CS5 中，所有的 ASP.NET 核心程序都已集成在 DreamweaverCtrls.dll 控件中。

如果没有部署 DreamweaverCtrls.dll 控件至应用程序根目录下的 Bin 目录中（即在页面中插入了数据集和数据网络，并已在数据集对话框中测试时能读出数据），则在页面实际浏览时将始终会看到"系统找不到指定的文件"之类的错误信息。

部署 DreamweaverCtrls.dll 控件的流程如下。

① 选择"文件→新建"命令，出现"新建文档"对话框，如图 3-14 所示。

② 在"类别"列表框中选择"动态页"，在"动态页"列表框中选择 ASP.NET VB，然后单击"创建"按钮，即可创建一个基于 VB.NET 语言的 ASP.NET 页面。

③ 打开"应用程序"面板组，切换到"绑定"面板，如图 3-15 所示。

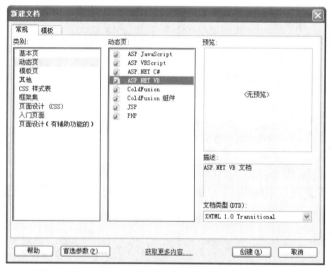

图 3-14 "新建文档"对话框

图 3-15 "绑定"面板

④ 单击"部署"链接，将弹出"将支持文件部署到测试服务器"对话框，如图 3-16 所示。

⑤ 单击"文件夹"按钮，在弹出的对话框中，选择程序目录下的 Bin 文件夹，然后单击"部署"按钮，此时系统将弹出一个对话框提示部署成功，如图 3-17 所示。

打开站点根目录下的 Bin 文件夹，发现其中多了一个 DreamweaverCtrls.dll 文件。至此，站点的部署工作成功完成。

（2）建立数据库。要创建一个动态页面，必须先建立一个包含相关信息的数据库文件。这里利用 Access 建立一个名为 Book.mdb 的数据库文件，库中有一个包含书目信息的表 tblBook，表中有 4 个字段：BID、BTITLE、BTYPE 和 BDATE，分别代表记录号、书名、书的类型和出版时间。定义完表的结构，还要录入多条记录，并将 Book.mdb 保存到 C:\inetpub\dingdang\database 文件夹下，该文件夹是网站的根目录下的一个文件夹。

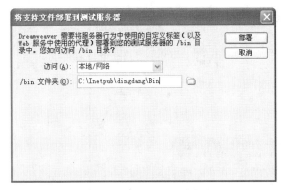

图 3-16　"将支持文件部署到测试服务器"对话框　　　　图 3-17　部署成功对话框

（3）建立数据库连接。要在动态网页中使用数据库，首先要定义一个数据库连接。

在 Windows 系统中，ASP 动态网页可以通过 ODBC 驱动程序或 OLE DB 提供程序连接到数据库。创建 OLE DB 连接可以提高连接的速度。

ASP.NET 动态网页必须通过 OLE DB 提供程序连接到数据库。该提供程序充当允许 ASP.NET 应用程序与数据库进行通信的解释器。

如果想要连接到 Microsoft SQL Server 数据库，可以使用.NET Framework 1.1 SDK 随带的 Managed Data Provider for SQL Server。该提供程序已经针对 SQL Server 进行了优化，速度非常快，并且在安装 SDK 时被同时安装。

如果想要连接到的数据库是 Microsoft Access，那么应该确保在运行.NET 框架的计算机上安装了适用于 Microsoft Access 数据库的 OLE DB 提供程序。这些程序可以从 http://www.microsoft.com/downloads/下载和安装 Microsoft Data Access Components（MDAC）2.7 软件包，获取用于 Microsoft Access 的 OLE DB 提供程序。

在拥有适用于数据库的提供程序以后，就可以使用它在 Dreamweaver 中创建数据库连接。

下面以连接 Microsoft Access 数据库为例加以说明。

在 Dreamweaver 中创建 ASP.NET 数据库连接操作步骤如下。

① 在 Dreamweaver 中打开一个 ASP.NET 页，单击菜单"窗口→数据库"，打开"数据库"面板。面板中显示为该站点定义的连接。如图 3-18 所示。

② 单击面板上的加号（+）按钮，从弹出菜单中选择"OLE DB 连接"，如图 3-19 所示。

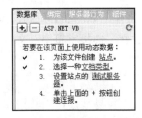

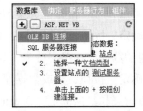

图 3-18　"数据库"面板　　　　　　　图 3-19　选择"OLE DB"连接

只有在希望连接到 Microsoft SQL Server 数据库时，才选择"SQL Server 连接"。

③ 出现"OLE DB 连接"对话框，在"连接名称"文本框中输入"cnn"，如图 3-20 所示。

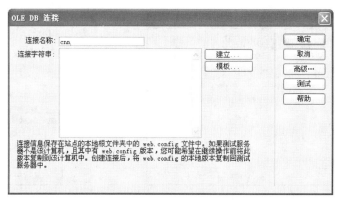

图 3-20 "OLE DB 连接"对话框

④ 单击"建立"按钮，打开"数据链接属性"对话框，由于要连接的是 Microsoft Access 数据库，这里，在"提供程序"选项卡下选择"Microsoft.Jet.OLEDB.4.0 Provider"。如图 3-21 所示。

⑤ 单击"下一步"按钮，打开"连接"对话框，单击"浏览"按钮 ，选择网页要连接的数据库，如图 3-22 所示。

图 3-21 选择"Microsoft.Jet.OLEDB.4.0 Provider"程序　　　图 3-22 选择要连接的数据库

⑥ 单击"测试连接"按钮，如果测试连接成功，系统将弹出如图 3-23 所示对话框。

⑦ 单击"确定"按钮，返回"OLE DB 连接"对话框，在"连接字符串"文本框中显示的就是通过向导创建的数据库连接字符串，如图 3-24 所示。

⑧ 单击"确定"按钮，完成数据库连接的创建。

（4）创建数据集和数据绑定。Dreamweaver 使用户可以更容易地连接到数据库并创建从中提取动态内容的记录集。记录集是数据库查询的结果。它提取请求的特定信息，并允许在指定页面内显示该信息。根据包含在数据库中的信息和要显示的内容来定义记录集。

ASP.NET 将记录集称为数据集。如果使用的是其他数据源，如用户输入或服务器变量，则 Dreamweaver 中定义的该数据源的名称与数据源名称本身相同。

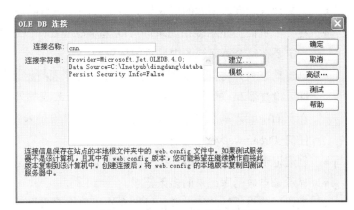

图 3-23 "测试连接成功"对话框   图 3-24 "OLE DB 连接"对话框

若要在 Dreamweaver 中创建记录集，需要使用"记录集"对话框。可以从"插入"栏的"服务器"面板或者从"绑定"面板打开"记录集"对话框。在"记录集"对话框中可以选择现有数据库连接，并可以通过选择要将其数据包括在记录集中的表来创建数据库查询，甚至还可以使用该对话框的"筛选"部分为查询创建简单的搜索和返回条件。可以在"记录集"对话框内测试查询，并可以进行任何必要的调整，然后再将其添加到"绑定"面板。

建立数据库连接并定义记录集后，该记录集将出现在"绑定"面板中。从该面板中可以将记录集导入到已定义站点内的任何网页中。可以将任何显示的值插入到网页中，方法是先选中该项，然后单击面板底部的"插入"按钮。该选中项将被插入到页面内的指定占位符处。

若要在 Dreamweaver 中使用内容源，要使用"绑定"面板来创建数据源。"绑定"面板使用户可以为数据库和其他变量类型创建数据源。创建数据源后，该数据源存储在"绑定"面板中，可以从该面板中选择此数据源并将其插入当前页面中。

（5）向 Web 页添加动态内容。定义记录集或其他数据源并将其添加到"绑定"面板后，可以将该记录集所代表的动态内容插入到页面中。Dreamweaver 的菜单型界面使得添加动态内容元素非常简单，只需从"绑定"面板中选择动态内容源，然后将其插入到当前页面内的适当文本、图像或表单对象中即可。

将动态内容元素或其他服务器行为插入到页面中时，Dreamweaver 会将一段服务器端脚本插入到该页面的源代码中。该脚本指示服务器从定义的数据源中检索数据，然后将数据呈现在该网页中。

（6）增强动态页的功能。除了添加动态内容外，Dreamweaver 还可以通过使用服务器行为轻松地将复杂的应用程序逻辑合并到网页中。"服务器行为"是预定义的服务器端代码片段，这些代码向 Web 页添加应用程序逻辑，从而提供更强的交互性能和功能。Dreamweaver 服务器行为允许用户向 Web 站点添加应用程序逻辑，而不必编写代码。

（7）向页面添加服务器行为。若要向页面添加服务器行为，应从"插入"栏的"应用程序"类别或"服务器行为"面板中选择它们。若要使用"服务器行为"面板，请选择"窗口→服务器行为"，然后单击面板上的加号（+）按钮，并从弹出菜单中选择服务器行为。下面的插图显示"插入"栏中可用的"服务器行为"按钮。

Dreamweaver 提供指向并单击界面，这种界面使得将动态内容和复杂行为应用到页面就像插入文本元素和设计元素一样简单。可使用的服务器行为如下所述。

- 定义来自现有数据库的记录集。所定义的记录集随后存储在"绑定"面板中。
- 在一个页面上显示多条记录。可以选择整个表、包含动态内容的各个单元格或各行，并指定要在每个页面视图中显示的记录数。
- 创建动态表并将其插入到页面中，然后将该表与记录集相关联。以后可以分别使用"属性"检查器和"重复区域服务器行为"来修改表的外观和重复区域。
- 在页面中插入动态文本对象。插入的文本对象是来自预定义记录集的项，可以对其应用任何 Dreamweaver 数据格式。
- 创建记录导航和状态控件、主/详细页面以及用于更新数据库中信息的表单。
- 显示来自数据库记录的多条记录。
- 创建记录集导航链接，这种链接允许用户查看来自数据库记录的前面或后面的记录。
- 添加记录计数器，以帮助用户跟踪返回了多少条记录以及它们在返回结果中所处的位置。

通过以上步骤和流程，就可以使用 Dreamweaver CS5 创建成功 ASP.NET 动态网页，增强网站的实用性。

关于 ASP.NET 的更多实例请参考《电子商务网站建设与实践上机指导教程（第2版）》的第3章。

3.3 网页发布

多数网页制作者都想发布自己创作的 Web 站点，将自己制作的网页在较大的范围内展示。发布站点之前常常要对站点进行大量的测试工作，在站点发布后，还应根据设计意图的变化、浏览者的反应不断完善站点结构、更新网页内容。

3.3.1 选择 Web 服务器

Web 服务器是容纳、分配各种信息的计算机，网络浏览者通过 Web 浏览器在服务器内查找指定的 URL 站点。站点发布到 Web 服务器之后，其中的文件和文件夹都保存在 Web 服务器上。站点发布服务器，可以是单位内部的服务器，也可以是 ISP 提供的 Web 服务器。

在选择 ISP 时，必须考虑其提供服务的内容和质量。通常通过查阅、电话咨询、实地查看等方式收集各种信息，多家比较从而决定所需要的 ISP。下列事项是制作网页之前选择 ISP 时应该考虑的问题。

（1）磁盘空间。发布站点所需的服务器磁盘空间是由发布站点包含的文件大小决定的。

（2）可靠性。出现意外情况时，ISP 必须有足够的能力保证 Web 服务器的正常运行，这样网络浏览者不会因为意外事故中断对站点的访问。

另外，Web 服务器必须确保能够运行站点内的脚本。如果要在站点内插入数据库信息，Web 站点还必须支持 ASP 或 ASP.NET 网页。

（3）客户服务。Web 服务器必须积极响应网络浏览者通过 Web 浏览器发出的访问请求，回答浏览者提出的问题。

（4）价格因素。寻找 ISP 时多家对比，找出性能/价格比最佳的方案。

在确定 ISP 后，通过申请，用户将获得 Web 服务器的 URL，并得到用户名和口令。在发布站点时，需要输入用户名与口令，以便 ISP 识别发布者的身份。

3.3.2　测试站点

测试站点是为了及时发现存在的问题、完善站点的内容。在向远程站点上传文件并对外发布之前，必须先对本地站点进行全面测试。这主要包括以下几项工作。

（1）检查页面显示的一致性。确认网页在目标浏览器中的功能同预期效果一致，网页在那些不支持样式、层或 JavaScript 的浏览器中是否一样易读和功能正常。

（2）检查站点链接。使用 Dreamweaver 的"检查站点链接"功能可对当前打开的文档、本地站点的某一部分文档或整个站点进行链接检查，搜寻出断掉的链接（无效的路径或指向不存在的文件）。Dreamweaver 只对站点内链接进行检查，而外部站点的链接只是生成汇总表，不会对其进行检验。

Dreamweaver 将对指定的文件进行链接检查，完成后会打开"链接检查器"对话框，报告检查情况。如图 3-25 所示。

图 3-25　链接检查器

（3）检查网页同目标浏览器之间的兼容性。用 Dreamweaver 的"检查目标浏览器"的功能，对文档中的 HTML 进行测试，以了解其标签或属性是否被目标浏览器支持，当然，不管怎么样这种检查是不会改变文档本身的。"检查目标浏览器"是使用一个浏览器配置文件来完成兼容性检查的，用户可选取一个文档、文件夹或者整个站点进行检查。

（4）测试文件下载时间。网页设计时，一定要注意页面的大小和下载花费的时间。

3.3.3　远程设置

Dreamweaver 中的站点管理器相当于一款优秀的 FTP 软件，支持断点续传功能，可批量上传、下载文件和目录，具有克服因闲置太久而中断传输的优点。

远程设置的操作步骤如下。

① 鼠标单击菜单栏的"站点"，选择"管理站点"命令，打开"管理站点"对话框。

② 选择要定义的站点名称，单击"编辑"按钮，打开"站点设置对象"对话框。

③ 在左侧选择"服务器"选项。

④ 单击"帮助"按钮上方的黑色十字"添加服务器"按钮，打开如图 3-26 所示的对话框。

⑤ 打开"连接方法"的下拉列表，选择"FTP"方式。

⑥ 设置 FTP 方式的相关参数。

其中各项参数说明如下。

FTP 地址：指的是网络中服务器供应商所提供的 FTP 主机的 IP 地址，在申请网页服务器的服务以后，由服务商所提供。例如"211.100.17.28"。

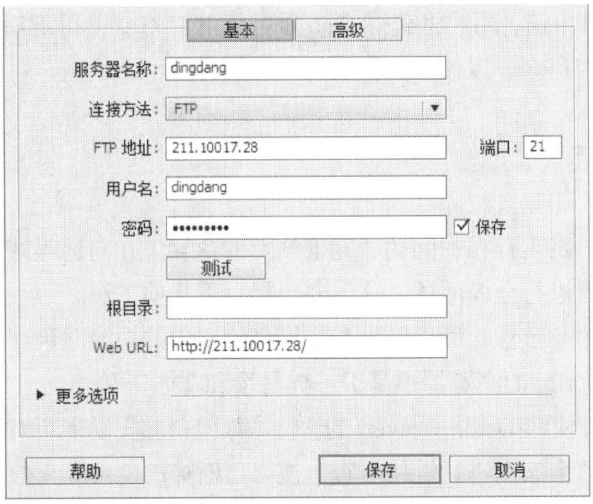

图 3-26 设置远程站点的"FTP"信息

"用户名"和"密码"：这也是服务商所提供的。它是打开网站的钥匙，一定要记牢和保存好。可将"保存"项选中，这样下一次打开时，就不用再重新输入密码了。

根目录：这一项不是必需的，这要根据服务商的具体设置而定，可填可不填。

单击"高级"选项，可以设置"维护同步信息"和选择设置"服务器模型"。

"文件存回"和"文件取出"：这两项设置与团队制作网页有关，如果是个人管理网页就没必要使用这项功能。一旦选中该项，Dreamweaver 会自动记录何人何时修改、上传的文件，便于制作者相互之间协调工作。

完成设置后，单击"确定"按钮。这样就完成了远程站点的设置。

3.3.4 发布网页

发布站点是将构成网页和站点的所有文件复制到 Web 服务器上，让浏览者看到网页制作者的劳动成果。在 Web 发展的早期，发布站点是一项复杂的工作，要求 FTP 文件传输协议、文件许可和其他技能。现在这些细节都可以通过 Dreamweaver 来完成，只要确定 Web 服务器的 URL 和其他的基本信息，通过鼠标操作就可以完成站点的发布工作。

发布网页的操作步骤如下。

① 将计算机接入 Internet。

② 在站点管理窗口，单击"链接到远端主机" 按钮，连接 FTP 主机。

③ 连接成功后， 按钮中的圆点将变亮。

④ 将本地文件和文件夹全部选中，单击"上传文件" 按钮，开始上传网页。发送完毕后，左边"远端站点"列表窗口中，将显示出与"本地文件夹"相同的列表。

网页成功地上传后，就可以启动浏览器，输入网址来浏览自己的网页了。

这里要注意 Web 服务器默认的主页名称是什么，例如，采用虚拟主机方式申请网页空间时，给定的默认主页名是 index.htm，那么上传的网站主页文件名也应该是 index.htm。企业自己配置服务器的，也要注意将 Web 服务器的默认首页文件名与站点中的首页文件名一致，否则将无法浏览上传的网页。

3.4　网页的更新

一个网站要有影响力，最重要的是有新的内容。企业生产出了什么新产品、针对不同用户推出了什么新的服务举措、本行业出现了什么新技术和新标准等信息，都应及时地在企业的网站中反映出来。现在很多企业建站并没有什么效果就在于网站几乎没有什么更新，只是企业的介绍在网上摆着，没有任何企业动态的新闻，这样"千年不变"的"老面孔"，是不可能激起浏览者的兴趣并得到其信任的。

网页更新要注意做好以下几点。

（1）专人专门维护新闻栏目。专人专门维护新闻栏目，这是很重要的，一方面要把企业、业界动态都反映在里面，让访问者觉得这是一个发展中的企业；另一方面，也要在网上收集相关资料，放置到网站上，吸引同类用户的兴趣。

（2）时常检查相关链接。通过测试软件对网站所有的网页链接进行测试，看是否能连通，最好是自己亲自浏览，这样才能发现问题。尤其是网站导航栏目，可能经常出问题，解决的办法是可以在网页上显示"如有链接错误，请指出"等字样。

（3）在网页中应设计并建立信息反馈 FAQ 表单，随时收集用户的意见和建议。反馈表单将收集的意见和建议提交到网站管理员的电子邮箱中，网站管理员定期对用户的反馈进行整理并结合实际修改网页内容，并及时更新网站内容。

电子商务网站中的内容变化周期短，内容更新快，在网页进行修改后应及时更新网站，以便访问者能及时浏览到最新的网站信息。

3.5　本章小结

本章介绍了网页设计常用的工具软件，包括 Expression Web、Dreamweaver CS5、ASP 和 ASP.NET 等软件和技术的主要功能和特点，提出了电子商务网站内容设计的基本流程，并根据这个流程分层次分析了电子商务网站的信息内容及其功能模块，讨论了网站的链接结构、整体风格的设计。最后介绍了网页上传的具体方法和网页更新应注意的主要事项。在上机实验部分，安排了两个实验项目，帮助读者了解 ASP.NET 运行环境设置和网站常用功能模块用户登录程序的编写方法。本章重点讨论了网页的可视化设计问题，并提出了电子商务网站中首页、产品页、新闻页等网页设计的具体结构和组成，为用户实际建立电子商务网站提供了设计思路。

3.6　课堂实验

实验 1　ASP.NET 运行环境与配置

1. 实验目的

（1）了解 ASP.NET 的特点。

（2）掌握设置 ASP.NET 的运行环境。

2. 实验要求

（1）环境准备。

硬件：CPU 为酷睿 2 以上的装有网卡的计算机，内存至少为 2GB，硬盘至少为 60GB。

软件：操作系统是 Windows 7 专业版或 Windows Server 2008，安装 IIS 7 或 IIS 8。

（2）知识准备：掌握动态网页设计的方法，了解 HTML 和 ASP.NET 程序的创建方法。

3. 实验目标

通过安装 IIS 7 和.NET Framework 3.5，设置好运行 ASP.NET 程序的环境。

4. 问题分析

（1）不了解 ASP.NET 动态网页的特点，不知道怎样制作 ASP.NET 网页。

（2）不了解 IIS 7 和.NET Framework 3.5 的安装顺序。

（3）不知道需要安装哪些与 ASP.NET 有关的文件。

（4）无法在浏览器中预览 ASP.NET 动态网页。

5. 解决办法

（1）通过学习第 3 章和第 7 章的有关内容，增加对 ASP.NET 的了解。

（2）查看 Dreamweaver 软件帮助信息中有关 ASP.NET 动态网页运行环境的内容。

（3）检查 IIS 设置是否正确，检查虚拟目录设置是否正确。

（4）检查 ASP.NET 有关组件是否按要求正确安装。

（5）如系统设置完成后，仍不能正常运行 ASP.NET 程序，可以在 Windows 命令模式下运行，
执行以下操作：

```
C:\>\WINNT\Microsoft.NET\Framework\v1.1.4322\aspnet_regiis -i
```

 各操作系统下该文件位置有所不同，可以用搜索功能查找 aspnet_regiis.exe 文件，确定正确的路径。

Aspnet_regiis.exe 可以用于安装和卸载链接的 ASP.NET 版本。

使用-i 选项可安装 ASP.NET，并更新所有现有 ASP.NET 应用程序的脚本映射。

使用-ir 选项可安装 ASP.NET，但不更新脚本映射。

若要卸载与该工具关联的 ASP.NET 版本，请使用-u 选项。

6. 实验步骤

第一步：配置 ASP.NET 运行环境。

要使用 ASP.NET 创建动态网页，首先要从硬件和软件方面配置好 ASP.NET 的运行环境。

在硬件方面，必须在计算机上安装网卡，并接好网线。

在软件方面，必须安装 TCP/IP、服务器软件及浏览器软件，并指定本机的 IP 地址。

在满足了以上条件后，还要安装 7.0 以上版本的 IIS。

（1）安装 IIS。

① 打开 Windows 7 的控制面板，单击左下侧的"程序"，出现如图 3-27 所示窗口。单击"打开或关闭 Windows 功能"。

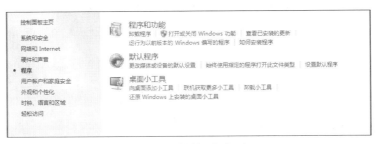

图 3-27　控制面板主页

② 现在出现了安装 Windows 功能的选项菜单，注意选择的项目，我们需要手动选择需要的功能，这里把 IIS 的有关项目全都勾选上。插入 Windows 7 系统安装光盘，单击确定。（或从网上直接安装组件程序），如图 3-28 所示。

图 3-28　打开或关闭 Windows 功能

③ 安装完成后，再次进入控制面板。单击"系统和安全"，打开如图 3-29 所示的窗口。

④ 单击"管理工具"，打开如图 3-30 所示窗口，在其中双击"Internet(IIS)管理器"选项，进入 IIS 设置，如图 3-31 所示。

⑤ 双击窗口左侧的计算机名处，并单击"网站"，从中选择"Default Web Site"，鼠标右键单击"Default Web Site"，设置站点中有关的选项，如图 3-32 所示。

⑥ 这里主要是设置站点的停止/启动、网站的目录、网站的端口、网站的默认文档等项目。

至此，Windws 7 的 IIS7 设置已经基本完成了。

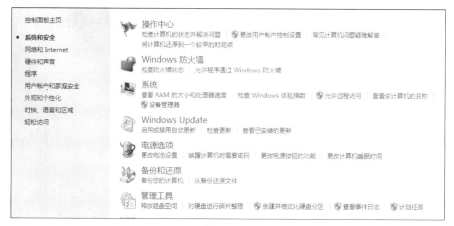

图 3-29　控制面板程序窗口

图 3-30　Internet(IIS)管理器（一）

图 3-31　Internet(IIS)管理器（二）

图 3-32　设置默认站点属性

（2）安装 NET Framework 3.5。

Windows 7 和 Windows server 2008 在系统安装时，默认安装 NET Framework 3.5。

如果用户的操作系统下没有安装 NET Framework 3.5，或安装了但不能正常使用，可以在组件功能里卸掉，重新安装 NET Framework 3.5。

安装方法和安装其他 Windows 组件一样，这里不再过多介绍。

如果是单独安装.NET Framework 3.5，一定要在安装完 IIS 后且服务器能正常运行的情况下，才能接着安装 NET Framework。

（3）创建虚拟目录。

在 Windows 2008 中创建虚拟目录。一旦启动了 Web 服务，Web 服务器就可以对通过浏览器提交的 ASP.NET 动态网页请求做出响应。为了实现这种响应，要求 ASP.NET 文件必须保存在 Web 服务器上的特定文件夹中，通常是保存在 Web 站点的主目录或其子目录中，主目录的默认设置是\Inetpub\wwwroot 文件夹。

如果希望在 Web 站点主目录及其子目录之外的其他文件夹中保存 ASP.NET 文件，则必须对该文件夹设置 Web 共享选项，使之成为 Web 站点内的一个虚拟目录。所谓虚拟目录，就是在 URL 地址中使用的目录名称，有时也称做 URL 映射。虚拟目录的名称可以与物理目录相同，也可以不相同。

在 Windows 2008 中创建虚拟目录的操作步骤如下。

① 确认 Web 服务已经启动。打开 D 盘，找到"叮当网上书店"本地站点的文件夹 ding-dang。

② 单击 ding-dang 文件夹，然后在"文件"菜单中选择"共享"命令。在文件夹属性对话框中选择"Web 共享"选项卡，如图 3-33 所示，然后选取"共享这个文件夹"单选按钮。

③ 打开"编辑别名"对话框，如图 3-34 所示，输入别名"dingdang"。

④ 单击"确定"按钮，再次单击"确定"按钮。

如果将网页保存在 Web 站点的主目录中，则在本地计算机上可以通过以下 URL 地址来访问该网页：http://localhost／文件名。如果将网页保存在 Web 站点主目录及其子目录中，或者保存在某个虚拟目录及其子目录中，则在本地计算机上可以通过以下 URL 地址来访问该网页：http://localhost／目录/.../

文件名。如果要在网络中的其他计算机上访问上述网页，使用主机名或 IP 地址来代替占位符 localhost 即可。

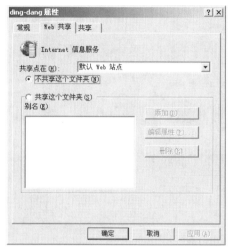

图 3-33　设置文件夹的 Web 共享属性

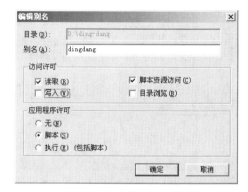

图 3-34　指定虚拟目录的别名

实验 2　制作一个网站用户登录的 ASP.NET 动态网页

1. 实验目的

（1）学习开发 ASP.NET 程序的方法。

（2）掌握 ASP.NET 网页调用数据库的方法。

（3）学会调试 ASP.NET 程序。

2. 实验要求

（1）环境准备：计算机中装有 IIS 7.0、.NET Framework 3.5，装有 Dreamweaver CS5 设计软件。

（2）知识准备：具有数据库基础知识，能熟练使用 Access 2010 建立数据库和数据表；会使用 Dreamweaver 软件，设置远程站点和 ASP.NET 连接数据库的方法。

3. 实验目标

（1）建立一个储存注册用户信息的数据库。

（2）制作一个用户登录的动态网页。

4. 问题分析

（1）不了解 ASP.NET 程序的开发环境要求。

（2）不了解怎样建立 Web 页和数据库的连接。

（3）程序运行时出现登录界面，但输入正确信息后没有反应。

（4）程序运行时提示 "System.Data.OleDb.OleDbException:不能使用"；文件已在使用中。"的异常信息。

5. 解决办法

（1）ASP.NET 程序的开发环境有多种，最理想的方式是安装了 Visual Studio.NET 2003 或 2005，在 VS 2003 或 VS 2005 下进行编写和调试，效率高，调试方便；其次可以使用 ASP.NET 网页文本编辑器，Dreamweaver CS5 也支持制作 ASP.NET 动态网页。最后可以选择使用记事本编写 ASP 程序，但对编写者的要求非常高，不能直接调试，也没有错误信息提示等。

（2）ASP.NET 网页和数据库的连接，可以在站点的根目录下通过编写 Web.config 文件建立，这样可以减少网站中各个页面连接数据库都需要手工输入连接数据库连接串，将来修改起来更是方便。

（3）程序运行时出现登录界面，输入正确信息后没有反应，可能是程序需要的控件没有被激活，可以执行 AspNET_regiis.exe –c 命令（参考本章实验的介绍），然后再重启 IIS，就可以正常运行了。

（4）出现 "System.Data.OleDb.OleDbException:不能使用"；文件已在使用中。"的异常信息，是因为 Access 数据库是单用户单线程的数据库，在 Access 里面打开编辑数据库文件时，其实是以当前 Windows 用户（比如 Administrator）身份打开数据库，而 ASP.NET 默认使用的是 ASP.NET 虚拟用户（隶属于 Users 组），级别低于 Administrator，无法和 Administrator "抢夺"权限，所以出现冲突错误。

解决办法是把 Access 数据库所在的站点根目录的文件夹设置共享权限全部选中。

6. 实验步骤

网站会员登录页面一般包括两项功能：对未注册的新用户提供注册服务，对已注册的会员用户允许通过输入正确的用户名和密码进入会员区。

（1）建立一个存储注册用户信息的数据库。

打开 Access 程序，在网站根目录下建立一个名为 UserInfo.mdb 的数据库文件，在 UserInfo.mdb 中建立一个名为 Usersheet 的数据表，表的结构如表 3-1 所示。

表 3-1　　　　　　　　　　网站用户信息表 Usersheet 的表结构

字 段 名 称	类 型	长 度	允 许 空	说 明
code	自动编号	4	否	用户编号，应为自动编号，设为主键
loginname	文本	16	否	用户名
userpass	文本	8	否	密码
username	备注	10	是	用户真实姓名
Birth	日期/时间	8	是	出生日期
Email	文本	32	是	E-mail
passQuestion	文本	20	是	找回密码时提问的问题
PassAnswer	文本	20	是	答案
Address	文本	20	是	联系地址
Telephone	文本	32	是	联系电话
Zipcode	文本	32	是	邮政编码 收货人地址
Sex	文本	2	是	性别

为方便调试程序，可以在数据表中先录入一条记录，如图 3-35 所示。

	code	LoginName	UserPass	UserName	Birth	Email	PassQuestion	PassAnswer	Address	Telephone	ZipCode
▶	gdg		666	郭大刚	1981-1-10	gdg81@163.com	你的爱好	钓鱼	北京朝阳区大街	010-8888888	100010
✱	(自动编号)										

记录: ｜◀｜ ◀ ｜ 1 ▶｜▶｜ ▶✱｜ 共有记录数: 1

图 3-35　数据表中的记录内容

（2）用记事本编写一个网页配置文件 web.config，并保存在网站站点的根目录下。文件内容如下：

```
<configuration>
    <appSettings>
        <add key="MM_CONNECTION_HANDLER_Cnn" value="default_oledb.htm" />
        <add key="MM_CONNECTION_STRING_Cnn" value="Provider=Microsoft.Jet.OLEDB.4.0;
Data Source=c:\inetpub\dingdang\UserInfo.mdb;Persist Security Info=False" />
        <add key="MM_CONNECTION_DATABASETYPE_Cnn" value="OleDb" />
        <add key="MM_CONNECTION_SCHEMA_Cnn" value="" />
        <add key="MM_CONNECTION_CATALOG_Cnn" value="" />
    </appSettings>
</configuration>
```

Source=c:\inetpub\dingdang\UserInfo.mdb;Persist Security Info=False" />这句程序应根据站点数据库实际位置做更改。

（3）编写用户登录页面程序 default.aspx，程序编写完成后，将其保存在网站站点根目录下。

用户登录程序一般应该包括显示登录界面，提醒输入信息，检查输入信息是否正确和登录成功链接打开主页面等功能。与之配套的应该有用户注册程序和找回密码程序等。

注册用户程序和找回密码程序这里没有给出，运行时单击该按钮无效。

程序内容：

```
<%@ language="vb" debug="true" %>
<%@ Register TagPrefix="MM" Namespace="DreamweaverCtrls" Assembly="DreamweaverCtrls,
version=1.0.0.0,publicKeyToken=836f606ede05d46a,culture=neutral" %>
<MM:DataSet
id="DataSet1"
runat="Server"
IsStoredProcedure="false"
ConnectionString='<%# System.Configuration.ConfigurationSettings.AppSettings
("MM_ CONNECTION_STRING_Cnn") %>'
DatabaseType='<%# System.Configuration.ConfigurationSettings.AppSettings
("MM_ CONNECTION_DATABASETYPE_Cnn") %>'
CommandText='<%# "SELECT * FROM UserSheet WHERE LoginName = ? And UserPass= ?" %>'
Debug="true"
><Parameters>
  <Parameter Name="@LoginName" Value='<%# IIf((Request.Form("theName") <> Nothing),
Request.Form("theName"), "") %>' Type="WChar"  />
  <Parameter Name="@thePass" Value='<%# IIf((Request.Form("thePwd") <> Nothing),
Request.Form("thePwd"), "") %>' Type="VarChar"  />
</Parameters></MM:DataSet>
<MM:PageBind runat="server" PostBackBind="true" />
```

```
<script runat="server">
  Sub Login_Click(ByVal sender As Object, ByVal E As EventArgs)
    dim JHStr as String
    If DataSet1.DefaultView.Table.Rows.Count>0 then
          JHStr=DataSet1.DefaultView.Table.Rows(0)("JHTag")
      If trim(JHStr)="1" Then
          Session("userid") = DataSet1.DefaultView.Table.Rows(0)("code")
          Session("username")= DataSet1.DefaultView.Table.Rows(0)("username")
          Session("logintime")= System.DateTime.Now
          Response.Redirect("main.aspx")
              else
                  LblErr.Text = "此账户尚未激活，无法正常登录！"
              end if
        else
          LblErr.Text = "登录名称或密码错误！"
          end if
  End Sub


  Sub FindPass_Click(ByVal sender As Object, ByVal E As EventArgs)
    Response.Redirect("LoadPass.aspx")
  End Sub


  Sub Reg_Click(ByVal sender As Object, ByVal E As EventArgs)
    Response.Redirect("Login.aspx")
  End Sub
</script>
<html>
<script language="javascript" >
<!--//
var Obj=''
document.onmouseup=MUp
document.onmousemove=MMove
function MDown(Object){
Obj=Object.id
document.all(Obj).setCapture()
pX=event.x-document.all(Obj).style.pixelLeft;
pY=event.y-document.all(Obj).style.pixelTop;
}

function MMove(){
if(Obj!=''){
    document.all(Obj).style.left=event.x-pX;
    document.all(Obj).style.top=event.y-pY;
    }
}

function MUp(){
if(Obj!=''){
    document.all(Obj).releaseCapture();
    Obj='';
    }
}
```

```
    //-->
    </script>
    <head>
    <meta http-equiv="Content-Language" content="zh-cn">
    <meta http-equiv="Content-Type" content="text/html; charset=gb2312">
    <title>用户登录</title>
    <link href="css/Main.css" type="text/css" rel="stylesheet" />
    </head>
    <body scroll="no">
    <form runat="server">
    <table id="MoveDiv" style="position:absolute; top:25%; left:30%;" width="413" border=
"0" align="center" cellpadding="0" cellspacing="0" bgcolor="#EEEAD6">
    <tr>
        <td height="29" colspan="3" background="image/topbg.gif">
            <table width="95%" align="right" border="0" cellspacing="0" cellpadding="0"
title="可移动登陆框" style="cursor:hand;" onMouseDown="MDown(MoveDiv)">
                <tr>
                    <td align="left" valign="middle" nowrap><font color="#FFFFFF"><B>
欢迎光临</B></font></td>
                </tr>
                </table>
        </td>
    </tr>
    <tr>
        <td width="3" background="image/link.GIF"></td>
        <td>
            <table width="100%" border="0" cellspacing="0" cellpadding="0">
            <tr>
                <td>
                    <table width="95%" border="0" align="center">
                        <tr>
                            <td>
                                <fieldset>
                                <legend accesskey="F" align="left" style="font-size:12;">登录窗口</legend>
                                    <table width="100%" border="0" cellspacing="2" cellpadding="2">
                                        <tr height=30>
                                        <td width="15%" height="30"> </td>
                                        <td width="20%">登录名称: </td>
                                        <td  width="65%"><asp:TextBox  ID="theName"  TextMode=
"SingleLine"  runat="server" /><asp:RequiredFieldValidator  ControlToValidate="theName"
Display="Dynamic" ErrorMessage="请输入登录名称! " ID="Require1" runat="server" Text="请输入
登录名称! " /></td>
                                        </tr>
                                        <tr height=30>
                                        <td height="30" > </td>
                                        <td >登录密码: </td>
                                        <td><asp:TextBox ID="thePwd" TextMode="SingleLine" runat=
"server" /><asp:RequiredFieldValidator  ControlToValidate="thePwd"  Display="Dynamic"  Error
Message="请输入登录密码! " ID="Require2" runat="server" Text="请输入登录密码! " /></td>
                                        </tr>
                                        <tr height=40>
                                        <td height="40" colspan="3" align="center">
```

```
                        <asp:Button ID="Login" runat="server" Text="登录" BorderStyle="Ridge"
Font-size="9pt" BorderWidth=1 OnClick="Login_Click" />    </td>
                               </tr>
                            </table>
                  </fieldset>
              </td>
          </tr>
          <tr>
              <td align=left style="padding-left:5px;">
                  <asp:Button ID="Reg" runat="server" Text="立即注册" BorderStyle="Ridge"
Font-size="9pt" BorderWidth=1 OnClick="Reg_Click" CausesValidation=false />
                    
                  <asp:Button ID="FindPass" runat="server" Text="忘记密码" BorderStyle=
"Ridge" Font-size="9pt" BorderWidth=1 OnClick="FindPass_Click" CausesValidation=false/>
                             
                   <asp:Label ID="LblErr" runat="server" ForeColor=red Text=""></asp:Label>
              </td>
          </tr>
              </table>
          </td>
      </tr>
      </table>
  </td>
    <td width="3" background="image/link.GIF"></td>
</tr>
<tr><td height="3" background="image/linkbom.GIF" colspan="3"></td></tr>
</TABLE>
</form>
</body>
</html>
```

（4）编写显示登录成功信息的程序 main.aspx，程序编写完成后，将其保存在网站站点根目录下。

     main.aspx 是用户登录程序 default.aspx 的配套程序，用户登录成功，不是显示网站的主页，而是显示 main.aspx 中的祝贺登录成功信息。

程序内容：

```
<%@ language="vb" debug="true" %>
<script runat="server">
  Sub Page_Load(ByVal Sender As Object, ByVal e As EventArgs)
    If Not Page.IsPostBack Then
      If IsDBNull(Session("userid")) Or Trim(Session("userid")) = "" Then
         LblInfo.Text = "对不起，您尚未登录系统！"
         LogOut.Visible = False
         ModiUser.Visible = False
         LogIn.Visible = True
      Else
         LblInfo.Text = "恭喜，" & Trim(Session("username")) & "，您已成功登录系统！"
         LogOut.Visible = True
         ModiUser.Visible = True
         LogIn.Visible = False
```

```
      End If
    End If
  End Sub

  Sub LogOut_Click(ByVal sender As Object, ByVal E As EventArgs)
    Session("userid") = ""
    Session("username") = ""
    Session("logintime") = ""
    LblInfo.Text = "用户注销成功，您可安全关闭此页面，也可重新登录！"
    LogIn.Text = "重新登录"
    LogOut.Visible = False
    ModiUser.Visible = False
    LogIn.Visible = True
  End Sub

  Sub Login_Click(ByVal sender As Object, ByVal E As EventArgs)
    Response.Redirect("default.aspx")
  End Sub

  Sub Modi_Click(ByVal sender As Object, ByVal E As EventArgs)
    Response.Redirect("ModiUser.aspx")
  End Sub
</script>
<html>
<head>
<meta http-equiv="Content-Language" content="zh-cn">
<meta http-equiv="Content-Type" content="text/html; charset=gb2312">
<title>登录成功</title>
<link href="css/Main.css" type="text/css" rel="stylesheet" />
</head>
<body>

<form runat="server">
  <p align=center>
    <asp:Label ID="LblInfo" Font-Size="15px" runat="server" Text=""></asp:Label>
  </p>
  <p align=center >
    <asp:Button ID="LogOut" runat="server" Text="注销用户" OnClick="LogOut_Click" />
            
    <asp:Button ID="LogIn" runat="server" Text="登录" OnClick="Login_Click" />
        
    <asp:Button ID="ModiUser" runat="server" Text="修改资料" OnClick="Modi_Click" />
  </p>
</form>
</body>
</html>
```

（5）在站点中运行程序。

default.aspx 程序正常运行后，将显示如图 3-36 至图 3-39 的效果，图 3-40 所示为运行 main.aspx 程序的效果。

图 3-36　打开登录程序窗口

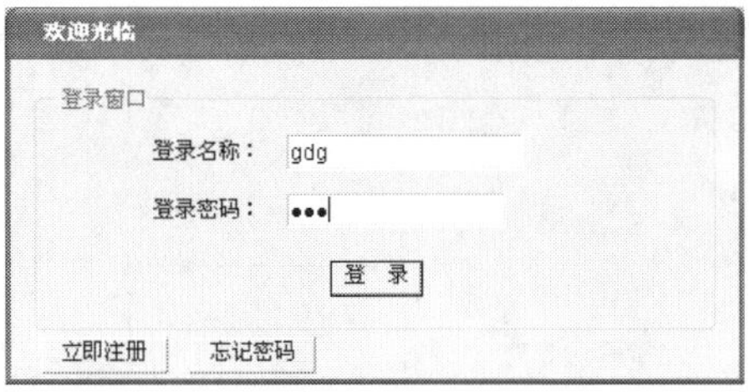

图 3-37　在登录程序窗口中输入信息

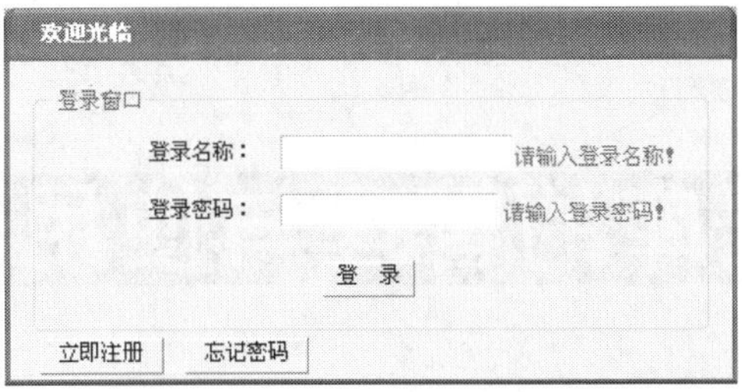

图 3-38　直接单击"登录"按钮的效果　　　　　图 3-39　提示输入错误信息的效果

图 3-40　登录成功的页面

3.7　课后习题

1. 什么是 ASP.NET？它和 ASP 有哪些区别？
2. 电子商务网站内容设计的基本原则是什么？
3. 举例说明一个电子商务网站的信息内容应包括哪些方面。
4. 举例说明一个电子商务网站的首页设计思路。
5. 更新网站内容时应做好哪些主要工作？
6. 网站测试有哪些主要工作？
7. 参考本书 3.2.6 小节的思路，用 Dreamweaver 制作完成一个类似的静态网页。
8. 修改上个习题中完成的静态网页，使其能与上机作业完成的用户登录页面链接起来，并发布运行，查看是否达到预期效果。

第**4**章

数据库的管理与使用

本章首先为读者介绍 SQL Server 数据库的基本概念，然后详细讲述在 SQL Server 中创建、修改及删除数据库和表的方法，并对数据查询作了详细介绍。

4.1 SQL Server 2005 简介

SQL Server 是 Microsoft 公司所发行的一套运行在 Windows 操作系统上的关系型数据库管理系统（RDBMS），它主要提供数据存放、管理与分析的服务。

SQL Server 通过它所提供的 GUI 图形化用户接口管理工具，让用户的操作更为简单方便。它用以提供作为应用程序的数据来源，存放各种数据，并可以让用户很容易地达成所要进行的数据存取操作。同时它也提供了一些可视化的管理工具，协助数据库系统管理者可以更方便快速地管理及设计数据库的内容，以及对数据库进行维护。

SQL Server 2005 是一个全面的数据库平台，它使用集成的商业智能工具（BI），提供了企业级的数据管理。SQL Server 2005 数据库引擎为关系型数据和结构化数据提供了更安全可靠的存储功能，用户可以构建和管理用于业务的实用和高效的数据应用程序。

SQL Server 2005 数据引擎是企业数据管理解决方案的核心。SQL Server 2005 的企业级数据集成服务（SSIS）替代了 SQL Server 2000 中一个非常受欢迎的功能模块——数据转换服务（DTS）。但 SSIS 不是 DTS 的简单升级，它是 SQL Server 2005 中的一个全新组件，它提供了构建企业级数据整合应用程序所需的功能和性能。

本节将主要介绍 SQL Server 2005 的主要版本。

Microsoft SQL Server 2005 共有 6 个不同的版本，分别是企业版、标准版、开发版、简易版、工作组版和移动版。

1. 企业版：SQL Server 2005 Enterprise Edition

SQL Server 2005 企业版能够支持处理超大型企业进行联机事务处理（OLTP）、高度复杂的数据分析、数据仓库系统和网站所需的性能水平。企业版是最全面的 SQL Server 版本，是超大型企业的理想选择，能够满足最复杂的要求。

2．标准版：SQL Server 2005 Standard Edition

SQL Server 2005 标准版是适合中小型企业的数据管理和分析平台。它包括电子商务、数据仓库和业务流解决方案所需的基本功能。标准版是需要全面的数据管理和分析平台的中小型企业的理想选择。

3．开发版：SQL Server 2005 Developer Edition

SQL Server 2005 开发版可以让开发人员在 SQL Server 上生成任何类型的应用程序。它包括企业版的所有功能，但有许可限制，只能用于开发和测试系统，而不能应用在生成服务器上。

4．简易版：SQL Server 2005 Express Edition

SQL Server 2005 简易版是一个免费、易用且便于管理的数据库。简易版与 Microsoft Visual Studio 2005 集成在一起，可以轻松开发功能丰富、存储安全、可快速部署的数据驱动应用程序。但它缺少 SQL 其他版本提供的相当重要的管理工具——SQL Server Management Studio。

5．工作组版：SQL Server 2005 Workgroup Edition

SQL Server 2005 工作组版适用于那些需要在大小和用户数量上没有限制的数据库的小型企业。它包括 SQL Server 产品系列的核心数据库功能，是理想的入门级数据库，具有可靠、功能强大且易于管理的特点。

6．移动版：SQL Server 2005 Mobile Edition

SQL Server 2005 移动版是一个功能全面的压缩数据库，能广泛地支持智能设备和 Tablet PC。

4.2　SQL Server 2005 应用环境

4.2.1　SQL Server Management Studio 的组成

SQL Server Management Studio 为用户提供了直接访问和管理 SQL Server 数据库及相关服务的功能。使用 SQL Server Management Studio 不仅可以访问数据库的基本服务、SQL Server 服务以完成数据查询和更新功能，还可以访问 SQL Server 提供的其他外围服务，如 DTS 服务、SQL Server Agent 服务、SSIS 服务等。SQL Server Management Studio 是管理和访问 SQL Server 数据服务器最重要的工具。

启动 SQL Server Management Studio 的方法是：单击"开始"按钮，选择"所有程序"→"Microsoft SQL Server 2005"→"SQL Server Management Studio"选项，打开"连接到服务器"的对话框。界面如图 4-1 所示。

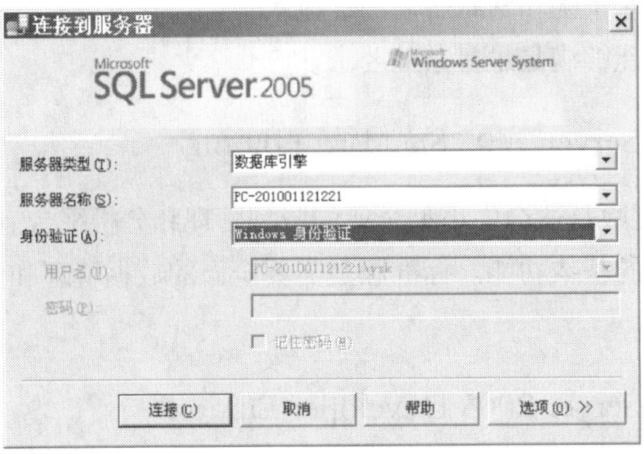

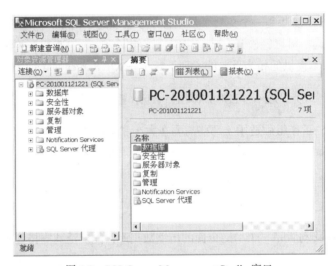

图 4-1　登录 SQL Server 数据库服务器界面

在该对话框中输入要连接的 SQL Server 数据库服务器类型和相应的服务器，并选择需要登录的 SQL Server 数据库服务器，以及相关的账户信息，就可启动 SQL Server Management Studio，如图 4-2 所示。

图 4-2　SQL Server Management Studio 窗口

4.2.2　SQL Server 配置工具

单击"开始"按钮，选择"所有程序"→"Microsoft SQL Server 2005"→"配置工具"，即可查看 SQL Server 2005 提供的全部配置工具，如图 4-3 所示。

其中，"Notification Services 命令提示"用于创建、删除和管理 Notification Services 实例；"Reporting Services 配置"用于配置 SQL Server 2005 的报表服务；"SQL Server 错误和使用情况报告"用于将出现在 SQL Server 中的错误通过网络发送给 Microsoft；"SQL Server 外围配置器"向数据库管理人员提供了启用和禁用外围应用的相关功能。

图 4-3　SQL Server 2005
全部配置工具

"SQL Server Configuration Manager"的中文名称为 SQL Server 配置管理器，用于配置 SQL

Server 服务和网络连接。实际上，从系统框架上看，SQL Server 2005 就是由一组服务组成的。其中核心服务为 SQL Server 2005 新提供的集成服务，该服务将 SQL Server 2005 提供的所有服务有机整合在一起，并以此为接口，为开发人员提供了通过程序设计访问 SQL Server 2005 其他服务的途径。

使用 SQL Server Configuration Manager 可以管理的服务大致如下。

- 启动、停止和暂停指定服务。
- 将服务配置为自动启动或手动启动，禁用服务，或者更改其他服务设置。
- 更改 SQL Server 服务所使用的账户的密码。
- 使用跟踪标志启动 SQL Server。
- 查看服务的属性。

SQL Server Configuration Manager 如图 4-4 所示。

图 4-4　SQL Server Configuration Manager 界面

4.3　数据库的创建与管理

4.3.1　数据库结构

在数据库系统中数据库实际上以文件形式存在。默认状态下，数据库文件存放在 Microsoft SQL Server 默认安装目录下的 MSSQL\data\文件夹中，数据文件的扩展名为 ".mdf"，用来存储数据库的数据信息，日志文件的扩展名为 ".ldf"，用来记录事务日志。

SQL Server 2005 的数据库大致可分为如下三类。

（1）主数据文件：每一个数据库都必须有一个主数据文件，这个主数据文件中记录了数据库的起始信息、数据文件成员以及数据库的对象成员，如表、视图、规则等。主数据文件一旦建立了之后，就不能将它删除，除非将整个数据库删除。默认主数据文件的扩展名为 ".mdf"。

（2）辅助数据文件：SQL Server 可以将数据库存成多个数据文件，一个主数据文件与多个辅助数据文件，一个数据库也可以没有辅助数据文件。默认辅助数据文件的扩展名为 ".ndf"。通常情况下数据库并不需要建立辅助数据文件，只有当数据过于庞大，数据库的内容太多时，单一数据文件无法负荷，需要使用辅助数据文件分散存储数据，以提高数据的存取效率。

（3）事务日志文件：事务日志文件是用来记录数据库的事务活动记录，它可以为 SQL Server 取消事务、回存事务等操作提供参考依据，以便在数据库损坏时，能利用事务日志文件恢复数据库。默认事务日志文件的扩展名为"ldf"。

如果一个数据库是由多个数据文件组成，就可以使用 SQL Server 的文件组功能来管理这些数据文件。文件组允许多个数据文件组成一个组，并对它们进行管理。例如，如果建立了多个文件组，当创建一个新的表时，可以自行指定该表要存放到哪一个文件组中存储。通过文件组的使用，可以分散数据库的存储位置，避免过度占用一个磁盘空间，或出现磁盘空间占满造成系统无法运作的状况。

在 SQL Server 中，包含主数据文件的文件组称为主文件组，其他的文件组则称为自定义文件组。一个数据库只有一个主文件组，这个主文件组在数据库建立时就已经存在。一般情况下，SQL Server 应该建立不同的文件组，将用户自定义的表指定到自定义文件组内存储，因为系统表存放在主文件组内，如果主文件组的磁盘空间满了，系统表将无法操作，数据库也就无法运行。

4.3.2　系统数据库

在 SQL Server 初始安装后，打开 SQL Server Management Studio，可以看到系统中已经包含了 4 个数据库，如图 4-5 所示。master 数据库、tempdb 数据库、model 数据库和 msdb 数据库是 SQL Server 的 4 个系统数据库。

图 4-5　系统数据库

对 SQL Server 的 4 个系统数据库的作用说明如下。

（1）master 数据库。

master 数据库可以说是 SQL Server 的主要数据库，它记录了 SQL Server 系统级的信息，包括激活参数、登录账号、系统配置信息以及所有数据库的相关信息等。由于 matser 数据库记录了如此多且重要的信息，一旦该数据库文件遗失或损毁，将对整个 SQL Server 系统的运行造成重大影响，因此建议数据库系统管理员最好要保留最近的 master 数据库备份，以便在发生问题时，将数据库恢复。

每个数据库都有属于自己的一组系统表，记录了每个数据库的系统信息，这些系统表在创建数据库时就会自动产生。为了使系统表与用户自己创建的表相区别，系统表的表名都以"sys"开头。

（2）model 数据库。

model 数据库是一个模板数据库，是系统中所有数据库的模板。它包含了建立新数据库时所需要的基本对象，如系统表、查看表、登录信息等。当在系统中新创建一个数据库时，刚创建的数据库都和 model 数据库完全一样。由于所有新建立的数据库都是继承这个 model 数据库而来的，因此当我们更改了 model 数据库上的内容，如增加对象，则稍后建立的数据库也都包含该变动。

（3）msdb 数据库。

msdb 数据库是提供给 SQL Server 代理（SQL Server Agent）服务使用的，用来记录进行调度、警示、操作员与操作等运作所需的相关信息。如果不需要使用到这些 SQL Server 代理项目，就不会使用到这个系统数据库。

（4）tempdb 数据库。

tempdb 数据库用于存放所有连接到系统的用户临时表、临时存储过程以及 SQL Server 产生的其他任何临时性对象。

当 SQL Server 关闭时，tempdb 数据库中所有对象会被删除。当 SQL Server 被激活，tempdb 数据库就会被重新建立，以便让系统以一个初始状态开始执行。

4.3.3　创建数据库

SQL Server 创建数据库有 3 种方法。
- 利用企业管理器创建。
- 利用数据库向导创建。
- 使用 T-SQL 语句创建。

本小节主要介绍利用企业管理器和 T-SQL 语句如何创建数据库。

1．利用企业管理器创建数据库

利用企业管理器创建数据库步骤如下。

（1）在 SQL Server 2005 的服务管理器运行的情况下，选择"开始"→"所有程序"→"Microsoft SQL Server 2005"→"SQL Server Management Studio"，打开 SQL Server Management Studio，输入登录名和密码，登录成功后，单击折叠号（即左面的图标"+"号），展开控制台根目录，在"数据库"上单击右键，在弹出的快捷菜单中选择"新建数据库"选项，如图 4-6 所示。

（2）在"数据库名称"栏中输入要建立的数据库名称，如：输入叮当书店的数据库名为"bookstore"，如图 4-7 所示。

（3）设置数据库文件的位置以及文件属性。这个数据库只有一个主数据文件（bookstore.mdf），这个数据文件的初始文件大小为 3MB，可以不断自动增长，直到占满整个磁盘，每次以 1MB 的量增长。同样也可以设置事务文件的位置以及文件属性。设置事务日志文件 bookstore_log.ldf

的初始文件大小为 1MB，日志文件可以不断增长，每次自动扩增 10%的空间，直到它占满整个磁盘。

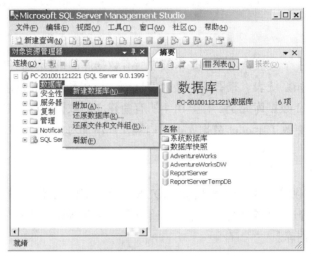

图 4-6　新建数据库界面

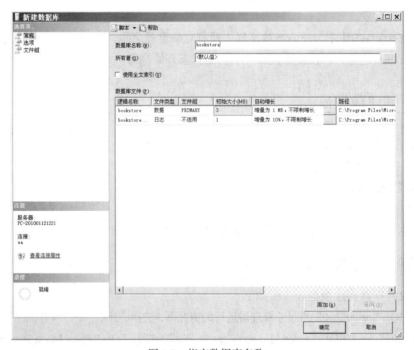

图 4-7　指定数据库名称

（4）最后单击"确定"按钮，完成创建数据库的操作。在管理界面的左窗口树状数据库目录中可以发现刚才建立的数据库 bookstore，如图 4-8 所示。

2. 利用 T-SQL 语句创建数据库

除了前面介绍的利用 SQL 管理界面创建数据库外，还可以利用 Transact-SQL 语言来创建数据库，创建时使用 CREATE DATABASE 命令。

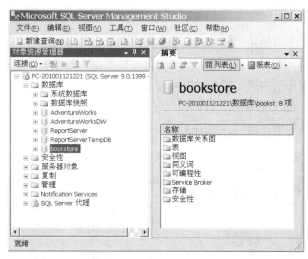

图 4-8　创建数据库结果界面

　　使用 CREATE DATABASE 命令创建数据库，可以所有参数均采用默认值，直接创建一个数据库，命令如下：

```
CREATE DATABASE bookstore
```

　　该 CREATE DATABASE 命令将会在 SQL Server 中创建一个名为"bookstore"的数据库。

　　CREATE DATABASE 命令也可以指定多个数据文件和事务日志文件创建数据库。

　　例如，创建名为 bookstore 的数据库，使用两个 20 MB 的数据文件和一个 100 MB 的事务日志文件。注意文件扩展名的使用：主数据文件使用 .mdf，辅助数据文件使用 .ndf，事务日志文件使用.ldf。操作步骤如下。

　　（1）在 SQL Server 查询分析器中输入如下程序：

```
CREATE DATABASE bookstore
ON
PRIMARY ( NAME = bookstore_data1,
      FILENAME = 'c:\bookstore_data1.mdf',
      SIZE = 20,
      MAXSIZE = 100,
      FILEGROWTH = 10),
( NAME = bookstore_data2,
    FILENAME = 'c:\bookstore_data2.ndf',
    SIZE = 20,
    MAXSIZE = 100,
    FILEGROWTH = 10)
LOG ON
( NAME = bookstore_log,
    FILENAME = 'c:\bookstore_log.ldf',
    SIZE = 100,
    MAXSIZE = 200,
    FILEGROWTH = 10)
```

　　（2）单击工具栏中的"执行"按钮，运行该程序，执行的结果是生成该数据库。

4.3.4　删除数据库

当一个数据库已经不再使用时，可以利用删除数据库功能将它从 SQL Server 中删除。删除一个数据库会在系统中将该数据库的内容完全清除，包括数据库的所有数据和该数据库所使用的所有磁盘文件等，该数据库所占用的资源也会同时被释放。

利用 SQL 管理界面删除数据库，只需选取要删除的数据库，并单击鼠标右键，然后在弹出的快捷菜单中选择"删除"选项即可，如图 4-9 所示。

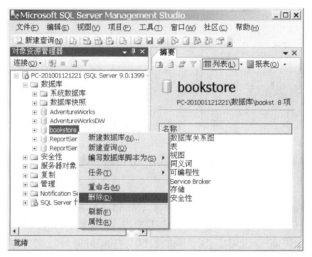

图 4-9　删除数据库

另外，我们也可以利用 T-SQL 的 DROP DATABASE 语句来删除数据库。DROP DATABASE 语句的语法格式如下：

```
DROP DATABASE database_name [ ,...n ]
```

其中，参数 database_name 指定要删除的数据库名称。从 master 数据库中执行 sp_helpdb 以查看数据库列表。

若要使用 DROP DATABASE，连接的数据库上下文必须在 master 数据库中。

只有通过还原备份才能重新创建已除去的数据库。不能除去当前正在使用（正打开供用户读写）的数据库。任何时候除去数据库，都应备份 master 数据库。

另外，无法除去系统数据库（msdb、model、master、tempdb）。

例如：删除数据库 bookstore。

程序为：DROP DATABASE bookstore。

4.3.5　附加与分离数据库

1．分离数据库

分离数据库是将数据库从 SQL Server Management Studio 中分离出来，与删除数据库功能不同，执行数据库分离只是删除数据库在 SQL Server 中的定义，并不会删除数据库存储在硬盘上的数据库文件。所以,当数据库被分离后,数据文件的位置就可以任意移动,并且在需要时随时将该分离的数据库附加到 SQL Server 中,再次使用该数据库。

利用 SQL 管理界面分离数据库,首先选取要分离的数据库,并单击鼠标右键,然后在弹出的快捷菜单中选择"任务"→"分离"选项,如图 4-10 所示。在随后弹出的"分离数据库"对话框中,在"删除连接"选项上打勾,单击"确定"按钮,数据库完成分离。

图 4-10 分离数据库

分离数据库完成后,在 SQL 管理界面中会发现被分离的数据库 bookstore 已经从 SQL Server 中消失了。

2. 附加数据库

数据库被从 SQL Server 中分离后,将数据库文件重新附加给 SQL Server,数据库就能再次使用。

利用 SQL 管理界面附加数据库,首先选取"数据库"目录,并单击鼠标右键,然后在弹出的快捷菜单中选择"附加"选项,如图 4-11 所示,随后弹出"附加数据库"对话框。

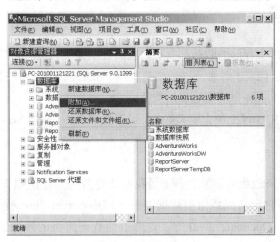

图 4-11 附加数据库

在"附加数据库"对话框中，单击"添加"按钮，选取所要附加的数据库文件所在的路径位置，如：选择 C 盘根目录下的数据文件 bookstore_Data.MDF，然后单击"确定"。在"附加为"文本框中指定附加后的数据库名称为 bookstore，如图 4-12 所示。

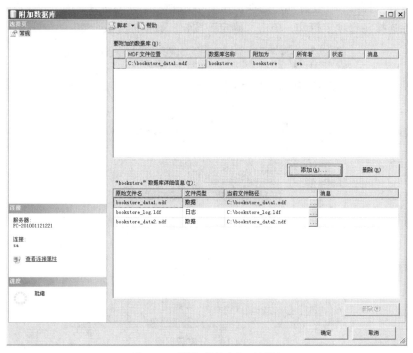

图 4-12 "附加数据库"对话框

确认要附加的数据库无误后，单击"确定"按钮，完成附加数据库，这时就可以在 SQL 管理界面的数据库目录中发现这个被附加的数据库 bookstore。

4.4 表的创建与管理

4.4.1 数据类型

在 SQL Server 数据库中存储的数据都具有自己的数据类型，数据类型决定了数据的存储格式，以及数据所占用的空间，代表了各种不同的信息类型。SQL Server 2005 提供系统数据类型和用户自定义数据类型，本小节主要介绍系统数据类型。

系统数据类型是 SQL Server 预先定义好的，可以直接使用。SQL Server 2005 提供的系统数据类型大致分为以下几类。

（1）数值数据类型。

数值型数据可以用来做数值运算处理，当我们要存放纯数字的数据，或是要对存放的内容作数值运算时，可以将它定义成数值型数据类型。SQL Server 2005 提供许多可以存放数值数据的数据类型，如 Int，Decimal，Real 等。这些数值数据类型的特性及数值范围说明如表 4-1 所示。

表 4-1　　　　　　　　　　　　　　　　数值数据的特性及取值范围

	数 据 类 型	使 用 字 节	数 据 范 围
整数数值	tinyint	1 Bytes	$0 \sim 255$
	smallint	2 Bytes	$-2^{15} \sim (2^{15}-1)$
	int	4 Bytes	$-2^{31} \sim (2^{31}-1)$
	bigint	8 Bytes	$-2^{63} \sim (2^{63}-1)$
小数数值	decimal (numeric)	最大至 38 Bytes	$(-10^{38}-1) \sim (10^{38}-1)$
浮点数值	float	单精度：4 Bytes 双精度：8 Bytes	$-1.79E + 308 \sim 1.79E + 308$
	real	4 Bytes	$-3.40E + 38 \sim 3.40E + 38$

从表 4-1 中可以发现 float 浮点数据类型可分为单精度与双精度两种。一般来说，除非是进行科学运算需要较精确的值，需要用到双精度，否则一般使用单精度就足够了。另外，使用浮点数据类型可能会产生部分位数数据遗失的问题，例如，单精度数据类型，当数值位数超过 7 位时，只会保留最前面的 7 位数字，双精度数据类型只会保留 15 位数字。

（2）字符数据类型。

字符型数据可以表示文字、数字或其他的特殊符号。在定义字符型数据时，必须指定一个数值，用来表示字符型数据的长度。字符型数据有三类，分别为 char，varchar 与 text。

● char 数据类型。

char 数据类型用来存放固定长度的字符串内容，其最大长度可达 8 000 个字符。当 SQL Server 要保存长度固定的数据时，可以将它定义为 char 数据类型。

当 char 实际的字符串长度小于指定大小时，它将会自动在字符串后面补空格填满整个长度，使数据长度固定。

● varchar 数据类型。

varchar 数据类型的使用方式与 char 数据类型类似，不同的是，varchar 数据类型可以随着存放的数据长度大小自动调整其占用的数据空间，当存入的数据长度小于指定的大小时，它不会在数据后面补空格，而是以实际存入的数据长度保存。其最大长度可设置为 8 000 个字符。

当存储在列中的数据的值的大小经常变化时，varchar 数据类型将是较好的选择，它可以减少不必要的空间浪费，有效地节省空间。

● text 数据类型。

char 与 varchar 数据类型最大只能定义到存放 8 000 个字符，如果要存放的数据长度超过这个限制时，可以使用 text 数据类型。text 数据类型和 varchar 数据类型一样，都是一个可变长度的数据类型，它允许的最大长度限制为 $2^{31} - 1$ 个字符。

（3）日期时间数据类型。

SQL Server 提供日期时间型数据，可以存储日期和时间的组合数据。当要在表中存放日期/时间信息，如出生日期、数据传入系统的时间等，就可以将列定义为日期时间数据类型。在 SQL Server 中定义了两类日期时间数据类型，分别为 datetime 与 smalldatetime，它们的特性说明如表 4-2 所示。

147

表 4-2 日期数据的特性说明

数 据 类 型	使 用 字 节	数 据 范 围	精 度
Datetime	8 Bytes	1753 年 1 月 1 日～9999 年 12 月 31 日	百分之三秒
Smalldatetime	4 Bytes	1900 年 1 月 1 日～2079 年 6 月 6 日	分

（4）货币数据类型。

货币数据专门用于货币数据处理，它可以说是一种特殊的小数数值数据，固定为 4 位小数。在 SQL Server 中提供两类货币数据类型，分别为 money 与 smallmoney，它们的特性说明如表 4-3 所示。

表 4-3 货币数据的特性说明

数 据 类 型	使 用 字 节	数 据 范 围
Money	8 Bytes	$-2^{63}\sim（2^{63}-1）$
Smallmoney	4 Bytes	$-214\,748.3648\sim214\,748.3647$

（5）二进制数据类型。

二进制数据类型是一些用十六进制来表示的数据。在 SQL Server 中提供了 3 种数据类型来存储二进制数据，分别是 binary，varbinary 和 image，它们的特性说明如表 4-4 所示。

其中 binary 数据类型为一固定长度的数据类型，它会以固定的长度处理数据，当数据长度不足时会自动填补到指定的固定长度。varchar 与 image 数据类型则是可变长度的数据类型，会随着数据内容调整长度。一般来说，使用 varchar 数据类型应该已经足够，如果预期数据长度将会超过 8KB，就要改用 image 数据类型。通过 image 数据类型可以来存储图片或影像数据，或者是存放特殊格式化的文件数据，如 Word，Excel，PDF 文件等。

表 4-4 二进制数据的特性说明

数 据 类 型	长 度 变 动	数据最大长度限制
binary	固定长度	8 000 个字节
varbinary	可变长度	8 000 个字节
image	可变长度	$2^{31}-1$ 个字节

SQL Server 还有其他特殊的数据类型，这里就不一一介绍了。

4.4.2 创建表

SQL Server 创建表有两种方法，一是利用 SQL Server Management Studio 创建表，二是使用 T-SQL 语句创建表。

1. 用 SQL Server Management Studio 创建表

下面利用 SQL Server Management Studio 在"bookstore"数据库中创建一个用于存储书目的书目信息表 books，表的列结构如表 4-5 所示。

表 4-5   books 数据表

字 段 名 称	类 型	长 度	允 许 空	说 明
smbh	int	4	否	书目编号，应为自动编号，设为主键
smlb	char	10	否	书目类别
sm	char	40	否	书名
dj	decimal	9	否	单价
zz	char	8	是	作者
cbdw	char	40	是	出版单位
cbsj	smalldatetime	4	是	出版时间
jdjs	text	16	是	简单介绍
tplj	nvarchar	50	是	书目封面图片路径

利用 SQL Server Management Studio 创建表的步骤如下。

① 展开"bookstore"数据库，在"表"对象上右键单击，选择快捷菜单中的"新建表"，如图 4-13 所示，随后会打开一个"表设计"窗口。

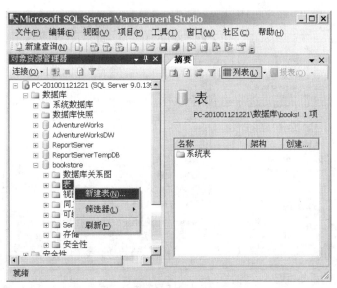

图 4-13　新建表

② 在"表设计"窗口中输入第一个字段的信息，在"列名"中输入"smbh"，在"数据类型"中选择"int"，如图 4-14 所示。

③ 重复步骤 2 的操作，依据表 4-5 定义所有的字段，其中 smbh 为书目信息表（books 表）的主键，选中"smbh"字段，单击工具栏上的主键设置按钮，将字段 smbh 设置为书目信息表的主键，如图 4-15 所示。

④ 表中所有字段定义完成后，单击工具栏上的保存按钮，在弹出的"选择名称"对话框

中输入创建的表名"books"，如图 4-16 所示。

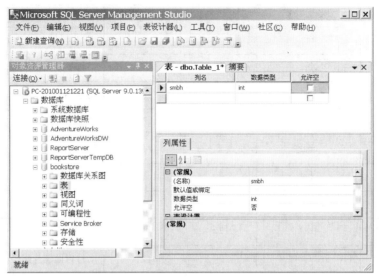

图 4-14 "表设计"窗口

图 4-15 定义字段和设置主键

⑤ 最后单击"确定"按钮，完成创建表的操作。在 SQL Server Management Studio 中数据库 bookstore 的表对象中可以找到刚创建的表 books，如图 4-17 所示。

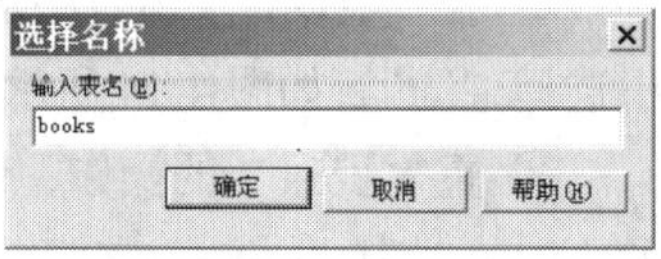

2. 在查询分析器中用 T-SQL 命令创建表

表是数据库的主要对象，用来存储各种各样的信息。除了
可以使用 SQL Server Management Studio 的表设计窗口创建表外，还可以使用 Transact-SQL 语言

图 4-16 指定表的名称

中的 CREATE TABLE 命令来创建表。

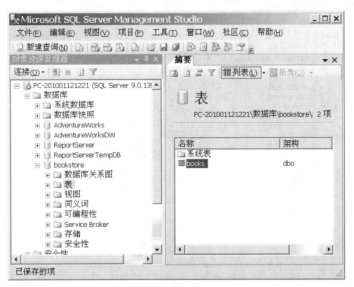

图 4-17 创建表结果界面

例如：在数据库 bookstore 中创建一个书目信息表 books，表的列结构如表 4-5 所示，其中 dj 字段的默认值设为 0。

在 SQL Server 查询分析器中输入如下程序：

```
USE bookstore
GO

CREATE TABLE books
(
smbh int PRIMARY KEY,
smlb char(10) NOT NULL,
sm char(40) NOT NULL,
dj decimal (18,2) NOT NULL default 0,
zz char(8),
cbdw char(40),
cbsj smalldatetime
)
GO
```

在查询分析器中运行完上述程序后，就会在 bookstore 数据库中生成 books 数据表。

4.4.3 修改表结构

一个表建立之后，可以使用 SQL Server Management Studio 或 ALTER TABLE 语句对表进行修改。修改内容可以是列的属性，如列名、数据类型、长度等，还可以添加列、删除列等。利用 SQL Server Management Studio 修改表结构，先选择所需修改的表，单击鼠标右键，选择关联菜单中的"修改"即可，如图 4-18 所示。

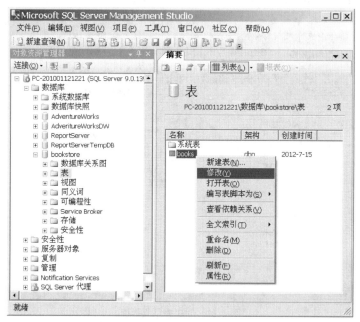

图 4-18　修改表结构界面

下面主要介绍利用 T-SQL 语句修改表的方法。

例如：在 bookstore 数据库中已经建立的 books 表中，增加一个 memo 字段，删除表中的 cbsj
字段。

```
USE bookstore
GO
ALTER TABLE books ADD memo varchar(200)
ALTER TABLE books DROP COLUMN cbsj
```

4.4.4　添加表记录

新创建的表中是没有数据的，因此在创建完表后，要向表中添加数据。本小节只介绍使用 SQL
Server Management Studio 向表中添加数据的方法，至于使用 T-SQL 语句向表中添加数据的方法将
在 4.5.3 小节中进行介绍。

以书目信息表 books 为例，使用 SQL Server Management Studio 向表中添加数据。

（1）在 SQL Server Management Studio 中，展开"数据库"结点，选中要使用的数据库如
bookstore，然后展开该数据库的"表"结点，右键单击要添加数据的表如 books 表。在弹出的快
捷菜单中选择"打开表"命令，如图 4-19 所示。

（2）在弹出的"数据录入"窗口中，录入数据，如图 4-20 所示。

　　　在开始录入时，一般要先去掉交叉引用的外键关系，以免录入数据验证时产生数
据参照不完整的错误。

（3）录入数据完毕后，关闭窗口，保存数据。

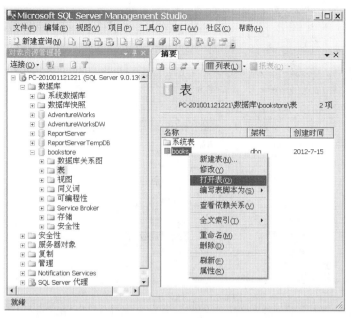

图 4-19　选择"打开表"命令

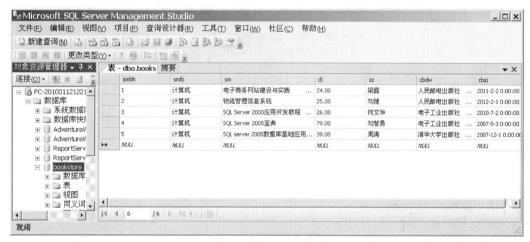

图 4-20　数据录入窗口

4.4.5　删除表

当不再需要某个表时，就可以将其删除。一旦删除了表，则该表的结构、数据、约束、索引等都将永久地被删除。

1. 使用 SQL Server Management Studio 删除表

使用 SQL Server Management Studio 删除表的操作步骤如下。

① 在 SQL Server Management Studio 中，展开"数据库"结点，选中要使用的数据库如 bookstore，然后展开该数据库的"表"结点，右键单击删除的表如 books 表。在弹出的快捷菜单中选择"删除"命令，如图 4-21 所示。

图 4-21　选择"删除"命令

② 在弹出的"删除对象"对话框中，单击"确定"按钮，即可删除表，如图 4-22 所示。

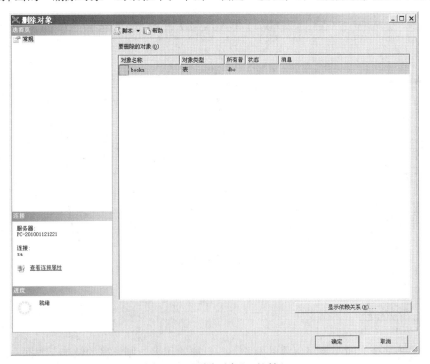

图 4-22　"删除对象"对话框

当有对象依赖于要删除的表时，则该表就不能被删除。

2. 使用 T-SQL 语句删除表

另外，还可以使用 DROP TABLE 语句删除表，可以删除表和表中的数据，以及与该表有关的所有索引、触发器、约束、权限规范等。

使用 DROP TABLE 语句删除表的语法格式如下：

```
DROP TABLE table_name
```

说明：table_name 指要删除的表名。

如：删除 bookstore 数据库中的 books 表。

操作步骤如下。

（1）在查询分析器的编辑窗口中，输入如下语句：

```
USE bookstore
GO
DROP TABLE books
GO
```

（2）单击工具栏中的"执行"按钮，完成对 books 表的删除操作。

4.5　数据查询

4.5.1　SQL 语言简介

结构化查询语言（Structured Query Language，SQL）是一种通用的关系数据库标准语言，其功能包括查询、操纵、定义、控制。目前，SQL 语言已经被 ANSI（美国国家标准化组织）确定为关系数据库系统的国际标准，被很多商品化的关系数据库系统采用。SQL 语言是一种非过程化语言，用户要做什么，不需要告诉 SQL 如何访问数据库，只要告诉数据库做什么就可以。

SQL 语言的特点如下。

（1）高度综合统一。

SQL 语言集数据查询、数据操纵、数据定义、数据控制功能为一体，可以完成从数据库设计、建立到数据库维护的全部活动，为数据库应用系统开发提供了良好环境。

（2）非过程化。

非关系数据库系统的数据操纵语言一般是过程化的，要完成一个处理，必须指定存取路径。而 SQL 语言只需要提出"做什么"，而不用指出"怎么做"，可以大大减轻用户负担，数据独立性得到提高。

（3）面向集合的操作方式。

SQL 语言采用的是集合操作方式，查找结果是元组的集合，插入、删除、更新操作的对象也是元组的集合，而非关系数据库系统则采用的是面向记录的操作。

（4）既是自含式语言，也是嵌入式语言。

SQL 语言既是自含式语言，也是嵌入式语言。作为自含式语言，可以独立用于联机交互使用，用户可以直接键入 SQL 命令对数据库进行操作。作为嵌入式语言，它可以嵌入到其他高级语言中（如 Visual Basic 语言），程序设计员在设计程序时调用。以上两种形式的语法结构一致，为用户使用 SQL 语言提供了很多方便。

（5）语言简洁，易学易用。

SQL 语言功能丰富，设计合理，语言简洁，语法结构清晰、简单，接近日常口语形式，因此，方便用户使用和掌握。

SQL 语言按照功能分为 4 个部分。

（1）数据定义语言 DDL。用于定义 SQL 模式、基本表、视图、索引。

（2）数据查询语言 DQL。用于查询数据。

（3）数据操纵语言 DML。用于查询和更新数据。更新又分为插入、删除、修改。

（4）数据控制语言 DCL。控制对数据库的访问，服务器的关闭、启动，以及对基本表和视图的授权、完整性规则描述等。

完成数据定义、数据查询、数据操纵、数据控制功能的语句为：CREATE，DROP，ALTER，SELECT，INSERT，UPDATE，DELETE，GRANT，REVOKE。

4.5.2　SELECT 语句

1. SELECT 语句功能

SELECT 语句按指定的条件从数据表或视图中查询数据。主要功能是从 FROM 列出的数据源表中，找出满足 WHERE 检索条件的记录，并按 SELECT 子句的字段列表输出查询结果，在查询结果中可以进行分组与排序。

2. SELECT 语句基本语法格式

```
SELECT 字段列表
[INTO 目标数据表]
FROM 源数据表或视图[,…n]
[WHERE 条件表达式]
[GROUP BY 分组表达式 [HAVING 搜索表达式]]
[ORDER BY 排序表达式[,…n] [ASC] |[DESC]]
[COMPUTE 行聚合函数名(统计表达式)[,…n]  [BY 分类表达式[,…n]]]
```

其中各子句的功能如下。

- SELECT 子句：用于指定查询的输出字段。字段列表用于指出要查询的字段，也就是查询结果中的字段名；
- INTO 子句：用于将查询到的结果数据按照原来的数据类型保存到一个新建的表中；
- FROM 子句：用于指定要查询的表，即所要进行查询的数据来源、表或视图的名称；
- WHERE 子句：用于指出查询数据时要满足的筛选条件；
- GROUP BY 子句：用于对指定的列进行分组，列值相同的分为一组。分组列必须在 SELECT 子句的列表中；
- ORDER BY 子句：用于将查询到的结果按指定的列排序。[ASC]和[DESC]用于指定记录是按升序或降序排列；
- HAVING 子句：用于指定查询结果的附加筛选。通常与 GROUP BY 子句一起使用。

3. 各子句的使用方法

（1）SELECT 子句。

SELECT 子句用于指定由查询返回的列。

SELECT 子句的语法格式如下：

```
SELECT [ ALL | DISTINCT ]
    [ TOP n [ PERCENT ] [ WITH TIES ] ]
    < select_list >
```

各个参数的含义如下。

- ALL：指定在结果集中可以显示所有记录，包括重复行。ALL 是默认设置。

- DISTINCT：指定在结果集中显示所有记录，但只能显示惟一行，其中空值被认为相等。

- TOP n [PERCENT]：指定只从查询结果集中返回前 n 行。n 是介于 0～4294967295 的整数。如果指定了 PERCENT 参数，则只从结果集中返回前百分之 n 行，n 必须是介于 0 至 100 之间的整数。如果查询还包含 ORDER BY 子句，将返回由 ORDER BY 子句排序的前 n 行（或前百分之 n 行）。

- WITH TIES：指定从查询结果集中返回附加的行，这些行包含与出现在 TOP n(PERCENT) 行最后的 ORDER BY 列中的值相同的值。如果指定了 ORDER BY 子句，则只能指定 TOP …WITH TIES。

- select_list：为结果集选择的列。如果有多列，用逗号分隔。

1）显示所有字段的信息。

【例 4-1】　从数据库 bookstore 的书目信息表 books 中查询所有书目信息。操作步骤如下。

在查询分析器中输入 SQL 语句：

```
USE bookstore
GO
SELECT * FROM books
```

要返回 books 表中所有字段的内容，SELECT 后的列名选用 "*"。

单击工具栏中的 "执行" 按钮，如图 4-23 所示。

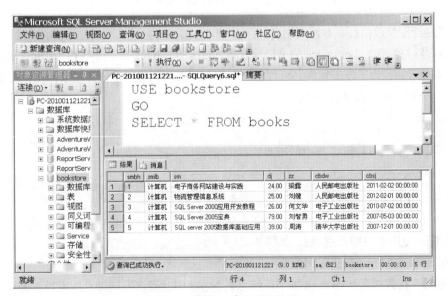

图 4-23　【例 4-1】的查询结果

2）显示指定字段的信息。

【例 4-2】 从数据库 bookstore 的书目信息表 books 中查询所有书目的"书名"和"单价"信息。操作步骤如下。

在查询分析器中输入 SQL 语句：

```
USE bookstore
GO
SELECT sm,dj FROM books
```

SELECT 后所选字段名之间要用","分开，前后次序可以任意。

单击工具栏中的"执行"按钮，如图 4-24 所示。

图 4-24 【例 4-2】查询结果

3）显示指定字段信息，并使用别名。

【例 4-3】 在数据库 bookstore 的书目信息表 books 中，书目的"书名"和"单价"分别用"sm"和"dj"来表示的，为了便于理解，可以用汉字别名"书名"和"单价"显示。操作步骤如下。

在查询分析器中输入 SQL 语句：

```
USE bookstore
GO
SELECT sm AS 书名,dj AS 单价 FROM books
```

SELECT 后所选字段名的别名前要用"AS"。

单击工具栏中的"执行"按钮，如图 4-25 所示。

4）在 SELECT 语句中使用 DISTINCT 关键字。

【例 4-4】 在数据库 bookstore 的书目信息表 books 中，查询不同类别的书目。要求书目类别不重复。操作步骤如下。

图4-25 【例4-3】查询结果

在查询分析器中输入SQL语句:

```
USE bookstore
GO
SELECT DISTINCT smlb AS 书目类别 FROM books
```

    在语句中选用DISTINCT关键字,是指在查询结果中去掉重复记录。和DISTINCT关键字对应的关键字是ALL,默认情况下不写。

单击工具栏中的"执行"按钮,如图4-26所示。

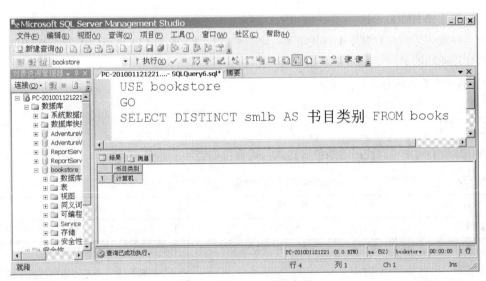

图4-26 【例4-4】查询结果

5)在SELECT语句中使用TOP n PERCENT关键字。

【例4-5】 在数据库bookstore的书目信息表books中,查询表中前30%的记录。操作步骤如下。

在查询分析器中输入 SQL 语句：

```
USE bookstore
GO
SELECT TOP 30 PERCENT smbh,sm FROM books
```

在语句中选用 TOP 30 PERCENT 关键字是在查询结果中返回前 30% 的记录。

单击工具栏中的"执行"按钮，如图 4-27 所示。

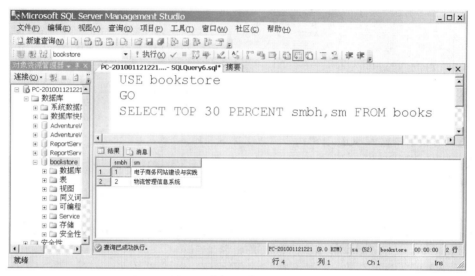

图 4-27 【例 4-5】查询结果

（2）使用 WHERE 子句。

有条件查询是指在数据库中查找满足一定条件的记录。在 SELECT 语句中使用 WHERE 子句就可以实现此功能。

1）有条件查询的基本语法格式。

```
SELECT 列名 1[, ...列名 n]
FROM 表名
WHERE 条件表达式
```

WHERE 子句中可以使用的条件表达式与运算符如表 4-6 所示。

表 4-6　　　　　　　　　　WHERE 子句中查询条件表达式的运算符

运算符分类	运 算 符	说 明
比较运算符	>、>=、=、<、<=、<>、!=、!>、!<	用于比较大小。!>、!<表示不大于和不小于
范围运算符	BETWEEN…AND、NOT BETWEEN…AND	用于判断列值是否在指定的范围内
列表运算符	IN、NOT IN	用于判断列值是否是列表中的指定值
模糊匹配符	LIKE、NOT LIKE	用于判断列值是否与指定的字符通配格式相符
空值判断符	IS NULL、NOT NULL	用于判断列值是否为空
逻辑运算符	AND、OR、NOT	用于多个条件的逻辑连接

2）具体应用。

① 在条件表达式中使用比较运算符。

【例 4-6】　在数据库 bookstore 的书目信息表 books 中，查询单价小于等于 25 的书目信息。操作步骤如下。

在查询分析器中输入 SQL 语句：

```
USE bookstore
GO
SELECT smbh,sm,dj
FROM books
WHERE dj<=25
```

单击工具栏中的"执行"按钮，如图 4-28 所示。

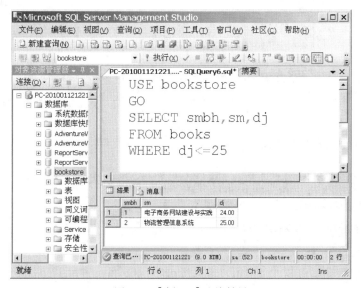

图 4-28　【例 4-6】查询结果

② 在条件表达式中使用比较运算符和逻辑运算符。

【例 4-7】　在数据库 bookstore 的书目信息表 books 中查询书目类别为"计算机"，并且"书目单价小于 25 元"的书目信息。操作步骤如下。

在查询分析器中输入 SQL 语句：

```
USE bookstore
GO
SELECT smbh,sm,dj
FROM books
WHERE smlb='计算机' and dj<25
```

单击工具栏中的"执行"按钮，如图 4-29 所示。

③ 在条件表达式中使用 BETWEEN 运算符。

【例 4-8】在数据库 bookstore 的书目信息表 books 中，查询书目出版时间为 2011 年 2 月的书目信息。操作步骤如下。

在查询分析器中输入 SQL 语句：

```
USE bookstore
GO
```

```
SELECT smbh,sm,dj,cbsj
FROM books
WHERE cbsj between '2011-2-01' and '2011-2-28'
```

图 4-29 【例 4-7】查询结果

单击工具栏中的"执行"按钮，如图 4-30 所示。

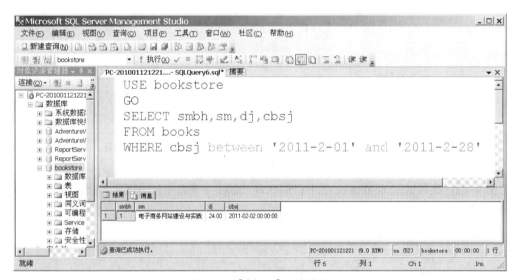

图 4-30 【例 4-8】查询结果

（3）使用 ORDER BY 子句。

1）使用 ORDER BY 子句的基本语法格式。

```
SELECT 列名1[,...列名n]
FROM  表名
ORDER BY 列名1[,...列名n]  [ASC] [DESC]
```

一般情况下，查询结果中的记录顺序是按它们在表中的原始顺序进行排列的，如果要改变排列顺序，可以使用 ORDER BY 子句，它可以实现对查询结果的重新排序。排序方式可以是升序（从低到高或从小到大），使用的关键字为 ASC，也可以是降序（从高到低或从大到小），使用的关键字为 DESC。如果省略 ASC 或 DESC，系统则默认为升序。可以在 ORDER BY 子句中指定多个显示列，但查询结果首先按第 1 列进行排序，当第 1 列值相同时，再按照第 2 列排序。ORDER BY 子句要求写在 WHERE 子句的后面。

2）具体应用。

① 对指定排序的字段进行排序。

【例 4-9】　在数据库 bookstore 的书目信息表 books 中，查询书目信息，要求查询结果按照单价的降序排列。操作步骤如下。

在查询分析器中输入 SQL 语句：

```
USE bookstore
GO
SELECT sm AS 书名,dj AS 单价,zz AS 作者
FROM books
ORDER BY dj DESC
```

单击工具栏中的"执行"按钮，如图 4-31 所示。

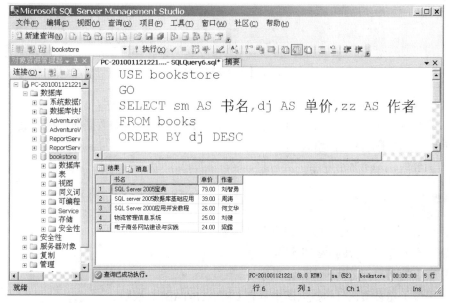

图 4-31　【例 4-9】查询结果

② 指定主排序字段和次排序字段。

【例 4-10】　在数据库 bookstore 的书目信息表 books 中查询书目信息，要求查询结果按照出版单位的升序排列，当出版单位相同时，按照单价的降序排列。操作步骤如下，

在查询分析器中输入 SQL 语句：

```
USE bookstore
GO
SELECT sm AS 书名,dj AS 单价,cbdw AS 出版单位
FROM books
ORDER BY 出版单位 ASC,单价 DESC
```

在 ORDER BY 子句后使用了两个不同列进行排序，排在第一的列为主排序字段，后边列为次排序字段，当主排序字段的值相同时，则按照次排序字段进行排序。

单击工具栏中的"执行"按钮，如图 4-32 所示。

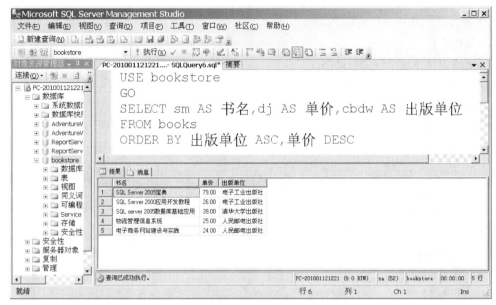

图 4-32 【例 4-10】查询结果

（4）使用 INTO 子句。

使用 INTO 子句允许用户定义一个新表，并且把 SELECT 子句的数据插入到新表中。

1）使用 INTO 子句的语法格式。

```
SELECT 列名1[,...列名n]
INTO 新表名
FROM  表名
WHERE 条件表达式
```

使用 INTO 子句插入数据时，应注意以下几点。

- 新表不能存在，否则会产生错误信息。
- 新表中的列和行是基于查询结果集的。
- 使用该子句必须在目的数据库中具有 CREATE TABLE 权限。
- 如果新表名称的开头为"#"，则生成的是临时表。

使用 INTO 子句，通过在 WHEHE 子句中包含 FALSE 条件，可以创建一个和原表结构相同的空表。

2）具体应用。

① 建立一个新表。

【例 4-11】 从数据库 bookstore 的书目信息表 books 中，将书目信息插入到新的书目信息表 books1 中，并且新表中只包含出版单位为"电子工业出版社"的信息。操作步骤如下。

在查询分析器中输入 SQL 语句：

```
USE bookstore
GO
SELECT *
INTO books1
FROM books WHERE cbdw='电子工业出版社'
```

单击工具栏中的"执行"按钮，则生成新表 books1。

② 建立一个和原表结构一样的空表。

【例 4-12】　在数据库 bookstore 中，创建一个与书目信息表 books 表结构相同的空表，表名称为 "books2"。操作步骤如下。

在查询分析器中输入 SQL 语句：

```
USE bookstore
GO
SELECT *
INTO books2
FROM books WHERE 2=1
```

（5）使用 GROUP BY 子句。

集合函数进行的统计都是针对整个查询结果，一般情况下，还要求按照一定的条件对数据进行分组统计，GROUP BY 子句就可实现功能，即按照指定的列，对查询结果进行分组统计。

1）使用 GROUP BY 子句的语法格式。

```
GROUP BY 列名[HAVING 条件表达式]
```

HAVING[条件表达式]选项是指对生成的组进行筛选。WHERE 子句是对表中的记录进行筛选，而 HAVING 子句是对组内的记录进行筛选，在 HAVING 子句中可以使用集合函数，只对组内的所有列值进行统计，WHERE 子句中不能使用集合函数。

2）具体应用。

① 不使用 HAVING 子句进行分组统计。

【例 4-13】　从数据库 bookstore 的书目信息表 books 中，按照出版单位进行分组，并计算每一种类别书目的平均价格，操作步骤如下。

在查询分析器中输入 SQL 语句：

```
USE bookstore
GO
SELECT cbdw AS 出版单位,AVG(dj) AS 平均价格
FROM books
GROUP BY cbdw
```

单击工具栏中的 "执行" 按钮，如图 4-33 所示。

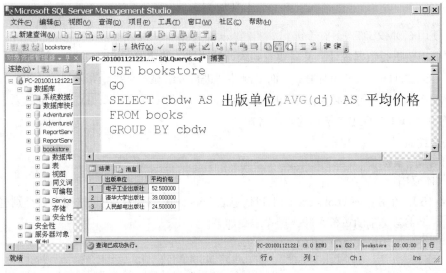

图 4-33　【例 4-13】查询结果

② 使用 HAVING 子句对分组后的数据进行筛选。

【例 4-14】 在数据库 bookstore 的书目信息表 books 中，对出版日期在"2005-03-01"之后的书目按出版单位进行分组，并要求每一种类别书目价格的平均值大于 25。操作步骤如下。

在查询分析器中输入 SQL 语句：

```
USE bookstore
GO
SELECT cbdw AS 出版单位,AVG(dj) AS 平均价格
FROM books
WHERE cbsj>='2005-03-01'
GROUP BY cbdw
HAVING AVG(dj)>=25
```

单击工具栏中的"执行"按钮，如图 4-34 所示。

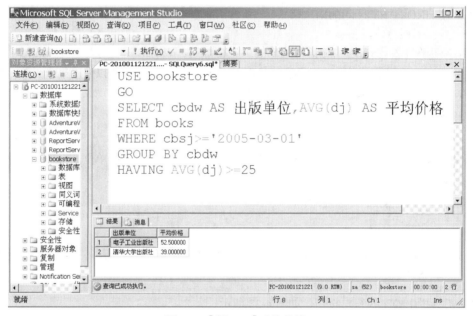

图 4-34 【例 4-14】查询结果

（6）使用 COMPUTE BY 子句。

如果既需要进行数据统计，又需要看到统计的明细，使用 COMPUTE BY 子句就可以实现此功能。即 COMPUTE BY 子句对 BY 后面给出的列进行分组显示，并计算该列的分组小计。但是，使用 COMPUTE BY 子句时必须使用 ORDER BY 子句，它对 COMPUTE BY 中指定的列进行排序。

1）使用 COMPUTE BY 子句的语法格式。

语法格式如下：

```
COMPUTE 集合函数 [BY 列名]
```

2）具体应用。

【例 4-15】 在数据库 bookstore 的书目信息表 books 中，将书目信息按照书目类别进行分组，并计算同一个书目类别的单价之和，操作步骤如下。

在查询分析器中输入 SQL 语句：

```
USE bookstore
GO
```

```
SELECT *
FROM books
ORDER BY smlb
COMPUTE SUM(dj) BY smlb
```

单击工具栏中的"执行"按钮，如图 4-35 所示。

图 4-35 【例 4-15】查询结果

（7）使用集合函数。

使用集合函数可以实现 SELECT 语句的统计功能，即在进行信息查询的同时对查询结果集进行求和、求平均值、求最大值、求最小值等操作。一般通过集合函数和 GROUP BY 子句、COMPUTE 子句进行组合来实现。

1）常用的集合函数。

集合函数如表 4-7 所示。

表 4-7　　　　　　　　　　　　　集合函数及其统计功能

集 合 函 数	功　　能
SUM（[ALL|DISTINCT]列表达式）	计算数据的总和
AVG（[ALL|DISTINCT]列表达式）	计算数据的平均值
MIN（[ALL|DISTINCT]列表达式）	求出数据中的最小值
MAX（[ALL|DISTINCT]列表达式）	求出数据中的最大值
COUNT({[ALL|DISTINCT]列表达式}*)	计算总记录数。COUNT（*）返回行数，包括含有空值的行，不能与 DISTINCT 一起使用
CHECKSUM（*|列表达式[,...n]）	对计算出的数值的和进行校验
BINARY_CHECKSUM（*|列表达式[,...n]）	对二进制的和进行校验

集合函数的使用，可以在查询结果的列集上进行各种统计运算，运算的结果为一条记录。在进行统计运算时，SELECT 子句的字段列表中不能有列名，只能有集合函数。

对于集合函数中的 ALL 子项为默认选项，表示计算所有的值；DISTINCT 表示计算时去掉重复值；列表达式是指含有列名的表达式。

2）具体应用。

① 使用平均值函数 AVG。

【例 4-16】 在数据库 bookstore 的书目信息表 books 中，对所有书目的单价求平均值。操作步骤如下。

在查询分析器中输入 SQL 语句：

```
USE bookstore
GO
SELECT AVG(dj) AS 平均价格
FROM books
```

单击工具栏中的"执行"按钮，如图 4-36 所示。

图 4-36 【例 4-16】查询结果

② 使用求和函数 SUM。

【例 4-17】 在数据库 bookstore 的书目信息表 books 中，对所有书目单价求和。操作步骤如下。

在查询分析器中输入 SQL 语句：

```
USE bookstore
GO
SELECT SUM(dj) AS 价格之和
FROM books
```

AVG 和 SUM 是指对数值型列值的求平均值与求和，它们只能用于数值型字段，并且忽略列值为空（NULL）的记录。

单击工具栏中的"执行"按钮，如图 4-37 所示。

③ 使用统计函数 COUNT。

【例 4-18】 对数据库 bookstore 的书目信息表 books，统计记录个数。操作步骤如下。

图 4-37　【例 4-17】查询结果

在查询分析器中输入 SQL 语句：

```
USE bookstore
GO
SELECT COUNT(*) AS 记录总数
FROM books
```

单击工具栏中的"执行"按钮，如图 4-38 所示。

图 4-38　【例 4-18】查询结果

④ 使用最大值函数 MAX。

【例 4-19】　对数据库 bookstore 的书目信息表 books，统计出书目类别为"计算机"的最高价格。操作步骤如下。

在查询分析器中输入 SQL 语句：

```
USE bookstore
GO
SELECT MAX(dj) AS 最高价格
FROM books
WHERE smlb='计算机'
```

单击工具栏中的"执行"按钮，如图 4-39 所示。

图 4-39 【例 4-19】查询结果

⑤ 使用最小值函数 MIN。

【例 4-20】 对数据库 bookstore 的书目信息表 books，统计出最低价格，操作步骤如下。

在查询分析器中输入 SQL 语句：

```
USE bookstore
GO
SELECT MIN(dj) AS 最低价格
FROM books
```

单击工具栏中的"执行"按钮，如图 4-40 所示。

图 4-40 【例 4-20】查询结果

MAX 和 MIN 函数分别用来返回指定列中的最大值和最小值，在执行时忽略列值为 NULL 的记录，只要指定的列是可排序的，都可以用来求最大值或最小值。

4.5.3　INSERT 语句

1．标准的 INSERT 语句

使用 INSERT 语句是最为常用的添加表格数据的方法，尤其是当通过编写程序向表中添加数据时，就显得更为重要了。INSERT 语句的标准格式为：

```
INSERT [ INTO] <table_name >
    { [ ( column_list ) ]
    { VALUES
      ( { DEFAULT | NULL | expression } [ ,...n] )
      }
    }
```

【例 4-21】对书目信息表 books 添加一条新记录，书目类别为"计算机"，书名为"SQL Server 2000 管理及应用系统开发"，单价为"62"，作者为"李晓喆"，出版单位为"人民邮电出版社"，出版时间为"2003-11-01"。

在查询分析器中输入 SQL 语句：

```
USE bookstore
GO
INSERT INTO books(smlb,sm,dj,zz,cbdw,cbsj)
VALUES('计算机','SQL Server 2000 管理及应用系统开发',62,'李晓喆','人民邮电出版社','2003-11-01')
```

单击工具栏中的"执行"按钮，查询结果如图 4-41 所示。

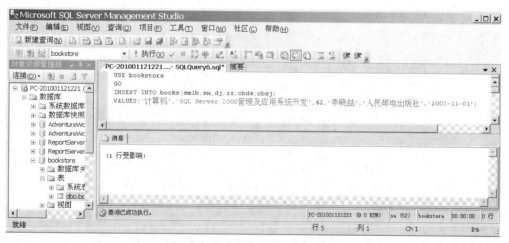

图 4-41　用 INSERT 语句插入新记录

使用 INSERT 语句时，VALUES 列表中的表达式数量要与列名列表中的列名数量相同，并且要求表达式的数据类型要与表中所对应列的数据类型相兼容。

在插入记录时，每条语句不必将所有的列都插入数据，没有插入数据的各列将自动以默认值插入。但如果在设计表结构时将某一列定义为 NOT NULL，则该列的列名和该列所对应的表达式必须出现在相应的列名列表和 VALUES 列表中，否则，服务器将给出错误提示，编译失败。在创建表结构时设置列的类型为自动增加的列不用插入。

2. 省略列清单的 INSERT 语句

在 SQL Server 中允许省略 INSERT 语句中列清单，但在 VALUES 列表中表达式的顺序必须与表中列名的顺序相同。

使用这种方式插入数据，则上例的语句变为：

```
INSERT INTO books VALUES('计算机','SQL Server 2000 管理及应用系统开发',62,'李晓喆','
人民邮电出版社','2003-11-01' ,'','')
```

4.5.4 UPDATE 语句

在日常对数据库的操作中，经常会涉及到对表中内容的更改，如更改商品的信息，用户信息等。这时便会用到 UPDATE 语句。使用 UPDATE 语句可以指定要修改的列和想要赋予的新值，通过给出 WHERE 子句设定条件，还可以指定要更新的列所必须满足的条件。

UPDATE 语句的基本语法为：

```
UPDATE <table_name >
SET { column_name = { expression | DEFAULT | NULL }}
```

【例 4-22】 将【例 4-21】中添加的记录的出版时间改为 "2011-11-1"。

在查询分析器中输入 SQL 语句：

```
USE bookstore
GO
UPDATE books
SET cbsj='2011-11-1'
WHERE smbh=8
```

单击工具栏中的"执行"按钮，查询结果如图 4-42 所示。

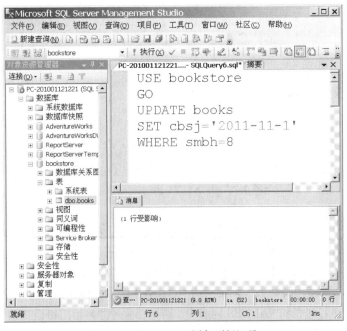

图 4-42　用 UPDATE 语句更新记录

需要用户注意的是，在上例中的 WHERE 子句是必须的，如果没有指定更新条件，操作语句将会对表中所有记录对应的 cbsj 字段的值进行更新。

4.5.5 DELETE 语句

当用户要删除数据时，就要用到 DELETE 语句，DELETE 语句的基本语法如下：

```
DELETE
[ FROM ] { table_name}
    [ WHERE   < search_condition > ]
```

【例 4-23】 通过 DELETE 语句删除上面例子中添加的记录。

在查询分析器中输入 SQL 语句：

```
USE bookstore
GO
DELETE
FROM books
WHERE smbh=8
```

查询结果如图 4-43 所示。

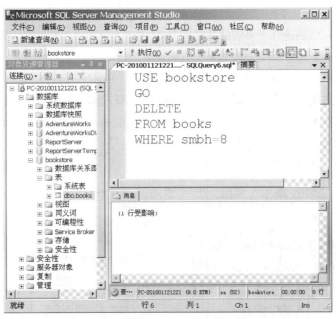

图 4-43　执行 DELETE 语句后的结果

需要注意的是，使用 DELETE 语句最好和 WHERE 子句配合使用，如果没有带 WHERE 子句，DELETE 语句将删除表中的所有数据。如下面的语句：

```
DELETE FROM books
```

该语句将删除 books 表中的所有记录，建议用户慎重使用。

4.6 本章小结

本章主要讲述了 SQL 数据库和表的操作，包括数据库和表的创建、修改和删除，以及表中数据的添加、修改和删除，同时也对 SQL Server 2005 的数据查询作了介绍。通过本章的学习，读者能建立自己的数据库和表，能对表进行各种查询，并对查询结果排序、分组，能进行数据更新语句的操作。

4.7 课堂实验

实验 1 表的创建与管理

1. 实验目的

了解 SQL Server 数据库的常用数据类型。

掌握在 SQL Server Management Studio 中创建表的方法。

掌握在查询分析器中使用 T-SQL 语句创建表的方法。

2. 实验要求

（1）环境准备：已创建叮当书店的数据库 bookstore。

（2）知识准备：了解数据库中表的相关概念。

数据库 4 个基本术语：表、记录、字段和主键。

首先要了解的数据库基本术语是"表"（Table），一般用来存储记录一组相同性质的数据。一个数据库中可以包含多个表，例如，存储管理员信息的管理员表 admin 和用于存储书目的书目信息表 books 将会放到同一个数据库中。

请看如图 4-44 所示的管理员表 admin。

图 4-44 管理员表 admin

另外两个术语是记录（Record）和字段（Field）。记录就是表中所记录的具体数据，表中的一行就是一条记录。字段是表中数据结构的抽象代表，就是管理员表 admin 第一行中的项目，例如管理员编号 Admin_id、用户名 Admin_username、密码 Admin_password 等。只要数据库支持，字段名就可以使用中文，方便理解，但是，一般因为兼容性和速度的原因，字段名都使用对应的英文或者拼音。

还有一个术语是主键（Primary Key）。一个数据表中有很多行的数据，每一行称为一条"记录"。如何来唯一地区分各个记录呢？显然必须根据记录的某个或者某些字段的值。例如，管理员表 admin，管理员编号 Admin_id 绝不会重复，因此管理员编号 Admin_id 字段就被当作唯一的区分标识。有时候很多的字段都能作唯一区分标识，或者同时需要几个字段的组合，在此，选定了其中的某一个，称之为"主键"。每个表只允许选定一个主键，一般也都应有一个主键，即 admin 表中的"Admin_id"，不允许它有重复，因此被选作本表的主键。

3. 实验目标

在叮当书店的 bookstore 数据库中创建用于存储管理员信息的管理员表 admin。

管理员表 admin 的表结构如表 4-8 所示。

表 4-8　　　　　　　　　　　　　　　管理员表 admin 的表结构

字 段 名 称	类　　型	长　　度	允 许 空	说　　　明
Admin_id	int	4	否	管理员编号，应为自动编号，设为主键
Admin_username	nvarchar	10	否	用户名
Admin_password	char	10	否	密码

4. 问题分析

注意表中主键的设计，并不是所有字段都可以设为主键。

5. 解决办法

管理员表 admin 中的管理员编号 Admin_id 字段既没有重复值，也不允许有空值出现，可以唯一标识管理员表中的记录，所以将 Admin_id 设为管理员表的主键。

6. 实验步骤

在已经建立一个名为 bookstore 数据库的前提下，创建管理员表 admin。

（1）利用 SQL Server Management Studio 的表设计窗口创建表的步骤如下。

1）打开"bookstore"数据库，在"表"对象上右键单击，选择快捷菜单中的"新建表"，如图 4-45 所示，随后会打开一个"表设计"窗口。

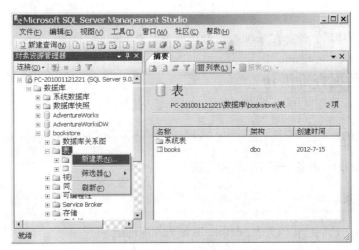

图 4-45　新建表

2）在"表设计"窗口中输入依据表 4-8 定义的所有的字段信息，如图 4-46 所示。

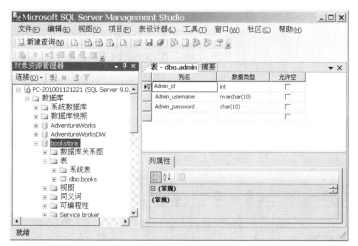

图 4-46　定义字段和设置主键

3）表中所有字段定义完成后，单击工具栏上的保存按钮 ![save]，在弹出的"选择名称"对话框中输入创建的表名"admin"，如图 4-47 所示。

4）最后单击"确定"按钮，完成创建表的操作。在 SQL Server Management Studio 中数据库 bookstore 的表对象中可以找到刚创建的表 admin。

图 4-47　指定表的名称

（2）利用 T-SQL 语句创建管理员表 admin。

在 SQL Server 查询分析器中输入如下程序：

```
USE bookstore
GO

CREATE TABLE admin
(
Admin_id int PRIMARY KEY,
Admin_username  nvarchar(10) NOT NULL,
Admin_password char(10) NOT NULL
)
GO
```

运行完上述程序后，就会在 bookstore 数据库中生成 admin 数据表。

实验 2　数据查询语句

1．实验目的

掌握 SELECT 语句的各个子句的使用方法。

2．实验要求

1）环境准备：已创建管理员表 admin，并输入相应的记录。

2）知识准备：了解 SELECT 语句中各子句参数的使用方法。

SELECT 语句按指定的条件从数据表或视图中查询数据。主要功能是从 FROM 列出的数据源表中，找出满足 WHERE 检索条件的记录，并按 SELECT 子句的字段列表输出查询结果，在查询结果中可以进行分组与排序。

SELECT 语句基本语法格式如下：

```
SELECT 字段列表
[INTO 目标数据表]
FROM 源数据表或视图[,…n]
[WHERE 条件表达式]
[GROUP BY 分组表达式 [HAVING 搜索表达式]]
[ORDER BY 排序表达式[,…n] [ASC] |[DESC]]
[COMPUTE 行聚合函数名(统计表达式)[,…n]  [BY 分类表达式[,…n]]]
```

其中各子句的功能如下。

- SELECT 子句：用于指定查询的输出字段。字段列表用于指出要查询的字段，也就是查询结果中的字段名；
- INTO 子句：用于将查询到的结果数据按照原来的数据类型保存到一个新建的表中；
- FROM 子句：用于指定要查询的表，即所要进行查询的数据来源，表或视图的名称；
- WHERE 子句：用于指出查询数据时要满足的筛选条件；
- GROUP BY 子句：用于对指定的列进行分组，列值相同的分为一组。分组列必须在 SELECT 子句的列表中；
- ORDER BY 子句：用于将查询到的结果按指定的列排序。[ASC]和[DESC]用于指定记录是按升序或降序排列；
- HAVING 子句：用于指定查询结果的附加筛选。通常与 GROUP BY 子句一起使用。

3. 实验目标

实现 SELECT 语句的各个子句的使用方法。

4. 问题分析

容易混淆 WHERE 子句与 HAVING 子句各自应在什么情况下使用，需要注意 WHERE 子句与 HAVING 子句的区别。

5. 解决办法

HAVING 子句是指对生成的组进行筛选，通常与 GROUP BY 子句一起出现。WHERE 子句是对表中的记录进行筛选，而 HAVING 子句是对组内的记录进行筛选，在 HAVING 子句中可以使用集合函数，只对组内的所有列值进行统计，WHERE 子句中不能使用集合函数。

6. 实验步骤

（1）显示指定字段的信息。

【例 4-24】 从数据库 bookstore 的管理员表 admin 中查询所有信息，只显示编号和用户名。操作步骤如下。

在查询窗口中输入 SQL 语句：

```
USE bookstore
GO
SELECT Admin_id as 用户名, Admin_username as 密码
FROM admin
```

单击工具栏中的"执行"按钮，如图4-48所示。

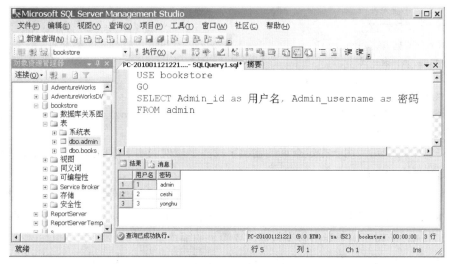

图4-48 【例4-24】的查询结果

2）在SELECT语句中使用TOP n关键字。

【例4-25】 在数据库bookstore的管理员表admin中，查询表中前2个的记录。操作步骤如下。在查询窗口中输入SQL语句：

```
USE bookstore
GO
SELECT TOP 2 * FROM admin
```

单击工具栏中的"执行"按钮，如图4-49所示。

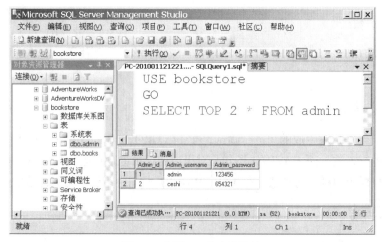

图4-49 【例4-25】查询结果

3）使用WHERE子句。

【例4-26】 在数据库bookstore的管理员表admin中查询用户名为"ceshi"的信息。操作步骤如下。在查询分析器中输入SQL语句：

```
USE bookstore
GO
SELECT * FROM admin
WHERE Admin_username='ceshi'
```

单击工具栏中的"执行"按钮，如图 4-50 所示。

图 4-50　【例 4-26】查询结果

4）使用集合函数。

【例 4-27】　在数据库 bookstore 的管理员表 admin 中，求管理员总数。操作步骤如下。

在查询窗口中输入 SQL 语句：

```
USE bookstore
GO
SELECT count(Admin_id) AS 管理员总数
FROM admin
```

单击工具栏中的"执行"按钮，如图 4-51 所示。

图 4-51　【例 4-27】查询结果

实验3 数据更新语句

1．实验目的

学会使用 T-SQL 语句对表进行插入、修改和删除数据的操作。

2．实验要求

1）环境准备：已创建管理员表 admin，并输入相应的记录。

2）知识准备：掌握 INSERT 语句、UPDATE 语句和 DELETE 语句的使用方法。

3．实验目标

掌握 T-SQL 的三种数据更新语句的使用方法。

4．问题分析

注意 INSERT 语句、UPDATE 语句和 DELETE 语句的使用要点。

5．解决办法

使用 INSERT 语句时，VALUES 列表中的表达式数量要与列名列表中的列名数量相同，并且要求表达式的数据类型要与表中所对应列的数据类型相兼容。

使用 UPDATE 语句时，WHERE 子句是必须的，如果没有指定更新条件，操作语句将会对表中该字段对应的所有的值进行更新。

使用 DELETE 语句最好和 WHERE 子句配合使用，如果没有带 WHERE 子句，DELETE 语句将删除表中的所有数据。

6．实验步骤

（1）INSERT 语句的使用方法。

【例 4-28】 对管理员表 admin 添加一条新记录。

在查询窗口中输入 SQL 语句：

```
USE bookstore
GO
INSERT INTO admin
VALUES('shiyong','345678')
```

单击工具栏中的"执行"按钮，查询结果如图 4-52 所示。

在 SQL Server 中允许省略 INSERT 语句中列清单，但在 VALUES 列表中表达式的顺序必须与表中列名的顺序相同。

（2）UPDATE 语句的使用方法。

【例 4-29】 将【例 4-28】中添加的用户名改为"syz"。

在查询窗口中输入 SQL 语句：

```
USE bookstore
GO
```

```
UPDATE admin
SET Admin_username='syz'
WHERE Admin_username='shiyong'
```

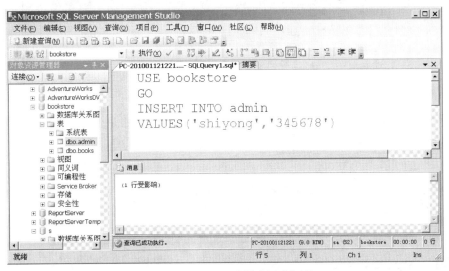

图 4-52 用 INSERT 语句插入新记录

单击工具栏中的"执行"按钮，查询结果如图 4-53 所示。

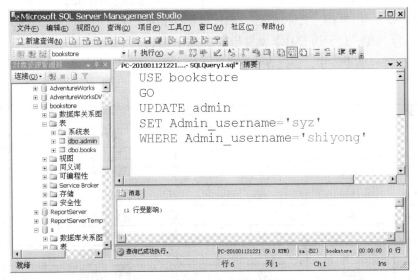

图 4-53 用 UPDATE 语句更新记录

（3）DELETE 语句的使用方法。

【例 4-30】 通过 DELETE 语句删除上面例子中添加的记录。

在查询分析器中输入 SQL 语句：

```
USE bookstore
GO
DELETE
FROM admin
WHERE Admin_username='syz'
```

查询结果如图 4-54 所示。

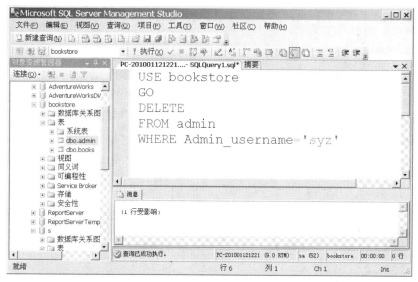

图 4-54　执行 DELETE 语句后的结果

4.8　课后习题

1. 创建一个数据库，名为 dingdang，数据文件名为 dingdang_Data.mdf，存储在 E:\下，初始大小为 2MB，最大为 10MB，文件增量以 1MB 增长；事务文件为 dingdang_Log.ldf，存储在 E:\下，初始大小为 2MB，最大为 5MB，文件增量以 1MB 增长。

2. 在 bookstore 数据库中，创建客户信息表 customers，其表结构如表 4-9 所示。

表 4-9　　　　　　　　　　　　　　customers 数据表

字 段 名 称	类　　型	长　　度	允 许 空	说　　明
khbh	int	4	否	客户编号，应为自动编号，设为主键
yhm	varchar	10	否	用户名
yhxm	char	8	否	用户真实姓名
mm	char	6	否	密码
sf	char	8	否	省份
lxdz	char	32	是	联系地址
yzbm	char	13	是	邮政编码
lxdh	char	20	是	联系电话
email	char	32	是	E_mail
shrdz	char	32	是	收货人地址
shrxm	char	8	是	收货人姓名

3. 查询客户信息表 customers 中省份为"北京"的用户信息，显示所有字段。

4. 查询客户信息表 customers 中的所有用户名和密码，要求列名用中文显示。

5. 统计一下每个省份的客户总数。

6. 在客户信息表 customers 中插入一条新记录，对应各字段的值分别为：用户名：wl；用户姓名：网络；密码：987654；省份：上海市。

第5章

电子商务网站管理

本章介绍在电子商务网站建设中如何实现对参与网站工作的人员的管理，对环境的管理，对网站运行的信息的管理，对计算机设备的管理，对网络设备的管理，对网络安全的控制。使学生了解网站建设中管理工作的重要性，理解网站管理的总体构架、计算机操作者的权限、网络系统的安全概念和设置以及计算机、服务器、网络设备的管理环节和内容；掌握基本的管理流程模式、数据管理与恢复、在网络系统中如何实现对人员的控制和整个计算机网络系统的管理。

5.1 问题的提出

进入 21 世纪，随着科学技术的发展，特别是电子信息技术的发展，整个世界已进入一个数字化、网络化、信息化的时代，特别是以 Internet 为代表的计算机网络互联的发展，计算机技术、网络技术、通信技术的应用无处不在，无所不能。在现今社会中最被人们所认识、所接受、所使用的就是基于因特网即 Internet 的应用。Internet 将分布在世界各地的为公众提供服务的各种网络系统有机地连接起来，形成了一个跨越地域、跨越时空的深入到全世界所有普通人中的涉及人们日常生活的方方面面的一个无所不在无所不能的网络世界。对于从事信息技术、电子商务应用的人员，就需要更加迫切地深入地把握当今的网络环境。今天全球的信息网络、网格计算，云技术，物联网等应用非常广泛。从专业人员角度来看，信息系统的核心技术还是基于网络互连设备、网络存储技术和数据运算技术。如图 5-1 所示，一个全球的计算机网络，每个地区通过网络核心路由器（网络节点）连接到更广阔的网络中。

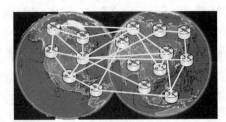

图 5-1 全球计算机网络互联

5.1.1　网络构架的变迁

1.　不同时期的网络

当今，人们对网络环境和网络应用已经"习以为常"了，并没有觉得有太多的不解和疑惑，但基于计算机的网络技术发展却经历了一个曲折的过程。首先，我们来看看基本的信息系统结构，如图5-2所示。

公共应用软件系统	Word，Excel
专用业务系统	MIS 系统，浏览器，网站运行平台
开发工具系统	C 语言，Jave 语言，图形处理
网络数据库系统	Oracle，SQL
网络操作系统	包括微软 Win2008s，UNIX 操作系统
主机服务器设备	服务器，存储设备，终端计算机
网络设备维护系统	Cisco 系统，H3C 系统等
网络硬件设备	交换机，路由器，防火墙，光纤、网线

图 5-2　信息系统构架

信息系统构架从作为基础的网络硬件设备，网络设备维护系统，主机服务器设备，网络数据库系统，开发工具系统到应用层面的专用业务系统，公共应用软件系统，每个层次的核心构成都有着漫长曲折的发展形成过程，逐步建立起现代的网络信息系统，即人们在日常生活中各个层面都需要的互联网环境。

在这里，我们简单的介绍几个层面的发展历程。作为电子商务专业所需要的网络环境，最早起源于 20 世纪 60 年代，由美国军方和科研机构发起了网络研究，当时的网络仅限于专业的专用的局域网，例如：Arpanet 等。随着技术的成熟和企业的介入，逐步建立了以各个专业网络开发企业为龙头的专用网系统，如 NOVELL 公司 Netware 系统，美国思科公司的 Switch、Router 设备。进入 80 年代，互联网 Internet 开始发展，TCP/IP 协议系统逐渐成为网络标准；进入 21 世纪，无线网络、802.11n、IPv6、网络计算、云技术成为最新兴的网络发展空间和应用。

作为电子商务开发平台的计算机操作系统，这里只就美国微软公司举例，其产品经历了从 20 世纪 80 年代进入中国市场的 Windows 3.0（中文版）到 90 年代的 Windows95、Windows NT ，进入 21 世纪后的 Windows 2000 Server、Windows Server 2003 、Windows Server 2008 全系列产品。

作为电子商务开发和应用环境，也是有着多彩的发展，浏览器从 20 世纪 80 年代进入中国市场的美国网景 Netscape 公司的 Netscape Navigator 浏览器工具，到 90 年代的美国微软公司的 IE 浏览器，进入 21 世纪各类产品闪亮登场，给广大用户更多样的选择。在开发工具方面，从早期的 C 语言，到后期的 Java 语言，到现今的各类高效专用开发工具，例如：FrontPage 和 Dreamweaver 等系列产品。

至于普通电子商务用户，也越来越"随意"地使用各类工具在线浏览信息，从早期的专用计算机终端上的浏览器软件，到现今的手机在线上网，便携式 iPad 计算机，从生活的各个方面各个角落都为广大用户提供了最佳的及时的快捷的信息平台。

2.　电子商务的地位与构架

在图 5-1 中可以看到基于全球的网络构架的庞大的体系，在图 5-3 中可以看到一个信息系统的组成。作为电子商务网站的普通网络用户所面临的只是通过网络浏览软件访问到要访问的各类网站，并不知道网络中存在着众多的为全球用户提供各类服务的网络运营商，这些网络运营商维系着一个专业的网络体系并连接到全球的网络中为广大用户提供各类服务，这些网络运营商必须维系着一个全面完善的体系，并借助于 Internet 的科学的管理才能有效地实现其功能。

在图 5-3 中表明了一个电子商务网站的综合构成，它从各个方面为广大的互联网用户提供全面的服务。其中包括提供本地服务的 DNS 服务器、WWW 服务器、电子商务服务器、邮件服务器、FTP 服务器、搜索引擎服务器等。

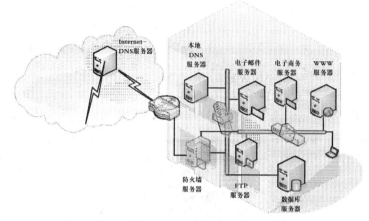

图 5-3　电子商务网站的宏观构架

从图 5-3 可以看出，人们日常访问到的电子商务网站通过一个庞大复杂的网络系统连接到一个具体的电子商务网站的局域网中，网络一旦正常连接，Internet 的普通用户和开发运营商用户之间就可以实行互访。互访使网络用户享受到该网站的各类服务。

每一个 Internet 服务商（ISP）是如何构成的？它是由一系列完成特殊功能的服务器构成，同时又由数量不等的计算机实现对服务器的管理与维护。

图 5-4 所示为电子商务网站内部的网络构成，它主要区别于图 5-3 所示的电子商务网站的宏观架构，是对网站运营机构的内部管理，主要包括了：防火墙服务器、域控制器、后台数据库服务器、文件服务器、个人工作开发设备等。

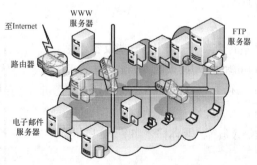

图 5-4　电子商务网站内部构成

这时对 ISP 来说，Internet 给 ISP 自身的一切带来了前所未有的挑战。这种挑战是多方面的：有大量的用户访问、非正常的访问、恶意的破坏、高标准的功能需求、海量数据的汇聚、信息的快速更新、自身系统的升级等。以上这些使得一个网络服务提供商面临着多方面的管理和维护工作，面临着来自各方面的需求。

快速更新、自身系统的升级等。以上这些使得一个网络服务提供商面临着多方面的管理和维护工作，面临着来自各方面的需求。

因此当一个网站建好后首当其冲的就是如何保证网站的正常运转，如何管理与维护好网站，如何使网站及维护网站的计算机网络系统有条不紊地工作。这一切都需要在设计网站时进行充分的考虑和妥善的安排。

在电子商务网站的构架中还有一种代表性的模式，就是"托管模式"。这种模式的特点就是电子商务运营商把针对普通用户访问的信息，上传安装到网络内容服务商（英文为 Internet Content Provider，简写为 ICP）的服务器硬件集群体系中，而自己的开发维护机构在一个比较容易实现的局域网环境中运转，将完成的服务产品上传到租用的可以支持互联网众多用户访问的具有强大功能的服务器中，从而更好地为互联网用户提供方便、快捷、高效的电子商务服务。该模式如图 5-5 所示。该模式与上一种模式的显著区别就是所要发布的信息上传到指定服务器中，运营商本身减少了发布网站的维护成本，这个维护涉及了诸多的工作，从而大大减轻了电子商务运营商的维护负担，同时提高了电子商务运营商在其产品开发和产品维护上的运行效率。作为电子商务运营商自身的网络维护人员的工作内容也更加集中到内容局域网的管理与维护上。

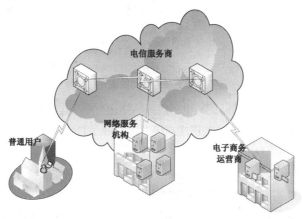

图 5-5　电子商务网站"托管模式"

5.1.2　管理构架体系

前面已经就电子商务网站的构架——列出，这些设备环境实现了网站的各项功能，但所有功能的实现必须由一个高效的管理机构来维系，管理机构涉及人员、环境、信息等各个方面，这个管理机构有项目策划人员，有信息录入的操作人员，有网站各项功能的开发技术人员，有硬件设备维护人员等，具体描述如图 5-6 所示。

信息编辑人员、环境维护人员、功能开发技术人员、功能开发技术人员、信息录入人员	规划管理
	应用管理
	数据管理
	系统管理
	设备管理
	环境管理

图 5-6　电子商务网站内部管理

1.　人员管理

在一个电子商务网站的运营中，包含着各类人员，在图 5-6 中已经列出，而这些工作人员从事着网站的方方面面的工作，相互之间有着密不可分的联系，每个岗位每个人员都有着举足轻重的地位，因此必须非常科学严谨的加以责任与权力相统一的管理。

2.　网站规划

涉及网站的整体运营、网站的风格、网站的框架结构等相关工作，虽然不涉及网站具体工作但工作结果直接关系后续人员工作的成效，因此对其内容和历史沿革必须进行有效的管理。

网站应用开发管理是指涉及网站的所有开发性工作，这些工作包括，网站各项功能的程序设计、所有图像的平面设计、各类数据统计分析设计等。这些工作是网站的最核心工作，内容繁杂，参与的人员众多，而且相互之间有着密不可分的关联，因此要有着科学严谨的管理。

3.　系统管理

在信息系统构架中，支撑应用系统和相关开发工具运转的是计算机系统。操作系统是维系计算机设备与应用系统的桥梁与基础，操作系统的稳定直接关系到构架在上面的所有软件的稳定。特别是在现代信息应用中，存在各类对系统的破坏如：计算机病毒和黑客等，因此，系统管理关系到电子商务网站的产品是否能形成、各类服务功能能否被广大网民及时应用，因此必须加以全面的维护，如图 5-7 所示。

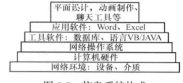

图 5-7　信息系统构成

4.　数据管理

在网站运营中，涉及各类信息，其中最主要的有产品的文字、图片、图像、声音等，产品的详细的性能技术参数和价格数据，网站访问客户刷新信息等，而且这些数据又都有着详细的年代、日期、时间等历史沿革。更特别的还有各类信息的后台支持信息，例如：各类信息日志、各类信息关联数据、各类信息算法、各类信息的量化分析统计、各类信息索引体系等，这些信息统称为数据，它涉及信息的更新保存和个人隐私以及商业秘密，因此必须安全地管理。

5.　设备管理

通过图 5-7 可以看出，计算机及附属信息输入输出采集加工设备是整个网站构架的基础，所有的软件功能都必须通过硬件设备才得以正常地实现。随着信息加工技术的更新，随着信息系统维护技术的更新，越来越多的新技术新装备进入电子商务网站的运行中来，这就更加需要加强信息系统的各类设备的管理与维护。

6.　环境管理

环境是指电子商务网站机构的运转环境，包括网站一线环境和辅助工作环境，而这些都需要基础的电力、工作房间、设备间等，对这些设施的有效管理可以保障在此环境上的网络设备及计算机系统的正常运转。

如今，往往是创建网络系统或网站时投入了大量的硬件资金和软件资金，硬件设备先进，软件功能齐全。但是，当电子商务网站真正投入商业运行时，海量的用户访问，即时高效的产品信息，最新的客户反馈意见，出新的网站页面和营销模式，都发生着前所未有改变。但如果出现网页内容陈旧，相关网页链接中断或差错，提供的功能不具备或实现不了，邮件管理混乱，资源被占用，网站经常被黑客攻击等问题，就会给网站运行带来灾难性的后果。出现这些问题说明：计算机网络系统建设好，网站投入运行后，关键的工作是如何管理维护好系统，使之成为为用户提供稳定服务的系统，使之成为有生命力的、提供全新优良服务的系统。

在一个网络服务商管理一整套网站的工作中，面临什么样的管理工作呢？如何去做好这些管理工作？这些正是本章将要讨论的内容。

5.2　人员管理

在一个信息类系统中特别是电子商务网站正常运转后，形成了固定的工作流程，建立了各类规范，形成了各类信息数据，当这些软件、硬件、数据系统保持完好时，使用控制它的人将起到关键的作用。

在本节中只是对计算机操作人员进行分析，不对计算机环境管理人员分析。

5.2.1　人员构成

在网站的日常工作中虽然有着更加先进的信息管理系统，虽然有着高效的团队，虽然有着一整套规章制度，虽然有着一个严密的监督检查核实机构，但是所有的这些都是需要一个具体的执行者来完成，需要一个有着强烈的责任感和工作热情的岗位职员来具体操作，而每个人所处的岗位不同，其工作内容工作要求都有着非常大的差异，因此必须分清岗位的差异及各位执行人的特点。

1.　网络系统最高管理人员

在这里，我们把一个综合的企业网站和计算机网络系统分成 2 大维护体系，一个是硬件体系，一个是软件体系。作为维护人员有时需要扮演双重角色，在维护硬件的同时也要不可缺少地维护软件体系，例如交换机路由器防火墙等，但在这里重点分析的是作为计算机的软件系统。

网络系统在默认情况下有一个最高决策者，他是整个系统的最高管理者和权力的拥有者，具有在系统中绝对的权威和能力。在整个网络系统的各个环节、各个区域都可开展工作。在现有网络操作系统中，基本都采用这个方式建议管理，例如在 Windows Server 2008 产品中就有：全局型全局管理员——Domain administrators，本地管理员——Administrator 等，如图 5-8 所示的系统超级用户管理员。

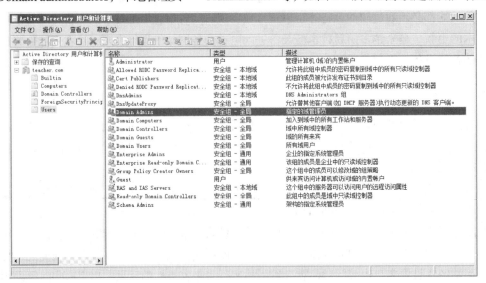

图 5-8　系统超级用户管理员

2. 系统安全审核与监督人员

　　不管是在日常的工作中还是在一个计算机系统中，对各项工作的监督是非常重要的，因为不管系统管理设计得如何周到，设计得如何完善，总会出现意想不到的问题。从科学的角度分析，任何进程的实现都不可能百分之百地完善不出现故障，更何况作为电子商务网站，所有的软硬件均需要人员控制，执行者会因各种原因在执行时造成故障，因此说，"不可能避免故障，关键是出现故障后能查到产生的原因"。这时就需要在系统中能够记录下运行过程，对其进行监督。在 Windows Server 2008 网络操作系统中有着完善的安全审核与监督系统，分别通过资源对象的图 5-9 所示的审核策略建立、图 5-10 所示的审核设置、图 5-11 所示的审核日志查看 3 个方面完成，有关内容请参看 Windows Server 2008 相关技术手册。

图 5-9　审核策略建立

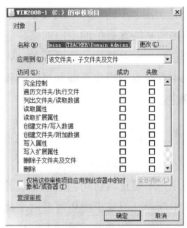

图 5-10　资源对象审核设置

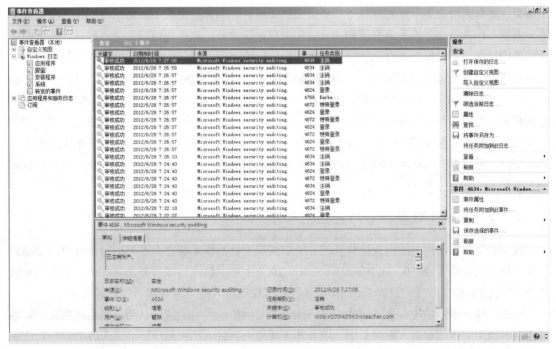

图 5-11　资源对象审核日志

3. 账号与权限管理人员

在现实生活中人们已经逐步认识和习惯了信息操作的基本方式。在一个有着完善的安全机制的计算机网络操作系统中，任何进入计算机系统的操作者不是拥有在现实环境中的权力、地位、金钱，而是信息系统所识别确认的数字身份，即数字账户（用户名）和密码。进入系统的唯一的方式就是在该系统中建立一个用户账号和一同使用的密码。

随着互联网的广泛应用，在各类网站及数字化环境中各类用户都要建立各自独享的一套认证名称和密码，要想保障广大用户正确安全地使用电子商务系统就必须对其用户信息进行维护，首先取决于有无用户名和密码。

对于各个不同需求不同安全等级的用户群的管理，必须由尤其特殊身份的专门的账户管理员负责完成其用户信息的建立与维护。在微软的 Windows Server 2008 系统中有着专门操作界面和操作流程，如图 5-12 所示的用户建立。

图 5-12　用户建立

4. 服务器开启（运行）与停止的控制人员

大至在互联网中，小至在一个以 Windows Server 2008 为网络操作系统的网络环境中，如果普通用户不能正常访问网络资源，其原因多种多样，比如软件不兼容、访问权限不足、网络连接介质中断等，但这里面更需要网络维护人员加以注意的就是提供相关服务功能的服务器被非正常关闭，其带来的严重后果是不可想象的。

现在信息技术的普及已经到了人们生活的各个层面，例如：在日常生活中你到工商银行去交水电费，银行人员会提示你到自动缴费处去完成交易，如果你想在人工柜员机得到服务将会被拒绝，而且工作人员会手把手地引导你在自动柜员机完成业务，这点说明信息化已经深入到人们生活的各个层面，不管你是否自愿。但这就要求提供网络服务、提供功能服务的核心设备、专业服务器必须保证其全天候的正常的工作，而不能任意地由不经授权的人员开启（运行）、停止与关闭。

接入 Internet 的计算机网络系统、域名解析（DNS）、域控制（AD）服务器、WWW 服务器等均是关键设备，其运转应该受到严格控制。在网站中，核心的硬件设备，如网络服务器、域控制服务器、WWW 服务器、E-mail 服务器、专用 UPS 等这些设备，必须正常运行，不能像个人计算机那样，随意开关。在整个网络中网络操作系统等服务器的开启（运行）与停止需有专门权限的人操作。

5. 专门系统（服务器）功能控制人员

在一个服务器硬件上运行着操作系统，一般情况下在操作系统之上要再运行具有专门功能的功能软件（服务器）。例如，在 Windows Server 2008 上再安装运行域服务器软件，使之成为域服务器，运行 IIS 服务器使之成为 Intranet 服务器，实现局域网内的 WWW、FTP 等功能。

那么，这些专用功能服务器应当由谁完成管理与维护呢？有的读者认为应当由网络系统管理员完成，因为它控制着进入操作系统（服务器）的权力，进入操作系统后才进入各类专用功能服务器。但是各类专用功能服务器的各项功能丰富而且复杂，如果只要进入操作系统，就由负责操作系统的管理人员完成后续工作。系统管理员因此会承担大量的工作，同时系统管理员被赋予更高的权力，一旦系统管理员出现问题，整个系统将面临严重的问题。

　　因此，进入操作系统后应当由功能服务器的专门管理员完成其专业的服务器管理和维护工作，以 Windows Server 2008 为例，如图 5-13 所示的服务器角色配置。

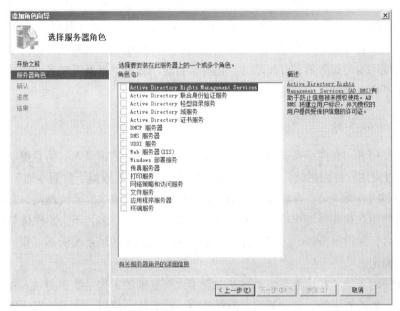

图 5-13　服务器角色配置

- 文件服务器：管理网络系统中所有文件目录（文件夹）及文件。
- 打印服务器：管理网络系统中所有拥有独立 IP 地址，可共享的打印机。
- IIS 服务器：支持管理 Internet 信息。
- 应用服务器：安装、维护应用软件。
- 数据库服务器：安装、管理网络数据库。
- Web 服务器：运行 Web 的服务器。
- 证书服务器：安装、维护软件授权登记。
- 防火墙服务器：安装、维护防火墙软件。
- 远程访问服务器：控制、管理远程访问系统用户。
- 备份服务器：管理信息备份。

　　从以上分析可以看出，一般在网络系统的环境下有专门的功能性服务器管理与维护工作，每一个专项服务都由专门的服务器实现。最明显的一个特点就是，每个专业服务器在其初始化构架安装时均要提示安装人员，是否建一个独立的不同于系统超级用户的管理员账户，这个管理员账户一般称之为本地管理员账户。从这点就可以看出，专业服务器的管理维护工作，必须通过专门的管理员完成相应的工作，彼此协调形成一个统一的网络系统。

6. 软件开发与维护人员

　　在网络系统中，除了安装有操作系统的专项服务器工作。维护服务器工作需要专门人员完成外，安装在各个计算机服务器或独立计算机上、为整个计算机系统和网站提供应用功能的软件，也需要软件开发人员就软件自身的功能进行维护，需要软件开发人员在原有的基础上继续开发新的软件。

因为任何一个软件都会受各种因素的制约，软件自身存在着缺陷。当软件运行在一个系统中，特别是在商业网站上就会出现各种故障。

任何一个软件都不可能实现所需的所有功能，这时需要有多种途径解决：由开发维护人员到现场解决；由软件开发商提供软件升级版本；软件人员借助开发工具（软件）开发新的应用软件。

这些工作都需要专业软件维护人员完成，他们在工作时根据系统对软件的需求，既要使用系统环境，又要使用专门服务器、开发软件，还要运行应用软件，涉及系统各个层次的工作。在维护时要跨硬件平台，因此这部分工作是整个系统最复杂的工作。

7. 软件应用人员

（1）基本使用者。在网络系统及网站中大量基础的工作是数据录入、信息更新、信息阅读、数据传递（通过应用软件向网站传送被管理网页数据，或将相关数据下载到本地）。这些内容涉及系统及网站内部的各类人员，也涉及普通用户。他们频繁地"进出"系统网站，并伴随着大量的数据交换。这些用户往往是工作单一，所涉及其他方面的工作不多，不会出现像软件维护人员那样的对系统平台、专门服务器、应用软件的改变。这类用户往往是系统所不可知的，进入系统或网站的地点不确定。

（2）专业使用人员。在网络系统及网站中除了大量基础的工作是数据的录入外，还有相当多的工作在进行，如功能更新、信息调用、信息处理、辅助软件使用、个人数据处理。

这些对网络系统和网站的需求相对来说要高。这些用户一般不会涉及系统平台和专门的服务器，但是他们频繁地调用应用软件。

例如，做图像维护的人员调用图像制作软件 Photoshop，数据分析人员调用统计软件 Excel，网页更新人员调用 FrontPage 软件等。

除此之外，系统及网站的行政人员也有相应的工作需要使用相应的软件。

8. 访问者

网络系统和网站都给访问客户提供了进入系统的通道，这个进入者一般称为来访者或客人。他们在网络系统或网站中只能是一个旁观者，例如，标题浏览、网页访问。

5.2.2 权限分布

在本书前面对借助 Windows Server 2008 网络系统及网站开展工作的人员的工作性质和工作界定范围进行了初步地分析。在这当中涉及各类操作人员的权限时，首先要明白以下 3 个方面的概念。

- 账户与密码——是指使用计算机人员的数字符号。
- 资源对象——信息存储的位置，在 Windows Server 2008 中分成 4 个层次，不同的计算机——卷，计算机硬盘上的不同区域——分区，各个分区下区域——文件夹和文件夹中包含的具体信息载体——文件。
- 权限——指在指定的资源对象上的指定账户所拥有的对信息处理的能力。

用一种通俗的语言表达就是：谁、在哪里、可以做什么，即指定的账户在指定的资源对象中具有指定的权利。

因此，所有在计算机网络系统中，建立用户账号并进入计算机系统的每个用户应当拥有多大的权力，对网络和网站的信息及数据有多大的处理能力？要针对这些用户的工作需求来分析、设计其权限。看看这些人员在系统中需要什么权限，需要多大权限？当被赋予一定权限后，责任范围内的工作能否正常完成？超出责任范围外的功能及软件是否被禁止？

因此要对计算机用户使用的资源（软件、数据）所需权限进行分析。分析计算机用户对资源的权限是指对所有资源可能拥有的权限，有些权限可能暂时不需要。实际上在进入系统对资源的使用时，这些所拥有的权限可以根据需求进行变化。

在这里我们以微软公司出品的最新 Windows Server 2008 网络操作系统为平台向读者介绍这种针对资源对象不同权限的设计。图 5-14 所示为针对"2008 测试文件夹"资源对象权限配置。

1. 列出文件夹目录

只能列出（看一看）指定的文件名或目录，以及子目录。但不能对文件实现包括"运行"在内的任何处理，同时不能对目录进行任何处理。

在 Windows Server 2008 中对指定文件夹——宠物网站的"浏览"权限进行查看、分析的操作步骤如下。

① 进入指定文件夹（宠物网站）：打开"资源管理器"，指定文件夹。

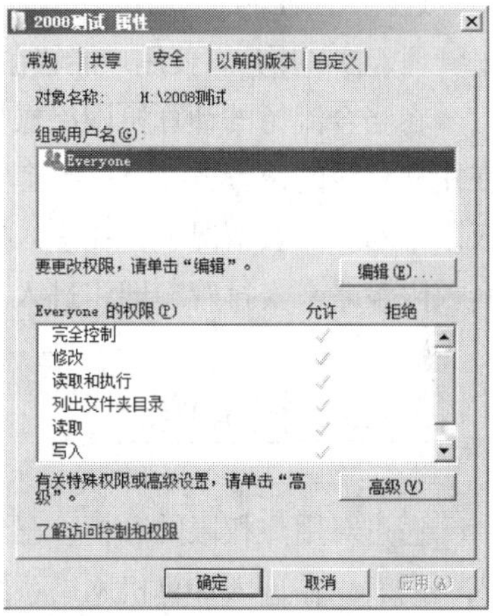

图 5-14　针对"2008 测试文件夹"
资源对象权限配置

② 查看权限的设定：单击鼠标右键，在弹出的快捷菜单中选择"文件夹→属性→安全→Everyone"命令，如图 5-14 所示。

2. 读取

用户在指定资源对象中的可读文件，例如：以*.DOC 后缀名结尾的可阅读文件。

3. 读取和执行

用户在指定目录下读数据，如果该文件是应用程序即可运行该文件。例如：以*.exe 后缀名结尾的可执行文件。具体查看方法与前一个示例相同，这里不再介绍。

4. 写入

用户在指定目录下创建目录、创建文件，并可往文档文件中写入新的内容，但不能运行该目录下的文件，不能修改该文件。

5. 修改

用户对该资源对象的子目录及所包含的文件修改、删除。具备该权限的用户可自动拥有修改即包含前边提到的几个权限。注意，该权限不能删除资源对象本身。

6. 完全控制

不言而喻，"完全控制"就是该用户在指定目录下拥有所有权力，什么都能够处理。

通过对用户的分析看出，将所有用户对软件和数据的控制可以划分出 6 个方面。基本上覆盖了用户的需求。

> 首先应确定，这里分析的用户，应确定是能够进入计算机系统的用户，不考虑用户受到的时间、地点等限制，只分析进入计算机后的权力。

这样，当任何一个用户进入计算机系统后，均可以通过即将进入该目录和子目录的用户权限限制来管理、控制用户，使用户能够在一个规范、有序、安全的条件下完成指定工作，实现所需功能。

在当今流行的计算机网络操作系统中，用户权限是网络操作系统一个非常重要的组成部分。在用户权限的设置方面有一整套策略。同时，作为一个成熟的专用服务器，应用软件均有一整套权限策略。一般情况下，在进入应用软件之前首先要进入系统，这时，系统管理员均借助其一整套权限策略来安排管理即将进入系统的用户，然后该用户再根据需求进入专门服务器或应用软件。

5.2.3　权限控制

通过对用户权限的分析，已经总结出 6 个方面，即完全控制、修改、读取和执行、读取、写入、列表。在进入计算机网络系统后，用户将依据赋予的权限完成相应工作。

但是，一个完善的网络系统与网站，不只是通过权限来管理用户，还可以通过多种方法实现。可以通过以下的分析来实现对用户更完善地管理。

1. 账号和密码

这是一个传统的方法，即每一个计算机用户在进入计算机网络系统时或进入专门服务器时，均使用用户名和密码。

用户名：是进入计算机系统的唯一标识名。

密码：实际是一组不显示出来的数据。

每一个系统对用户名和密码的使用都有严格的使用策略。例如，密码的长度，密码所使用符号，密码设置的权限（由用户本人设置或管理员设置），密码的有效时间。

在 Windows Server 2008 域服务器中账号、密码设置的操作步骤如下。

① 进入管理工具：选择"开始→控制面板→管理工具→Active Directory 用户和计算机"命令，如图 5-15 所示。

② 设置用户账号、密码：单击鼠标右键，在弹出的快捷菜单中选择"Users→新建→用户→输入相关信息→下一步→密码"命令，单击"完成"按钮，如图 5-16 所示。

图 5-15　"Active Directory 用户和计算机"窗口

③ 设置时效：选择"开始→控制面板→管理工具→Active Directory 用户和计算机→Users→某个用户→属性→账户→账户过期→设置"命令，单击"确定"按钮，如图 5-17 所示。

图 5-16　"新建对象-用户"对话框

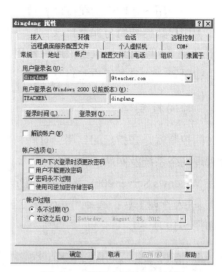

图 5-17　"用户属性"对话框

2. 位置限制

前边已经分析过，在网络系统及网站中，有各种人员完成各自的工作。有的工作非常重要，涉及系统；有的涉及专门服务器，而且由放置在办公所在地的计算机系统及网站完成。完成这些工作的人员不允许随意地改变办公地点和使用的计算机，因此对相应的用户应限制其使用的计算机，即使用的某个用户账号必须在指定的计算机进入计算机网络系统及网站，完成相应的工作。

通过这种手段的控制，可以根据用户账号所完成的工作的性质作相应的管理，更好地解决系统安全问题。

例如，系统管理员、账号管理员必须在主服务器上进入系统，技术人员必须在指定的计算机进入系统。一般数据录入必须在指定区域的计算机进入系统。

在 Windows Server 2008 域服务器中设置指定用户在指定计算机登录的操作步骤如下。

① 进入管理工具。

② 用户属性的设置与前边例题操作相同。

③ 设置登录计算机：选择"属性→账户→登录到→下列计算机→输入指定计算机名"命令，单击"确定"按钮，如图 5-18 所示。

在图 5-18 所示的界面中输入当前用户能在网络中使用的登录域服务器的计算机名。

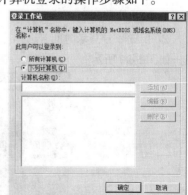

图 5-18　"登录工作站"对话框

3. 资源路径

（1）运行应用软件目录。不管是软件维护人员还是数据录入人员，不管是网站访问用户还是一般管理人员，在使用其用户账号进入计算机后均运行某个应用软件或程序维护软件，这时应用软件由众多的用户调用运行。因此需将应用软件保存在一个指定目录，同时分别设置用户的使用权限，这样在用户要运行软件时，用户必须拥有调用这些软件的权限，即软件保存目录是允许该用户执行相应的操作。这样便于对用户权限的统一管理。所以，同一个用户在软件所在目录和数据保存目录的权限是不同的。

（2）用户数据调用与保存目录。每一个用户账号进入计算机后都应有他保存数据或处理数据的指定目录，这些目录提供给该用户使用，该目录及目录下的文件由用户自行管理。

具体设置方法参考用户权限设置。

4．时间控制

时间控制就是在指定的日期、时间，登录系统的账户进入计算机网络系统及网站。这样更有效地管理网络系统及网站。

在 Windows Server 2008 域服务器中设置账号登录时间的操作步骤如下。

① 进入管理工具：选择"开始→控制面板→管理工具→Active Directory 用户和计算机"命令，如图 5-19 所示。

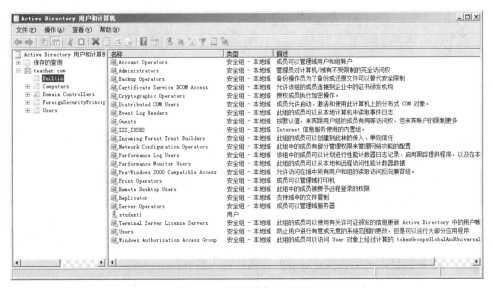

图 5-19 "选择用户"对话框

② 设置账号登录时间：选择"用户→属性→账号→登录时间→设置"命令，单击"确定"按钮，如图 5-20 所示。

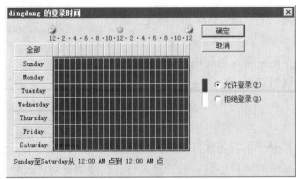

图 5-20 "用户账号登录时段"对话框

5. 资源处理程度限制

这方面在前边已经分析，其权限设置决定了对资源处理的程度。

6. 对用户权限的综合应用

在当今，计算机的应用已经到了非常普及的程度。但是，是什么因素制约了计算机的深入的应用呢？通过分析可以看出，用户对计算机系统的控制程度决定了对计算机的信任程度。这种信任就应当通过具体的问题的提出，并加以解决来实现，下面来提出具体的问题。

- 什么人能使用计算机？
- 该使用者只能使用哪台计算机？
- 该使用者在什么时间能使用指定计算机？
- 该使用者能运行什么应用软件？对该软件应用的程度？
- 该使用者对数据处理的范围？
- 在计算机系统中何处保管相关数据？对保管数据处理的程度？
- 对保管数据的区域大小有何限制？
- 对以上内容如何通过管理机制进行监督？

以上这些问题是计算机应用的主要问题，可以通过下面的步骤加以解决。

（1）指定账户使用计算机。什么人能使用计算机是通过在计算机系统中建立指定账户，并针对该账户设置相关密码，密码应遵循"复杂密码策略"，同时密码根据需要在规定的时间内进行更换，更换者根据要求由账户自己完成或由管理账户完成。

（2）指定账户使用指定计算机。该使用者只能使用指定计算机。在基于 Windows Server 2008 的系统中针对每一个账户，在账户属性中针对该账户可以登录的计算机有两种设置，一种是任何计算机；另一种是指定的计算机名称，如图 5-19 所示。系统管理员可根据需求设置。

当操作者被确定使用某计算机时，如果计算机的物理放置地点固定，则指定账户必须在指定地点使用该计算机，从而限制关键账户在不该登录的地点使用计算机，避免出现由于账户登录地点变换出现的安全问题。

（3）指定账户在指定时间使用指定计算机。当指定账户被限制了计算机后，在该计算机允许使用多长时间要特别注意，因为关键账户并不是可在任意时间使用计算机。比如，有些账户只能在上班时间使用，这样该账户登录计算机的时间限制在早 9 点至下午 6 点。

（4）指定账户使用指定软件。在一个企业中，一个网络环境下，大家基于一个公共平台，共同完成相关或独立的工作，每个账户不可能都从事相同的工作，因此每个账户的具体应用也就不同，这样对每个账户的应用应作出限制。例如，走进单位大门，是不是都可以随意进出每个房间？是不是可以随意翻看与自己无关的材料呢？很显然是不可以的。在现实中大家都认同和遵守这个规定。随着日常工作的计算机化，随着计算机工作的网络化，在网络环境中所有的设备和应用软件均处在一个公共的环境下，这时就需要对每个账户所使用的软件和对软件使用的程度进行设置。例如，有的账户对指定软件可以运行、更改、控制；有的账户只可以运行；有的账户不能运行只能浏览，因此就需对软件的安装位置进行严格的限定和设置，这样就可针对不同的用户进行不同的设置。

（5）指定账户对被指定软件的使用权限设置。指定账户对软件有了使用的区别，同时对运行软件产生的不同数据的应用也应有不同的存放位置和处理。例如，通过计算器完成的相关财务账务计算，其计算结果涉及企业机密，因此对计算结果要存放在不同的档案柜中便于不同的人来查阅。那么，计算机产生的数据应对保管位置进行设置，这个设置一般在对应软件安装或软件维护时进行。

（6）指定账户对指定文件夹的权限设置。当数据在指定的分区（文件夹）保存时，不同的账户对数据有不同的处理权限。对数据的处理有完全控制、更改、运行、读取、浏览和拒绝。这样使得在计算机保存的信息可以因账户身份的不同决定其对数据的不同应用。

（7）指定账户对指定文件夹的大小限制。对于每一个计算机系统中的账户均有其自己要保管的信息，这些信息是由该账户自己保管，并拥有完全的控制权。但作为计算机系统其存储资源并不是无限的，就如同每个人在办公室只有一个办公桌和有限的几个抽屉，能放置的物品仅限于抽屉的大小。在计算机中对账户使用资源的限制称之为"磁盘限额"，这样来控制每个账户对硬盘的使用。

通过采取上述对账户及其相关的设置基本上可以实现对使用计算机人员的全面、有效的管理。

5.2.4　历史沿革

1．日志的提出

在前面 5.2.1 节中向读者详细地介绍了网站系统中各类管理人员及相关的管理工作。各类管理人员均有其各自的工作，他们的工作涉及系统的各个方面，每个方面都对系统的整体有着至关重要的作用，一个环节出现问题会影响整个系统的正常工作。因此对各类人员所就行的工作应采取规范的管理。这些管理不只停留在制度上和对其工作的信任上，还应借助计算机系统所提供的功能实现其管理。这些功能约束、限制了各类管理工作，使整个系统工作安全可靠。

但是即使具备再完善的系统及相应管理、再自觉的操作人员也会出现意想不到的问题甚至更严重的故障或灾难，在这些问题中不能排除来自系统内部具有相当管理权限的工作人员的工作失职和有意的破坏。这时，作为整个系统的管理工作应有更完善的机制来加以管理。作为一个功能完善的网络操作系统具备一项特别的功能，即对所有进入系统的对象包括账户、设备、终端等的所有操作的详细记录，一般称"系统日志"。

2．日志的设置

在不同的网络操作系统中均具备"系统日志"管理功能，但不同网络操作系统有着不同的具体实现功能，本书以微软公司的 Windows Server 2008 为例介绍该功能的应用。

在 Windows Server 2008 可实现对指定账户、指定客户机、指定外设、指定对象、指定资源所完成相关的功能的成功或失败的详细记载。在该系统中"系统日志"称为事件审核。要实现该功能需通过以下 3 组操作构成。

（1）审核策略类型设置。指定了要审核的与安全有关的事件的类别，包括审核账户登录事件、审核账户管理、审核目录服务访问、审核登录事件、审核对象访问、更改审核策略、审核特权使用、审核过程跟踪及审核系统事件。

在以上各个选项中，选定其中相关内容，设置为审核。

（2）为指定资源、指定账户设置审核项目。选定指定的分区或分区中的文件夹，通过属性中安全的"高级"设置，完成对指定账户的一系列操作，设置审核。

（3）通过安全日志实现事件查看。在以上设置完成后系统具备了审核功能，但作为管理者如何查阅相关信息？这时可以通过调用"安全日志"查看。

在 Windows Server 2008 中实现审核策略的操作步骤如下。

① 审核命令类型设置：选择"开始→控制面板→管理工具→本地安全设置→本地策略→审核策略"命令，如图 5-21 所示。

② 设置审核对象访问属性：单击鼠标右键，在弹出的快捷菜单中选择"属性→选定"命令，单击"确定"按钮，如图 5-22 所示。

③ 为指定资源、指定账户设置审核项目，选择账户：单击鼠标右键，在弹出的快捷菜单中选择"文件夹→属性→安全→高级→审核→添加→高级"命令，单击"立即查找"按钮，如图 5-23 所示。

图 5-21　"本地安全设置"对话框

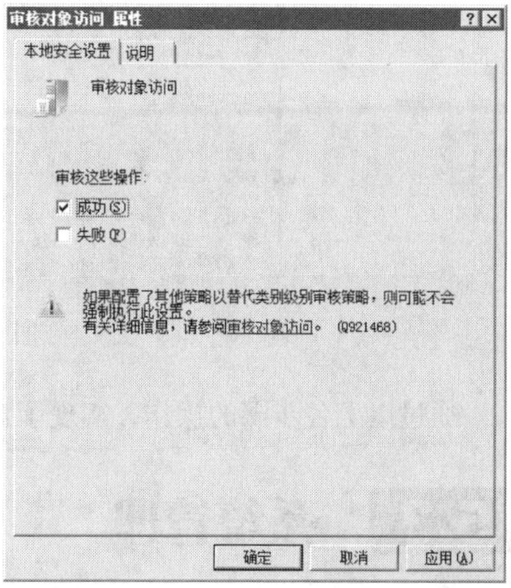

图 5-22　"审核对象访问属性"对话框

④ 针对指定账户的审核项目确认，如图 5-24 所示。

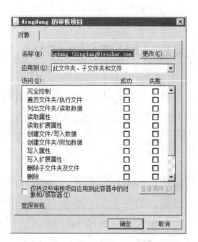

图 5-23　"选择用户或组"对话框

图 5-24　"审核项目"对话框

⑤ 日志的应用：选择"开始→控制面板→管理工具→事件查看器→安全性"命令，如图 5-25 所示。

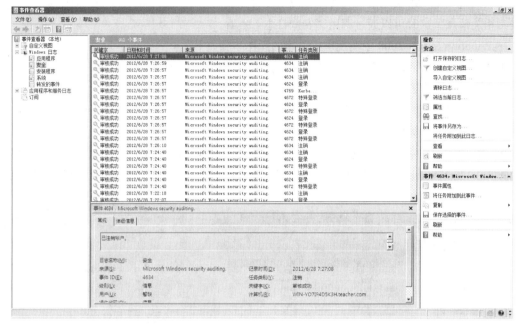

图 5-25 "事件查看器"对话框

通过以上各步骤的操作，实现了对指定账户在指定资源中所完成的操作的记录。

5.3 系统管理

在前一节向读者介绍的如何对人员的管理，实现了对计算机网络系统的管理。下一步的工作就是对网站中各项功能及网页内容页的管理了。

现在做一个假设：确定了维护网页的用户账号、确定了该账号调用的软件，包括功能服务器，确定了该账号可进入、管理的目录，确定了指定软件、服务器、数据的处理程度。下一步需要完成的工作是针对网页这一特殊的需求，完成网页本身的管理有专门的管理内容。

5.3.1 网站系统功能分析

在本章 5.1.2 中对网络应用管理进行了初步的分析，在网络应用开发中主要分成 3 大类工作：规划类工作，程序设计测试调试类工作，信息维护类工作。这 3 类工作有着各自的特点和技术规范。

1. 网站规划

网站规划涉及网站的整体运营，网站的风格，网站的框架结构。在用户访问网站时一开始出现什么内容，每一页的色彩特技效果的展现，网页左边是以什么风格为主要内容，网页右边、上边、下边分别以一种什么特点展现给用户等，这些内容都是要由网络规划部门加以统一设计。在当今的一些博客网页中，网站规划者引入了"模板"模式，目的是让用户根据网站提供的，风格各异的版面布局来完善自己的博客网页，这些其实就是由网站规划设计部门统一设计出来的"半成品"，并由用户自己再次加工实现的。

2. 网站应用开发

网站应用开发管理是指涉及网站的所有开发性工作，这些工作包括，网站各项功能的程序设计、所有图像的平面设计、各类数据统计分析设计等。这些工作是网站的最核心工作，内容繁杂，参与的人员众多，而且相互之间有着密不可分的关联，因此要有着科学严谨的管理。

3. 信息维护

作为一个普通网民，对某些网站关注及喜好其主要原因是这些网站能提供给他赏心悦目的色彩，时时更新的图文。这些内容的更新必须有专门一个信息维护机构加以完成，这里面包含图文的采集，图文的编辑，图文的录入，图文的归档等，这些工作繁杂而又浩大，单一而又冗长，往往从事这个工作的人员都会因其单调枯燥而厌烦，但是，恰恰就是这单调的工作维系着电子商务网站海量的信息。

5.3.2　网站系统功能管理

1. 网站、网页构架与更新

现在，整个社会中 Internet 应用非常广，人们越来越多地利用 Internet 发布信息、获取信息，实现商业运作，开展相应的业务。作为一个普通访问者，访问一个网站、阅读网页、查看相关信息，最关心的是有无用户需要的信息、信息是否可信、信息是否最新等。以上这几点作为网站及网页维护人员应当是首先考虑的问题。管理人员要依照访问用户的需求，随时调整、链接网页，更新网页的信息。

2. 访问数据分析

在网站建设中，访问者的多少直接关系到网站的经营与生存，对于商业网站，必须统计以下信息。

- 网站的访问数据。
- 首页计数：反映多少人访问该网站。
- 综合浏览量：在某一时间段网站各网页的浏览次数。
- 独立访问用户：在某一个时间，来自一个 IP 地址的访问数量。
- 印象数：网页或广告被访问数。
- 点击次数：每一次访问客户点击被浏览网页的某个链接访问到自己喜欢的网页。即点击一次会带来数十次的点击。
- 点击率：单个广告出现次数与被点击次数比。

3. 交互信息管理

在一个网站建好后，对网站的日常管理特别是反馈到网站的信息非常重要，需要建立一个正常的维护和管理流程。

以下交互信息需维护：留言簿、客户邮件、投票统计、BBS 维护和顾客意见处理等。

综合以上几个方面，针对网页的管理与维护是一个复杂、细致、连续的工作，是网站管理中最具体、最直接的管理工作。管理的好坏更加直接反映在公众面前，反映在用户面前。因此在整个计算机系统和网站建设中，对交互信息的管理应给予特别的重视。

在 5.1.2 节管理构架体系中，简单介绍了网络操作系统的管理，同时通过图 5-2 中可以看到，网络操作系统是所有应用软件构架的基础与平台，如果没有一个稳定的操作系统做支撑，那么整个电子商务网站就处在一个岌岌可危的环境中，因此网络操作系统管理至关重要。

5.3.3　系统管理构架与维护

在这里要特别强调的是，网络操作系统管理不是指操作系统中的功能组件或功能模块的应用，而是指保证网络操作系统本身的正常运转的必要维护。

系统维护一般分成以下 3 种类型。

- 系统核心维护：一般由系统升级（安装补丁等）和系统备份方式维护。
- 系统模块维护：通过添加和删除来完成。
- 系统辅助工具维护：通过微软提供另行提供的产品来完成。

1．系统功能的实现

当作为域控制的服务器启动后，用户可通过"管理工具"完成系统的维护，当然也有些基本的维护内容在传统的"控制面板"中完成，但最重要的均在"管理工具"完成，如图 5-26 所示。

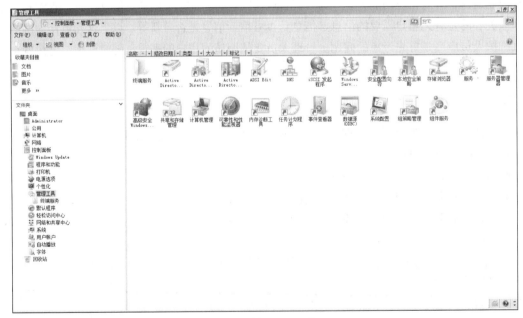

图 5-26　"管理工具"窗口

2．系统基本的维护

要想保证系统的正常运转，最基本也是最重要的就是对系统的缺陷漏洞的修复。任何一个计算机系统软件不管设计开发人员如何具备高深的理论和丰富的经验，不管开发产品的公司如何科学的组织和管理，其产品都要存在一定的错误、漏洞和缺陷，在用户使用这些产品的初期，系统的故障还没有显露出来，但随着广泛的用户使用，随着开发人员对系统深入地研究，这些问题将逐步显露出来，这时作为普通用户，就需要对系统有个基本的维护，这种维护称之为"系统升级"、"打补丁"或是"漏洞修复"。

系统升级可以通过至少下述两种方式完成。

（1）系统自身的升级窗口，在"控制面板"窗口单击"Windows Update"按钮即可进入系统升级方式，如图 5-27 所示，升级向导窗口。

（2）通过访问微软的官方网站可以完成系统升级，微软官方网站提供了"安全中心"，全面维护各个版本的补丁及系统升级服务，如图 5-28 所示。

图 5-27 "Windows Update"窗口

图 5-28 "安全中心"窗口

3. 系统备份方式维护

在系统运转维护中，最基本的维护就是建立一个基本系统备份与恢复机制，这样当系统出现故障造成瘫痪时，可以迅速地恢复到备份状态。如图 5-29 所示的服务器功能添加，完成系统备份功能添加。然后可以开始正常地实现系统备份了，在图 5-26 中单击"Windows Server Backup"图标，按照提示完成备份，如图 5-30 所示。

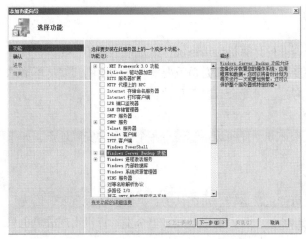
图 5-29 "服务器功能添加"窗口

图 5-30 "系统备份"窗口

4. 系统状态的监控

在系统运转中，经常会出现一些让使用者不知所措的现象，如速度慢，数据传输效率低等。这些现象的原因是什么，作为一个网络管理人员应透过表面现象，分析其内在的原因，应该对系统的运转状况有个正确的把握。Windows Server 2008 为管理者提供了性能检测平台，可以借助于检测平台的量化信息的实时显示来找到故障的起因。

在图 5-26 所示的"管理工具"中有个"可靠性和性能监视器"按钮，点击这个按钮，出现了"性能"窗口，如图 5-31 所示，图中提供了管理人员通过详细的参数列表选定的指定参数的实时变化分析，这些参数的变化状态，反映出系统当前的运转情况。

在参数选择时，可先进行参数类别"性能对象"选择，然后再做具体参数选择，如果管理人员对复杂参数不了解，还可通过窗口提供的说明了解对应参数的功能，如图 5-32 所示。

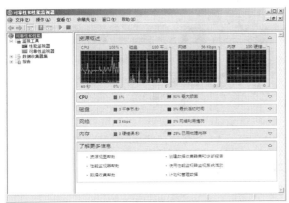

| 图 5-31　"性能监控器"窗口 | 图 5-32　"可靠性监视器"窗口 |

总之，通过本节的系统管理的介绍，让用户能够通过一个规范的、系统的、较为完整的方法来完成对计算机系统自身的管理，但在现实工作中，计算机系统维护是一个非常复杂全面的工作，不是在这里初步的介绍所能涵盖的，还需要计算机管理人员更加全面地了解和掌握计算机系统复杂维护功能，这样才能保证计算机系统有一个好的运行状态。

5.4　数据管理

在当今一个信息"爆炸"的时代，对于企业的计算机应用系统什么是最重要的？在一个计算机网络系统，特别是一个对外提供服务器的商业网站中什么是最重要的？作为刚刚开始从事信息管理工作的人员可能从没有仔细、认真地思考过。可能会有以下几种观点。

● 工作环境最重要。

任何工作，都要有一个稳定、可靠的工作环境，任何设备都要有一个安全的安置地点，如果没有安全、可靠的环境，一切无从谈起。

● 计算机硬件设备最重要。

因为只有有了硬件，计算机网络系统才可能正常运转。可能认为：网络设备最重要，因为只要有了网络设备的正常运转，就可以保证网络系统工作，网络互联。当个别计算机出现故障也只是局部故障，不会影响全局。

- 计算机软件系统最重要。

硬件出现故障可以通过短期的维护实现故障的排除。而软件是计算机能力的表现，软件决定计算机的各类功能与功能实现的程度。只靠计算机硬件什么功能也不能实现。保证软件功能的正常，计算机硬件的作用才能发挥，用户的需求才能够实现。

- 人员管理最重要。

可能读者认为，前面提到的硬件和软件都是由人控制的，人决定一切，人控制着一切，只要管理好接触硬件和软件的人员，一个网络系统、一个网站就能始终保持于良好的状态。

现在把以上内容通过层次关系表现出来，如图 5-33 所示，环境是一切的基础，这样依次构成最上面的部分，但是有了这些就能构成一个完整的网络系统吗？从这里可以看出最关键的应当是最上面的，是什么呢？

- 数据——用于整个计算机网络系统的各类数据。

其他几方面通过一定措施和短期的处理均可恢复，但是以下几种情况使用简单的手段是无法实现的。

- 数据通过相当的时间积累，这种积累可能长达数年。
- 数据是通过有限的渠道采集的，例如：在指定的时间、指定的地点、特定的场地。
- 数据的形成在一个不可重现的特定环境下，例如：特定的人员，在特定的场地。
- 数据代表一个原始的特性，例如：特定的人群在一个特定的情绪下。

从这几点可以看出，所谓重新再得到数据，是一个极为不容易，而且非常复杂的过程，如图 5-34 所示，数据处于一个系统的核心部位，外层是基础，中心是关键。

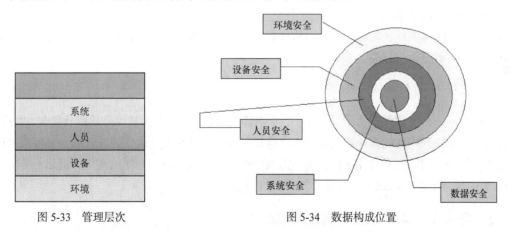

图 5-33　管理层次　　　　　　　　图 5-34　数据构成位置

因此，针对数据的维护管理是信息系统、电子商务机构和现代企业头等重要的事情。

5.4.1　数据（程序）的分类

在一个计算机系统中，有着海量信息和丰富的数据。这些信息是随着时间的延续，随着工作的开展和深入，随着系统功能的丰富一点一点积累起来的。在开始人们往往感觉不到它的存在，但随着时间的延续，数据越来越成为整个资源的重要组成部分。如何将海量的数据分类？如何去管理这些海量数据？这些数据有何区别？这些数据中哪些是必须保留的？

首先，仔细分析一下计算机系统的构成，一个计算机系统由以下几部分构成。

- 辅助设备：电源、连线等。
- 外设：打印机等。
- 主要设备：主机、网络设备等。
- 网络操作系统：Windows Server 2008 等。
- 网络管理及维护软件：HP Open View 等。
- 维持系统运转的工具类软件：路由软件。
- 系统功能平台软件：ORACLE 数据库等。
- 通用应用软件：Office 2010 等。
- 专用应用软件：财务软件等。
- 各种软件运行初始化数据：注册表信息。
- 各种软件运行数据：结果。
- 各种软件运行中间数据：用户信息。
- 用户自行定义管理的信息。

从以上初步的分析看出，计算机系统可以简单的划分为 3 部分，如图 5-35 所示。

第 1 部分为物理设备，即所有硬件。

第 2 部分为各类软件，即完成某一类功能的模块化的可独立安装运行的产品。

第 3 部分为数据，即各类软件（包括硬件驱动）的中间数据和各类程序运行结果数据等。

图 5-35　计算机系统构成

本节不讨论有关硬件的管理，只对软件和数据进行分析。如何对软件和数据进行管理？必须对其有个正确的分析与分类。

1. 未安装的软件包

一般在一个系统软件安装前，该软件处于未释放状态。通常称为软件介质或软件包，在这时，系统管理者往往预先复制到计算机硬盘中，这样既可以通过它来完成安装或升级，又可以对该软件包妥善保管，同时在该软件运行过程中需调用初始软件包时均可方便地调用。例如，美国微软公司的 Windows Server 2008、Office 2010 等软件包。

2. 安装在设备上的各种系统软件

这类软件是指由前一类软件包，具体安装到硬件后形成的系统程序。这类程序软件是计算机运行的基础平台，特点是数量大、复杂、管理规范、系统。

具体包括操作系统程序：美国微软公司的 Windows Server 2008；硬件驱动程序：显示卡驱动程序，MODEM 驱动程序。

3. 安装在系统之上的应用软件

这类软件是指叠加在系统软件上的应用程序，该类程序软件实现了众多的功能。具体包括功能软件：Java，SQL Server，防火墙软件、杀毒软件等；各种应用程序：财务软件，MIS 软件等。

4．软件之间相互协调的中间软件

这类软件是指运行在系统上在一种特殊需求下必须叠加的专用软件或调用的程序，这类软件只有在需求时才使用。

例如，系统功能程序，路由软件，通信协议软件，数据接口软件，程序动态链接程序。此类程序数量庞大且复杂，一般情况下在安装好系统后，系统自身建立了完善的管理区域和模式。

5．系统管理与维护数据

这类数据是指系统软件在安装和运行中产生并且在运行中调用、维持系统正常运转的数据。通常称这类数据为系统数据或系统参数。这类数据决定了系统能否正常运转，它负责系统同软件、硬件、用户之间的沟通，在系统运转的过程中随时更新、增加数据。这类数据是非常重要且非常危险的数据，不能出现一点点的差错，一旦出现差错，整个系统将瘫痪。

例如，读者熟悉的 Windows Server 2008 中注册表文件：C:\Winnt\System.dat 和 user.dat。DNS 域服务器管理信息：C:\WINNT\system32.dns。

系统审核安全日志：C:\Winnt\System32\config\SecEvent.Evt 等。

6．应用软件维护数据

这类数据指应用软件在安装和运行中产生并且在运行中调用、维持该软件正常运转的数据。例如，E:\Program Files\Kingsoft\XDict\WordList 存放着金山词霸的所有单词表。

7．用户应用数据

这类数据指由用户运行应用软件所需数据和运行程序产生的结果数据。这些数据也是读者最熟悉和最常使用的数据。它包括各类信息（数据、文字、图片、声音）。这类信息的特点是数量大，调用频繁，更新快，所属关系复杂、有相当的历史沿革关系。例如，Word 文档信息、Excel 数据、DBF 格式数据。

8．用户备份数据

这类数据指用户运行应用软件时所产生的数据，以及产生的结果数据的周期性备份。这类信息的特点是系统自动产生的，数据量大，人为备份数据的数据多少没有规律，且备份的数量冗余。例如 BAK 格式的所有数据和用户自行备份的数据。

9．系统备份文件

这类数据指系统程序运行中特别是在对系统调整（升级）时自行产生的数据。特点是数量大、无规律、在特殊时候由系统调用。例如压缩文件、系统升级备份文件等。

10．系统临时数据

这类数据指系统程序运行中自行产生，用于改善系统运行状况的数据文件。特点是数量大。例如，TEMP 文件夹下的文件，IE 浏览器软件：C:\Documents and Settings\ld\Local Settings\Temporary Internet Files。

上面对数据的分类，通过图 5-36 表现出来。

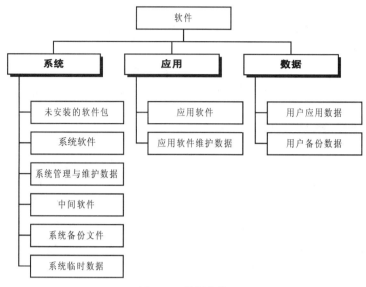

图 5-36 数据分类

综上所述，一个计算机系统中运行、保存着大量重要的数据（程序），从对数据的分类看到，每一类数据都有它存在的理由和用途。

- 系统：它决定整个系统的运行与硬件的关联，同时支撑着应用软件的运行环境。
- 应用：它决定用户要通过计算机实现的功能。
- 数据：它是用户得到的计算机处理结果。

各方面相互依赖，相互协调，相互支持，缺一不可。通过这 3 方面数据的组成，构成了一个复杂、功能强大的软件系统。

5.4.2　数据存储与更新（程序）备份

通过系统、应用、数据 3 方面的数据协调、有机地配合，保证了计算机的各种功能的实现。那么作为计算机系统管理者，为了保证计算机的正常运行，应确保 10 类数据（程序）不受破坏。

在理想状态下，所有的程序、数据都有条不紊地工作，彼此之间友好和谐地相处和工作。但是，这只是一种理论上的分析与设计。实际上，从计算机诞生到今天，在实际应用中这种情况没有出现过。来自各方面对计算机的干扰与破坏无处不在，各种破坏随时随地有可能发生。这些破坏包括自然界、局部环境、设备、程序自身缺陷等非人为因素；也包括病毒、黑客、修改、删除等人为破坏。这些破坏给计算机的应用带来了各种影响。

要想避免灾难，必须找到一种在灾难发生后，如何快速有效地恢复计算机系统的方法。目前计算机应用领域所采用的诸多办法中，不管采用什么技术，不管如何快速恢复，其本质就是信息的有效备份，即对数据按照事先的设计有效的备份。只有实现对计算机系统的可靠的、真实的、实时的数据备份，当灾难发生时系统才有可能恢复，通过恢复系统才有可能正常工作。

1.　数据（程序）在硬盘中存放的位置

那么，在庞大复杂的数据面前，如何完成数据备份？备份哪些数据？备份多少数据？这些取决于数据对计算机系统的重要性。数据的重要性又与这些数据（程序）如何保存在硬盘资源上，即存在硬盘的什么区域有着密切的联系。

在一个正确的计算机系统中，硬盘资源的正确分配直接关系到系统的安全和故障的恢复处理。正常情况下，完成以下工作的硬盘应当配置独立的物理硬盘。

如果独立硬盘条件不具备，应对一块物理硬盘进行正确的分区，如图 5-37 所示。这几部分是系统区、基础程序区、应用程序区、用户数据区、备份（软件原始包）区。

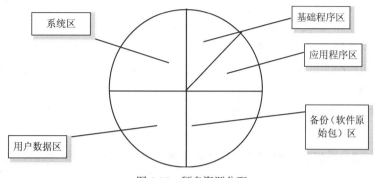

图 5-37　硬盘资源分配

下面分别对各个区域进行分析。

（1）系统区，也称 System 区或 C 区。用于存放操作系统程序和与系统有着直接关系的程序。存放系统运行时系统管理与维护数据，软件之间相互协调的中间软件。这些程序是整个系统的基础和核心，是所有应用软件的运行环境。同时非常重要的一点是，对这些程序的维护是由计算机系统管理人员承担，例如 Windows Server 2008。

在有些电子商务网站公司，基于各类人员的需要，计算机系统往往安装多个版本的操作系统，这就要求维护人员，在开始的硬盘区域规划时将系统区规划出足够充足的使用空间，用于安装多个网络操作系统。

在预留硬盘资源空间时，应当特别注意其冗余性，否则一旦规划确定再进行调整就非常困难了。一般的原则是至少是技术白皮书的 5 倍空间，例如 Windows Server 2008，如果不在系统区安装任何开发工具软件、应用软件和保存数据应至少预留出 20G 的独立资源，例如 Windows XP，系统应预留出 50G 的独立资源。

　　在这些网络操作系统安装时，微软公司有一个基本的安装流程，就是：先安装低版本操作系统，再安装高版本操作系统，例如：Windows XP 、Windwos Server 2003、Windwos Server 2008、Windwos 7 Windwos Server 2008R2，如果不顺序安装，系统会出现一般维护人员所不能处理的情况。

（2）基础程序区，也称 Basic-Program 区或 D 区。用于存放各类为应用程序运行提供支持的程序，这些程序自身有着强大的功能，同时需要管理和维护。其本身具备了双重功能，有依赖于操作系统成为应用软件的功能，又有提供服务的功能，为其他软件提供支持、服务和开发平台。作为一般应用软件用户不涉及这方面软件的维护，例如 SQL Server 2010。

（3）应用程序区，也称 User-Program 区或 E 区。用于存放各类用户直接应用的程序，这类程序自身有着强大的应用功能，一般不需要或很少有系统管理员维护。由用户直接调用和管理，包括程序本身的安全体系。这类程序往往是已经开发好比较完善的软件，形成模块化的产品，例如财务软件。

（4）数据区，也称 Data 区或 F 区。用于存放各类用户数据。这些数据包括用户待处理的数据和程序处理完毕的数据，还有一些中间数据。这个区域往往由用户按自身的需求加以管理和维护，绝大部分工作由用户本人承担。

但作为本书的作者，非常强烈地建议您，如果条件许可，尽可能将数据区保存在独立的硬件资源上，同时做异机异地冗余备份。

（5）备份区，也称 Backup 区或 G 区。用于存放程序软件包，待以上各类软件在运行过程中出现故障需要安装软件包时，可以直接从该硬盘分区调用。

以上这些分区的建立，使计算机系统的软件和数据可以按照应用的目的、应用的程度、应用的水平和管理人员的分工，区别对待，区别处理。按照不同的要求实现不同的管理。

可以查看在 Windows Server 2008 中硬盘空间设置，查看硬盘分区划分的操作步骤如下。

进入计算机管理：选择"开始→控制面板→管理工具→计算机管理→磁盘管理"命令，如图 5-38 所示。

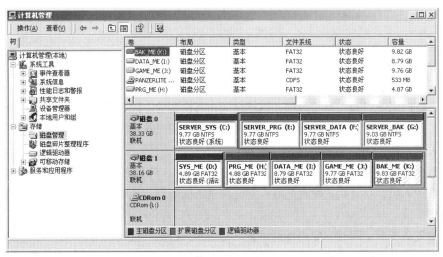

图 5-38　硬盘资源配置

② 查看、设置硬盘配置：单击鼠标右键，在弹出的快捷菜单中选择"指定硬盘→属性"命令，如图 5-39 所示。

③ 格式化硬盘：单击鼠标右键，在弹出的快捷菜单中选择"指定硬盘→格式化"命令。

2. 备份的形式

一般情况下，当指定数据需要备份时，操作者往往不择手段、不分主次、不分实效，总是认为只要将重要的信息或所有数据都备份下来就安全了。这种情况往往出现在计算机系统建立初期，可以采取一些简单的手段备份，不必对要备份的数据进行分析。

但随着时间的推移和工作的开展，各类程序和数据就会成

图 5-39　"硬盘属性"对话框

指数级的增长，这时宝贵的硬盘资源被无意义地占用，同时备份时间和备份内容也会大幅度增加和繁杂。在备份过程中，备份与未备份数据混乱。

因此，应在整个备份工作开始前对整个备份信息作进一步分析。

（1）实时备份。在这个程序和数据中，有相当的信息在每时每刻发生着变化。系统依赖它运转，这些数据必须随时备份，这种备份称之为实时备份，如图 5-40 所示。

（2）功能和差异备份。计算机网络系统在运行过程中经常要实现版本的升级或系统设置的修改，这时系统往往需要针对新的功能和环境建立备份，这种备份称之为功能备份，如图 5-41 所示。

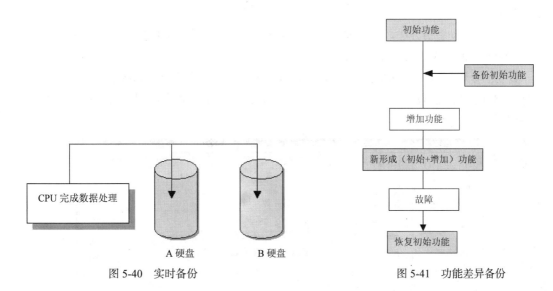

图 5-40 实时备份　　　　　　　　　　　　　图 5-41 功能差异备份

（3）指定日期备份。在整个计算机系统中用户数据是变化最大、数量最多的，这类数据只有在工作结束时才有保留的价值。在一定的条件下，当工作到达某一个特定的时间，数据要发生变化时，在变化之前实现备份。这种备份称之为指定日期备份，如图 5-42 所示。

（4）副本备份。在程序和数据存储到硬盘上时，为了避免保存数据的区域出现意外的物理损坏，往往原封不动地建立一个一样的副本，这种备份称之为副本备份，如图 5-53 所示。

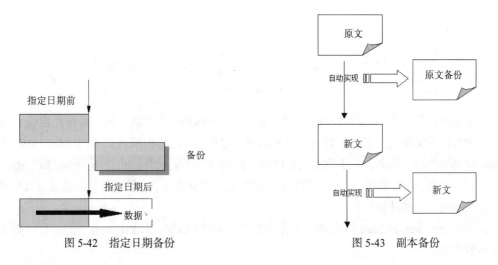

图 5-42 指定日期备份　　　　　　　　　　　图 5-43 副本备份

（5）增量备份。当一个程序或数据在原基础增加，系统只对增加部分备份，这种备份称之为增量备份。

3. 备份的方法

当备份的数据内容被确定，当备份的周期被确定后，下一步就要考虑通过什么样的手段实现备份。

（1）系统自动备份。计算机系统和应用软件本身具备一定的备份数据的设置，当这种设置启动后，系统或程序会自动实现备份。因此，系统管理员可以根据硬件和软件自身的备份功能实现自动备份。

因为系统自动备份方法必须通过具体应用软件实现，现通过 Word 2007 介绍此功能。

在 Word 2007 中实现自动备份操作步骤如下。

① 进入实现自动备份功能模块：运行 Word 后选择"左上角图标→word 选项→保存"命令。

② 自动备份功能设置：在"选项"对话框中修改"保存自动回复时间间隔"命令，单击"确定"按钮，如图 5-44 所示。

图 5-44　自动备份

（2）异地备份。在同一台计算机上同一块硬盘或不同的硬盘实现备份，是建立在该计算机正常工作的前提下实现的。但是，当该计算机出现非常严重的故障时硬盘也一同损坏，这时备份的数据同样也被损坏。因此，对于重要的软件和数据应采取不同的计算机、不同的存储介质、不同的地点完成备份。经常采用的备份手段有双机热备份、光盘备份、磁带机备份和通过特殊管道（连接介质）不同地点的计算机备份。

在 Windows Server 2008 构成的计算机网络中，对指定数据进行异地备份（另一台计算机）的操作步骤如下。

① 进入本地计算机：开始→网络→网络　选择桌面上的"网上邻居"图标，如图 5-45 所示。

选择整个网络中的全部内容。

② 查找备份区（异地，另一台计算机）：选择"备份域或组标记→备份用计算机→备份区域或文件夹"命令。

③ 确定备份数据：在本地机进行复制后，在异地机进行粘贴即可。

图 5-45　"网上邻居"窗口

以上这几种备份手段是比较有效的、可靠的备份，但是这些备份的实现是建立在相应的硬件设备上的，必须借助对应的硬件实现。因此采取这些备份手段时需要专门的硬件和专门的技术。

4. 备份的手段

一般情况下，采取了什么样的备份手段决定于该手段能否在计算机系统和数据出现故障后将其正常恢复。

例如，对操作系统的备份，如果选择了光盘或磁带备份，当这两种设备损坏或计算机主板损坏时，主板上系统配置数据被破坏，以上备份就无法实现正常恢复。因此在前面没有强调备份手段，实际是备份手段取决于恢复手段和程度。

（1）灾难恢复备份。一般情况下，对系统的基础环境的备份采用灾难恢复程序备份，该备份是借助于计算机设备的特定设计实现备份，即当计算机主机的任何硬件出现故障后，在更换硬件后，通过指定操作对硬盘数据进行恢复。

在 HP 6000R 企业级服务器实现恢复备份的操作步骤如下。

① 使用可安装灾难恢复功能的企业级服务器。

② 通过服务商购置灾难恢复功能配件。

可选的 HP SureStore DAT 磁带机具有"单键"灾难恢复功能，单键备份磁盘，即包含系统镜像及数据文件，用户可在出现灾难时用磁带引导，然后从磁带恢复数据文件。

③ 实现灾难恢复功能。

（2）镜像备份。一个功能强大的计算机网络系统，自身提供了硬盘资源的镜像备份。所谓镜像备份就是在计算机硬盘构成上采取特殊的技术，使两块硬盘存储完全相同的内容，并且实时地更新，保持完全的相同，一旦其中一块硬盘出现故障，另一块硬盘继续保证系统的正常运转和数据的完整。当故障盘被更换后，系统将自动实现两块硬盘的同步镜像工作。

具体的磁盘镜像分两种：通过 READ 控制卡与硬盘连结，通过硬件实现镜像备份；通过操作系统设置两块相同的硬盘实现镜像备份。

这种备份可以对整个硬盘资源全面地、完整地备份，保持硬盘资源的所有信息。但是其备份量非常之大，占用大量资源，需要充足的硬盘配置；同时对备份内容不做任何筛选，也备份了无意义的数据。

所以，正常情况下，只针对操作系统和重要的程序区采取此种方法备份。

建立镜像的具体方法因计算机硬件和操作系统软件而异，可根据相应操作手册实现。

一般情况下，只有在硬盘硬件故障、系统出现瘫痪时，采用此方法实现系统数据备份。例如，对操作系统所在硬盘区进行双硬盘镜像备份，当一块硬盘出现故障时，更换其中之一，然后系统自动完成镜像恢复。在实际工作中如果选择"热插拔"硬盘，整个系统可以在不关机情况下完成硬盘更换。重要的应用程序和数据也可采用这种方法。

通过 Windows Server 2008 系统软件实现硬盘镜像备份的操作步骤如下。

① 在准备实现镜像备份的计算机安装容量大小相同的两个硬盘。

② 其中一个硬盘进行正常系统安装、分区。

③ 查找另一个硬盘：选择"开始→设置→控制面板→管理工具→计算机管理→存储 →磁盘管理"命令。

④ 对另一个硬盘进行镜像设置：对现有的任何简单卷均可以镜像到其他动态磁盘上，只要该磁盘有足够的未分配空间。如果具有足够未分配空间的动态磁盘，打开"磁盘管理"，单击鼠标右键，在弹出的快捷菜单中选择要创建镜像卷的动态磁盘上的"未分配空间→创建卷→下一步→镜像卷"命令，单击"确定"按钮。

（3）拷贝复制。通过拷贝形式复制与恢复，这种形式适用于较通用的数据格式，备份恢复方法简单，已经被读者熟悉，在这里不做介绍。只是在备份时考虑数据量，选择适当的备份介质，便于数据恢复。

在 Windows Server 2008 实现复制的操作步骤如下。

① 进入资源管理器。

② 确定要复制文件夹/文件。

③ 复制。

④ 选定存放文件夹/文件。

⑤ 粘贴。

5. 备份的组织

备份工作是计算机系统中，平常、繁琐、重复、重要的工作，是计算机出现故障后最后的解决手段。对于一个真正的计算机网络系统来说，此项工作非常重要，因此应当对此工作进行认真地组织和调配。只有这样才能使该项工作有条不紊、保质保量地实施。

备份工作的流程如下。

（1）确定备份管理员。在一个大型的计算机网络系统中，系统的管理往往是根据不同类型的工作，安排不同的人担当不同的角色。备份工作往往需要在计算机系统处于"闲置"状态进行，而且不同的数据在不同的时间使用，必须在指定的时间完成备份。这样从事备份工作的管理员必须有很好的工作素质。

以 Windows Server 2008 网络操作系统举例，在该操作系统的用户及组设置中，有一个 Backup Operators 内置组，赋予的权限和完成的工作是对文件和数据进行备份、还原，同时关闭系统。因此可将执行数据（程序）备份工作的人员添加到该组，完成备份工作。

（2）审核备份计划。在一个复杂的计算机网络环境中，各种人员共同开展工作。执行备份工作的操作员，针对不属于个人数据开展备份工作。当一个系统运转之初，当一个项目组开始共同完成一个复杂编程时，都应当制订数据备份计划，整个计划包括备份内容、备份周期、备份手段、备份量和保存时间。

备份计划由备份操作员进行审核，排除冗余备份并纳入统一备份流程中。

（3）建立备份方案和流程。当整个计算机系统的用户提交了多项备份需求后，备份操作员制订一个备份方案确定以下内容：备份时间、备份顺序、备份内容、备份数据量、备份设备、备份数据与原备份数据关系和建立备份批处理文件。

（4）实现备份和建立备份档案。当准备工作完成后备份操作员按计划开始备份工作，并建立备份档案，对整个备份工作进行记载。

5.4.3　数据的恢复与清除

在计算机系统中数据备份目的是为了保障系统和相关数据出现故障和损坏或遗失时对其恢复和再现。因此对备份数据的恢复是一项重要工作。

1. 恢复程度

在备份源出现故障时，通过备份档案管理员很容易地查到所需恢复的数据备份，这时往往备份的数据已经很多，有些与进程有关的数据会重复备份，这时应当按照要求选择所需恢复数据的程度进行恢复，避免所恢复的系统和数据不能保证系统正常运转。

例如，一个网络操作系统采用磁带机对系统备份，在第一备份时间完成 A 备份，在这之后系统安装补丁程序；在第二备份时间完成 B 备份，在这之后系统安装中间件程序；在第三备份时间完成 C 备份，当系统出现故障时，应根据需求选择恢复。

2. 恢复手段

一般情况下，采取了什么样的备份手段就通过什么手段恢复。但是，有些备份的数据手段不能保证在恢复时系统可正常恢复。

具体恢复参见备份手段。

3. 数据清除

数据清除实际上是对所保管的存储数据介质的管理，数据清除决定于保管时效，保管时效一般没有严格的要求。但是，计算结果数据和数据库基础数据有着准确日期和时间特征，备份这些数据不止是为了防止数据故障，而是要记录历史，记录在一个特定日期、特定时间的数据。因此这类数据一般要保存相当长的时间。

整个系统备份信息的保留，决定保存介质的时效和用户需求。当数据无任何保留价值时，可以恢复存储介质的初始状态，用于继续对数据备份工作。如果存储介质不能再利用则通过技术手段销毁。

5.5 电子商务网站设备管理

在一个完整电子商务网站的管理工作中，各项工作需要由多个部门、各方面的人员共同完成繁杂细致、相互依存的工作。这些工作需要很好地协调、互助和组织。当工作人员处于一种良好的工作状态时，所使用的工具，所依赖的设备就非常重要了。在当今，一个网站再也不是一个小作坊了，不是一两个人在几台计算机上凭着热情和所谓掌握的"旁门左道"的技术所能完成的。它是各方面人员在一个共同的系统平台上各自负责一项专门的工作协调地实现网站的正常运转。这种系统就是一个有着强大数据采集的计算机网络系统。如何使整个网络系统保证各方面正常地工作？保证工作者之间协调地配合？如何发挥计算机网络的效能？计算机网络本身就显得非常重要，下面就网络系统管理的管理加以分析。

5.5.1 网络节点与端点设备管理

1. 建立拓扑关系

在一个公司中，当工作人员在一个指定地点开展工作时，整个网络系统能迅速地实现。现在有些公司在建设网络系统时带有很大的盲目性和随意性。不经过分析和设计，匆忙上马，往往是系统运转稍加变化，整个系统就出现问题，设备连接不通，数据传送不畅，工作停顿。因此，网站内部必须为工作人员建立一个适合服务器、计算机互连的拓扑环境。这个拓扑环境应当具备以下特点：管理相对方便、互连简单、有冗余的设计、便于维护等。

这种拓扑环境应当按照综合布线的规范设计、实施，达到一个较理想的工作环境。

2. 网络节点的管理

网络中有两类设备。一种是固定在一个指定地点、共享于整个系统的设备，一般是网络节点设备，主要用于网络现有设备互连，例如，交换机、路由器、防火墙等。另一种是临时使用的节点设备，主要用途是扩展计算机网络系统及网站的规模。

对于这些设备，应当在整个网络构成时根据技术要求进行合理的放置。当设备固定后应当由专门的管理人员负责管理。

硬件方面，保证其适应于整个网络环境，能实现长效的工作状态，例如：7*24小时的工作状态，并通过冗余拓扑设计避免因个别设备的故障影响整个网络的正常运转。

软件方面，通过专门的程序系统命令实现远程的非现场的维护，实现相应的功能设置，例如交换机端口管理、路由IP地址、协议启动与配置管理等。这样从技术上实现网络的高效运转，避免各类冲突的发生，避免网络瘫痪。

3. 网络中端点设备的管理

端点设备是指计算机网络系统中接入网络的独立功能的应用设备。

- 服务器

作为服务器(这里指硬件设备),在计算机网络系统中是非常重要的。服务器运转的正常与否,决定了整个网站的状态、功能的实现。在一个功能完善、客户需求大、访问量大、下载数据量大的网站,服务器往往不止一台,一般是多台服务器,每个服务器或每组服务器具备专门的功能,承担网站某一类任务。一般有下列服务器:域服务器、IIS 服务器、应用服务器、数据库服务器、Web 服务器、防火墙、文件服务器、打印服务器、远程访问服务器和备份服务器。

从服务器在网站中承担工作的不同又有主次之分,有些服务器必须在系统初始时启动,有的服务器是独立服务器,是在完成相应工作时启动。因用户的需求变化,在网站的运转过程中服务器的配置也不同,每台服务器在某个方面会有特殊的配置,例如,邮件服务器就要有庞大的存储空间,FTP 服务器就要有冗余的信道带宽等,因此对服务器设备的管理应当严谨、有序。其管理工作应从以下几方面实现。

(1)安置地点。每台服务器应有一个可靠、固定的安置地点。

(2)启动与关闭。对服务器采取严格开机、关机的控制,保证整个计算机网络和网站的运转,特别是提供关键功能的服务器,没有经过规定的程序和授权是不能被关闭的。

(3)系统升级。随着时间的延续,原有的计算机系统配置不能满足需求,应定期对其测试,进行升级。升级包括两个方面:硬件升级和软件升级。

硬件升级:一定要测试新硬件与原设备的兼容性,与软件的兼容性,不要因为设备的升级或更换造成整个服务器瘫痪。

软件升级:在服务器方面必须按照严格的流程进行升级工作。如果升级过程出现错误,结果是不能回退到原状态,导致系统完全瘫痪。

(4)故障记录与处理。因为服务器是计算机网络系统中的关键设备,它的正常与否关系到整个系统的状态。因此应对服务器出现的情况进行详细的记录,特别是故障记录。故障记录包括时间、地点、设备编号、故障现象、故障结果、连带运行状态。

当服务器出现故障时一般有以下两种处理方法。

- 由设备生产商维修:服务器是计算机的关键设备,技术含量高,一般由专业工程师维修,在购置服务器时,往往同时购买服务,即"7×24 回应"、4 小时到现场服务。
- 由设备管理者负责维修:如果需要自行维护,一定认真阅读相关手册,按照操作流程完成。
- 客户机

客户机指每个网站内部由各类工作使用的计算机。虽然个人计算机在网络系统中对整个系统影响不大,但它是每一个工作者的工具,所有的人员通过客户机访问、调用、处理在服务器中的程序和数据。因此客户机同样需要维护。

(1)本机应用软件的维护。在计算机网络系统中,除了应用具有网络功能的软件外,客户机使用的软件均从本地机上调用(当前使用的计算机),这样本地机上需要安装计算机使用者需要的所有软件。这些软件执行软件编程等工作,执行本地的应用,执行独立软件。但是,当客户机上运行的软件要与服务器上的相应软件共同完成某一任务时,就需要调用服务器上相应软件。

因此,在客户机安装的软件,应保证客户机的需求,应随着服务器对应软件进行升级等工作。

(2)本机权限管理。在计算机网络系统中,客户机使用者决定自己是否访问服务器,这样在客户机通过用户账户登录时，可选择登录本地还是登录服务器，这样一个计算机使用者实际上有两个用户账号，一个是本地账号，另一个是服务器账号。因此，作为一个计算机网络系统在实现网站的管理功能时，可以根据需求设置用一个操作者的这两个账号。每个账号在它所进入的目录中设定相应的权限。

- 其他外设

这里指所有在计算机网络中接入的非网络、计算机设备，这些设备有接入客户机的，有接入服务器的，有直接进入网络连接设备的，因此对这些设备的设置和管理非常重要。

（1）接入客户机。由客户机使用，也可被设置为网络共享。

（2）接入服务器。一般由服务器控制，供网络使用，同时可通过服务器设置使用权限加以管理。

（3）直接进入网络。这些设备有独立的 IP 地址，通过网络中管理它的计算机或服务器完成驱动程序的安装和控制。同时设置使用该设备的权限。例如，网络打印机，该打印机直接接入网络设备，但驱动和控制由打印服务器实现。

读者可能认为，计算机设备有什么复杂的，通电就可使用，坏了就去修理，有很大的随意性，可以松散的管理。但是当设备操作出现问题时可能找不到操作手册；当驱动出现问题时驱动程序找不到；当设备损坏时不知保修和维修单位；当需要判断设备的连线是否需要调整时，不知连线的设置和连接关系。因此，在计算机网络系统及网站的管理与维护中，对于所有设备的管理应当有一个通用的、标准的管理模式。

5.5.2 日常维护

1. 进出验收

当负责管理设备的人员准备接手管理工作时，首先是验收要接收的设备，验收过程如图 5-46 所示。

（1）核对清单。

在接收要管理的设备时，交接人员不能只通过口头交接，而是将要交接的设备用书面的形式交接，澄清名称、数量、批号等，再根据清单进行验收。

（2）检查手册。

一旦清单接收结束，就要准备做性能验收，这时管理人员依据什么，有的读者认为，"让他教我一下就行了。"其实不然。有以下几个问题请读者分析。

- 只教他掌握的。
- 对于问题有意回避。
- 描述不清。
- 相关问题不懂。

图 5-46　设备验收流程

这样当新的管理人员接手后，只能完成他记住的操作。设备的其他功能不能被应用，有关设备的隐患不能事先知道，一旦发生故障会造成人员的伤害。因此，在下一步应当查验如表 5-1 所示的检查手册明细表，手册内容如表 5-1 所示。

表 5-1   检查手册明细表

编　号	名　　称	用　　途
1	使用手册	整个硬件的综合介绍
2	安装操作手册	设备及配件组成，如何实现安装及基本操作步骤
3	维修手册	对可能出现的故障现象进行描述及对应维修方法
4	安全手册	对设备使用时用电、用水及人身安全的注意事项
5	保修手册	保修条例和如何获取保修

接手的管理人员，应依据以上几个手册验收。在阅读手册时应注意：语种是否是中文，印刷清晰程度，符号是否符合国家标准，计量单位是否符合国家标准。

（3）查验性能。

当以上的手册具备后，开始按照手册描述的过程逐一清点、验收设备。验收时应注意以下问题。

- 现场充足的空间。
- 符合设备使用的电源。
- 适合的拆装工具。
- 适合的监测工具。

2. 接触控制

在验收设备结束后，这些设备就应当投入使用。在使用时首先应对能看出设备的人员进行阻隔，即接触控制。这种控制不是说所有的设备都要实行接触控制，而指的是计算机网络系统中的关键设备，例如，服务器、交换机、路由器和 UPS 等。

同时对主要设备也可采用区域控制，即将重要设备放在一个指定的房间，对进入该房间或接触设备的人员进行限制。这样可以有效地保证关键设备的安全。

3. 编写操作手册

为什么有了设备的各种手册还要再编写《操作手册》？一般情况下，设备生产厂家提供的手册存在下列问题。

- 描述详细但繁琐。
- 使用技术术语，非专业人员不易阅读。
- 操作步骤细致但不简洁。
- 相关参考资料多，但不易突出关键操作。

因此，作为一个设备管理员，必须根据所在的工作环境下人员的情况编写设备使用手册。应本着以下原则编写。

- 描述清楚、简洁。
- 使用非技术术语。
- 步骤通过图示表示。
- 使用本地符号和计量单位。
- 强调安全。

4. 测试运转状况

在整个计算机网络系统投入使用后，设备管理人员应根据设备使用情况，定期进行检查。在检查时应注意以下问题。

- 人身安全。
- 检测设备。
- 设备连线。
- 运转档案。

这样通过周期性的连续的测试维护，使设备始终处于正常的工作状态，同时将故障避免在初始阶段。

5. 维护

（1）升级。

升级维护，是指设备本身并没有出现故障，而是提升硬件的性能或提升软件功能。对于这种设备的维护，应按照设备升级手册执行。

（2）维修。

① 厂商维修。厂商维修指关键设备或技术含量高的设备往往在购买时确定保修，当出现故障时，现场人员通过多种手段与负责维修的机构联络，向其描述故障，通过维修工程师的指示或由维修工程师到现场完成维修工作。

② 自行维修。自行维修指基本设备的维修。一般情况下，计算机及相关设备采取组件或模块化结构，当出现故障时，往往根据维修手册提示的故障判断方法，判断故障模块或组件，然后在安全的情况下更换故障设备组件。

5.6 电子商务网站环境管理

在实现了本章前几节提到的管理后，最后一个、也是最基本的管理就是环境管理。环境管理面临的是基础工作，但却是重要的工作。任何一个环节出现问题，均能造成计算机网络系统和网站的瘫痪。

5.6.1 供电系统

当一个基于计算机网络的应用系统从几方面加以设计和实施后，整个系统可以构架在一个较稳定的环境中，系统的无故障工作时间可以大大地延长。但在这里有一个重要的方面被系统的设计者和系统的使用者所忽略，这就是整个网络系统的电源保障。在一个网络系统中，电源保障是最基础的保障。所谓基础，就是一切工作的基本环节，一切工作的开始，一切保障的前提。如果一个系统的电源出现故障，整个系统将彻底瘫痪。

决定网络系统可用性的关键环节主要有网络关键设备、网络操作系统、网络外部电源系统、网络数据传输系统等的可用性和系统可管理性。因此保持网络系统各部分的持续正常供电，减少不正常电源系统对网络系统的侵害，对于确保网络高可用性尤为关键。

表 5-2 是一组因电源问题造成数据丢失的最主要原因。

表 5-2 故障原因分析

电源故障/浪涌	暴风雨（雪）损坏	火灾或爆炸	硬件/软件故障	水灾和水患	地震	网络运转中止	人为故障/故意破坏	HVAC故障	其他
45.3%	9.4%	8.2%	8.2%	6.7%	5.5%	4.5%	3.2%	2.3%	6.7%

通过表 5-2 可以看出电源保障对一个计算机网络系统及网站是非常重要的。

1. 设备供电

在供电方面首先应保证各类计算机设备的用电。在众多计算机设备中最重要的就是对服务器的电源保护。在服务器电源输入端通过旁路维护切换开关将输入线路分成两路，一路是市电，另一路是 UPS。当市电正常时由市电提供电源，当市电中断时由旁路维护切换开关将线路切换到 UPS 端，由 UPS 提供电源。如果选用的是"在线式"UPS，则市电首先通过 UPS，经其处理再输送给用电器（服务器），当市电中断时，UPS 自动启动工作。这样实现了计算机网络中的关键设备的较完善的保护。在一般的计算机网络系统中通常采用此方案，如图 5-47 所示。

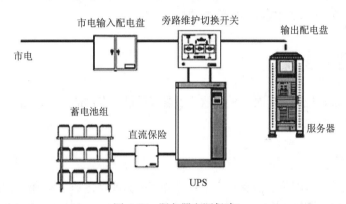

图 5-47　服务器电源保障

在计算机网络系统及网站中,不止服务器是关键设备,其他的重要设备如何实现电源的管理?可以将关键设备一并处于 UPS 的保护之中，同时使用发电机来保证相关设备的供电，管理员根据现场状况控制相关设备，如图 5-48 所示。

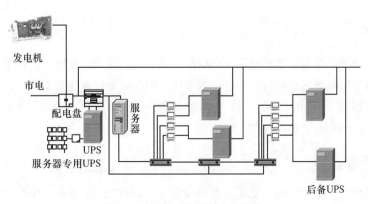

图 5-48　网络系统电源完全保障

管理员通过以下流程完成管理。

① 在市电正常供电的情况下，各类计算机设备均通过 UPS 提供经过处理的电源，即稳压、稳流、屏蔽各类电信噪声（浪涌和尖峰电压），使所有设备安全使用。

② 当市电中断时，所有 UPS 工作，提供基本电源保障。由计算机管理人员启动发电机，通过配电盘将供电线路切换到发电机，由发电机提供电源保障。

2．照明、辅助供电

照明与辅助供电相对于设备供电就没有过高的要求，只是保障工作人员正常工作就可以了。

5.6.2　静电、接地保护

在计算机网络设备及网站的管理中关于静电、接地保护需格外小心。计算机设备都是电子产品，同时都是集成电路芯片。这些设备最容易被静电所破坏，因此，在设备存放地应采取有效的手段消除设备静电和工作人员所带的静电，最好佩戴防静电手套，避免因此所带来的损失。在设备存放地必须有符合标准的接地保护，有工作人员消除静电的措施。有关这方面的专业知识和相关技术规范，建议读者阅读相应的国家标准和技术手册。

5.6.3　辅助工具

当管理人员对设备进行管理时，最有效的手段就是借助专用的工具，这些工具包括：检测工具、维修工具、维修配件。

1．检测工具

主要用于测试计算机网络设备及介质是否符合相关标准，达到一定的使用规范。例如计算机网络介质双绞线的通断测试、线序测试、信号的指标测试，这些测试必须借助于专业的测试仪器，如美国生产的权威测试设备 Fluke Networks。这些工具符合相应的国际、国家标准及行业标准，在日常使用时给用户提供科学的测试数据，可以访问 http://www.flukenetworks.com.cn 了解更全面的产品，如图 5-49 所示，其代表产品是 DSP-4000 系列电缆分析仪。但有一点需要注意，就是使用前需进行基准校验。

2．维修工具

指对计算机及网络设备的维修时使用的机械工具，包括镊子、改锥、夹线钳等。这些工具品质的好坏直接决定维修质量和网线接头制作的品质，因此应特别要注重工具的品质，选择优质产品。例如美国西蒙公司的产品，有关详细信息可以通过该公司网站了解详情，网址 http://www.siemon.com.cn/，如图 5-50 所示。

3．维修配件

这里向读者介绍一个小常识，就是"水桶理论"，如图组 5-51 所示，用数学观点解释叫"小概率事件不可忽视"，用科学的方法说明就是：任何一点的故障都会使整个系统降低到这个故障点所涉及的范围。

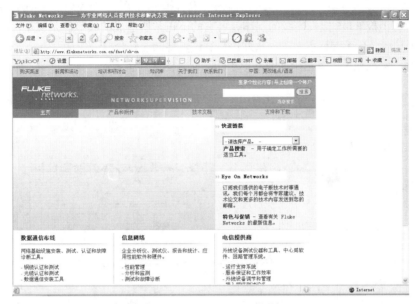

图 5-49　Fluke Networks 网站

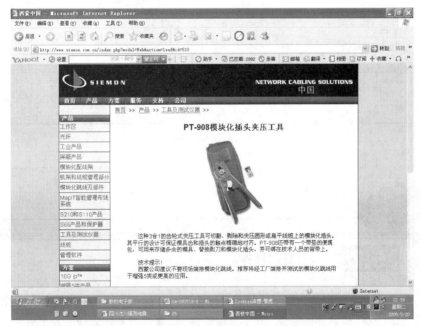

图 5-50　Fluke Networks 网站

图 5-51　水桶理论示意图

例如：在整个信息的网络中，唯独连接域控制器服务器的网络介质 RJ-45 接头的 8 根线没有连接实，有个别的时断时续，这样就造成了服务器的不正常工作，从而影响整个网络用户的所有工作。看似简直至极 RJ45 接头连线的制作，可它的不正常所造成的故障确是灾难性的。

设备配件品质的优劣同样决定了网络环境计算机系统的运转状况，比如：电源、跳线、光驱、RJ 接头、模块、配线架等。由美国西蒙公司生产的此类产品品质较高，建议采用。如图 5-52 所示。

图 5-52　Fluke Networks 网站

5.7　本章小结

本章向读者介绍了网站建设中管理工作的重要性，并分别从数据管理、人员权限管理、网站功能管理、网络系统管理、设备管理及环境管理 6 个方面进行了系统、全面、细致的分析和论述。

在数据管理方面，首先对数据进行科学的分类；其次就数据备份的存放位置、备份形式、方法、手段、组织进行了分析，并向用户提出了一整套数据备份流程；最后实现对数据的恢复与清除。

在人员权限管理方面，首先对计算机操作人员的工作进行了分析，其次就操作人员所需权限进行分析；最后就如何管理操作员的权力和如何限制权力、设置什么权限进行论述，使网站管理人员可以通过权限分析对所管理的计算机用户进行权限设计。

在网站功能管理方面，对网站所实现的功能进行了描述，并分别就每个方面的工作所需的管理进行了阐述。

在网络系统管理方面，从系统的建立、网络节点设置、节点接入设备的管理进行了分析，并为读者设计了管理模式。

在设备管理方面，重点介绍了设备管理流程。

在环境管理方面，分别从供电系统、静电接地保护、维护工具等进行了科学地分析，向读者提交了一整套科学的供电保障设计方案。

在网站安全方面作了一个基本的介绍，使读者对计算机网络和网站的安全有了较深刻的认识和处理手段。

通过本章的学习，使读者认识到网站管理中各个方面工作的重要性，并且对每个方面的工作有了全面的掌握。通过学习可以科学、系统地实现对现有网站和计算机网络系统的管理；同时在开展一项新的计算机网络系统管理工作和网站建设或管理工作时能够科学、系统地设计管理模式；设计对核心岗位、核心数据、核心用户的严格管理模式。从而保证网站和计算机网络系统可以长时间、无故障、安全、稳定的运转。

5.8　课堂实验

实验 1　基于域控制模式下的用户账号有效期维护

1．实验目的

在于掌握域模式下的系统账户维护时多变的方式。

2．实验要求

基于 Windows Server 2008 的域模式系统环境。

3．问题分析

在域模式下的网络系统，所有用户均由管理统一管理维护。当一个用户结束了在本网络系统的工作时，作为管理人员不是简单地将该用户账号删除，那样一旦系统中对该账户进行总结分析和历程追溯时就会出现故障；也不是简单地将该账户禁用，而且在账户建立初期就确定其账户的有效期限，例如：学生新学期注册完，账户有效期为一个学期，这样，当学期末工作结束，该账户就会自动关闭。这样大大地提高系统管理效率和系统安全性，在各类信息系统应用中均有类似的需求。

4．解决办法

在基于账户的登录日期范围设置处进行维护。

5．实验步骤

- 开始→管理工具→用户管理，如图 5-53 所示。

● 单击指定用户→属性→账户→账户过期→在这之后→选择日期——确定，如图 5-54 所示。

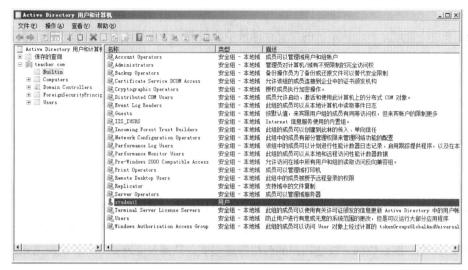

图 5-53 "用户和计算机"对话框

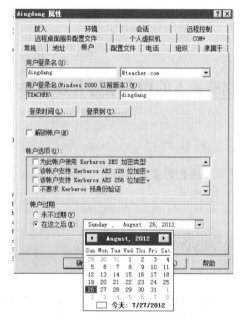

图 5-54 "属性设置"对话框

实验 2　基于域控制模式下安装辅助功能

1. 实验目的

充分掌握系统的多方面的维护功能。

2. 实验要求

具备安装基本系统的能力，并有明确的系统功能需求目标。

3. 问题分析

在一般企业的局域网环境中，由于受到多种因素的限制，往往不能把实现一个专项功能的专业服务器由一个独立的设备完成，多数情况下需要在一个服务器上安装若干个功能。有的时候，也因为系统需求需要在服务器上添加若干功能，这样才可保证系统功能的充分实现。因此在服务器上安装辅助功能的过程掌握就显得非常重要了。

4. 解决办法

在系统本身建立的前提下，可多次重复去安装非默认功能。

5. 实验步骤

● 开始→管理工具→服务器管理器→添加功能→如图 5-55 所示。

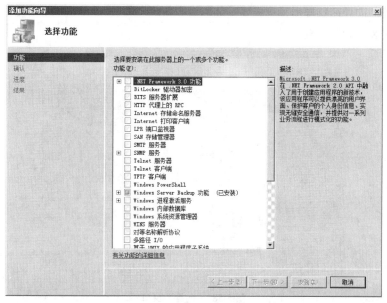

图 5-55 "添加功能"窗口

● 选择".NET Framework 3.0 功能"，如图 5-56 所示。

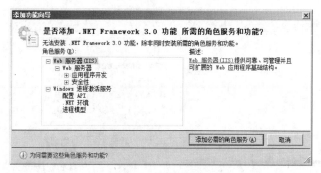

图 5-56 "向导"窗口

● 选择"添加必需的角色服务"→下一步，如图 5-57 所示。

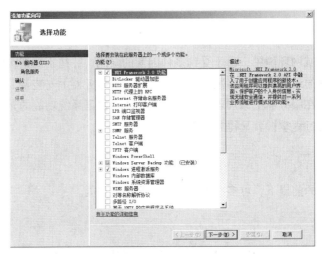

图 5-57 "向导"窗口

- 依次按照向导窗口提示，选择要安装的对应项画"勾"，后单击"下一步"→安装，完成功能安装，如图 5-58 所示。

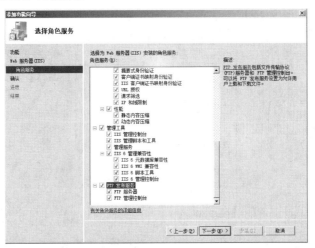

图 5-58 "向导"窗口

当安装结束后屏幕提示安装完成，如图 5-59 所示。

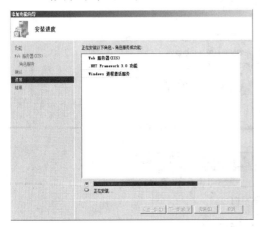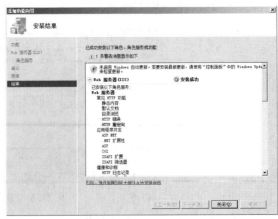

图 5-59 "安装完成"窗口

实验 3　建立一个运维管理体系

1．实验目的

掌握一个运维过程的综合规划的过程。

2．实验要求

建议从日常工作的各个方面分析。

3．问题分析

在日常系统维护工作中，管理人员往往只是站在一个局部的角度或者只是凭个人的工作习惯和技术水平来对待一个繁杂的系统，缺少过程的规划和过程的规范记录，一旦出现问题或一旦出现工作交接，往往会将工作转嫁成一个个人的工作，而没有了全面的标准的可依据的解决和移交。

4．解决办法

在于建立表格化即事先设计好的规范的工作流程和过程模式。

5．实验步骤

（1）指定人员。

在一个网络环境中，要保证对各类设备、各类软件、各类账户进行规范地管理。这些管理必须由不同水平和不同能力的管理者执行，这些管理者应由以下人员组成。

- 系统环境管理员：负责机房进出管理，保证供电系统启动与正常运转。
- 系统设备管理员：负责服务器、客户机、网络设备的开启关闭。
- 系统设备维护人员：负责网络搭建、设备连接、故障排除等。
- 系统管理员和数据备份员：负责各类软件的安装升级和数据定期备份。
- 系统维护员：负责账户的维护，各类软件的开发、维护、测试等。

（2）指定制度。

制度是各种工作的依据，完善科学的制度能够使各类工作有依据、有标准，这样不管工作的人员有何变动、工作有何具体内容，工作均可正常延续。在整个网络建设与管理中，所涉及的相关制度有以下内容。

- 各类人员工作职责：每个岗位工作职责、工作范围和工作内容。
- 指定日期、时间工作内容：即每天、每周、每月、每年指定时间的规定工作内容、工作标准和执行人。
- 账户管理制度：所有进入计算机系统的账户的建立、账户权限的维护，即批准流程的执行。
- 设备启动前检查制度：所有硬件在使用前的检查和启动流程。
- 设备启动和关闭制度：在网络环境中如果设备被启动后均不能随意关闭，因为有些设备起到网络中核心设备的作用，如果随意关闭将造成整个网络瘫痪，因此一旦指定设备开启必须遵循指定流程关闭。

- 各类设备使用制度：网络所有设备应遵循规定使用。
- 数据维护制度：在整个网络系统中，随着各类应用会产生大量数据，对这些数据，什么账户，在什么时间，在什么位置，进行什么维护必须有严格的规定。
- 数据备份制度：数据是计算机系统及网站环境中最重要的内容，一旦损失将不可再现和挽回，因此必须制定完善的数据备份方案和备份流程。
- 软件维护制度：在网站运行过程中会涉及大量的软件，这些软件能否正常运行，是否需要升级，是否需要删除或更换，使用软件的账户是否改变，哪些软件不能让指定账户使用等，这些需要有完善的软件管理制度，从而避免出现软件不能正常使用或玩游戏等现象。
- 文档管理制度：网站和网络系统维护是一个复杂而且繁琐的工作，参与的人多，工作内容繁杂，周期长。因此对每一项工作均要有详细的文字记录，特别是执行内容、执行人、批准人、执行情况应进行详细记录，便于对系统整体进行综合的分析和出现问题时查找原因。

（3）使用和维护。

- 检查。
- 依照各类制度由指定人员在指定时间完成指定工作。
- 记录相关工作。
- 定期检查。

5.9　课后习题

1. 根据数据需求，将服务器（本地计算机）的硬盘进行合理的分区，按照系统安全需求选定适当的文件系统格式化；根据所要安装软件的功能划分，在不同的硬盘区安装相应的系统、应用、专用软件。

2. 根据所在单位人员进入网站（计算机网络系统）的权限，参照 Windows Server 2008 安全及共享，设置相应的账号和对指定区域（文件夹）访问控制，并对进入系统的账号、拥有时间、使用计算机、密码策略进行设置。

3. 根据本章 5.6 节的内容，设计一套计算机网络系统（网站）主机房管理方案，并特别对电源系统进行设计。

4. 根据所在单位的数据计划，提交一份数据（程序）备份方案。方案包括备份形式、备份方法、备份手段的选择。

第6章

电子商务网站推广

　　网站建立之后，下一步就要提高访问量。试想一个没有人知道的网站是没有用处的，为了提高访问量，使企业获得更多的商业机会，有效的推广非常重要。除了在企业的 VI 系统和宣传广告中印上公司的网址外，登录著名的搜索引擎如百度、Google、新浪网、搜狐网等是主要的手段，并尽量使其排名靠前。根据企业需要，可采取电子邮件群件发送、微博、手机短信、BBS 公告牌、新闻组等推广宣传手段。

　　推广一个功能完善的电子商务网站并非易事。由于要涉及网上支付、网络安全、商品配送等一系列复杂的问题，不仅投资巨大，而且需要大量专业技术人员。在目前情况下对于大多数企业来说，开展得并不顺利。一般认为即使从技术和资金上可以实现，但网上销售对于整体销售而言可能所占比例仍然很小，大规模投入不合算。最近，随着一些网上商店平台的成功运营，网上销售产品不再复杂了，电子商务不再是网络公司和大型企业的特权，而逐渐成为中小企业销售产品的常规渠道，网站的推广也就名正言顺了。

　　网站推广的目的在于为企业经营服务。许多企业创建网站后，就不用心管理了，以为一切万事大吉；有些企业创建网站后，进行了网站的推广，浏览量上来了，但企业创建网站的目的并没有达到，浏览量根本没有带来期望的交易对象。网站的推广要解决两个问题：一方面是如何提高网站的知名度，扩大用户的访问量（可以通过技术方法进行统计）；另一方面是，如何在已经浏览过企业网站的用户中有选择地保留住企业网站的潜在用户。这两个问题解决好了，企业网站的推广就成功了，企业的网站就有了存在的价值。

6.1 传统推广方式

　　在营销宣传的效果上，报纸、电视、电台、杂志等传统媒体的营销广告采用的是广播方式，这些广告的观众不全部都是企业产品的目标用户。

6.1.1 传统媒体广告

1. 报纸

作为传统的媒体，报纸具有传播范围广泛、便于收藏、发行量大等特点，长期以来一直作为企业广告的主要媒体。企业的电子商务网站也可以用此方式进行网站的推广工作。

2. 电视

作为传统媒体，电视具有收视人群广泛（经常达到亿人次）、传播信息生动、可一次制作反复使用等特点，长期以来受到各类企业的欢迎。企业在推广电子商务网站时，可借助此方式。

3. 电台

作为最早的媒体，电台具有广泛的听众，它具有收听人群广泛、收听条件简单、一次制作反复使用等特点，用户不计其数。企业的电子商务网站的推广可以通过电台广播开展。

4. 杂志

作为传统媒体，杂志一般具有面向对象针对性强、发行范围广泛、利于保存等特点，在杂志上刊登广告，一般情况下等于企业选择了目标用户。在推广电子商务网站时，这种有目的性的选择十分重要。

5. 户外广告

户外广告包括灯箱广告、路牌广告、横幅广告、巨型广告牌等多种形式。由于是在户外，特别是陈列在繁华地带、高速路两侧、建筑物顶层等位置，特别吸引人。可以通过这种形式推广网站。

6. DM

简单来说DM就是用户直投广告。此类广告针对性强，可以是企业网站的概略内容，也可以是企业的商品信息。信息更新速度快，有些企业每月或每旬均制作DM，更新产品、更新价格、更新服务。成本较低，以50 000份16开广告为例，所需制作费和投递费在7 000元左右。如果将企业网站的相关内容制作成DM，投递到准用户家中，推广效果会比较明显。

7. 口头传播

口头传播就是平时所说的"听说"的传播过程。有传媒研究机构分析，平均每个人在得到一条信息后，会将消息传播给7个听众。如果此分析成立的话，企业网站的口头宣传就有以一当十的可能。根据CNNIC的调查，在得知新网址的途径中，经朋友、同学、同事介绍的占56.8%，经网友介绍的占28.6%。可以说，"道听途说"对网站的推广意义重大。

6.1.2 VI系统推广

企业形象全称为企业形象识别系统（Corporate Identity System，CIS），包括理念识别（Mind

Identity，MI）、视觉识别（Visual Identity，VI）、行为识别（Behavior Identity，BI）和听觉识别（Hear Identity，HI）4 个部分。其中 VI 是 CIS 的中心部分，所以普遍意义上的 CI 指的就是视觉识别 VI。视觉识别包括基本设计要素和应用设计要素两大部分。设计要素包括标志、标志制图法、标志的使用规范、象征图案、中文标准字（横式、竖式）、中文指定印刷体、英文标准字、英文指定印刷体、标志与标准字组合、企业标准色、企业辅助色、标志与标准色彩使用规范等。应用设计要素包括办公用品类、广告使用类、车辆使用类、服装类及其他使用延伸。

如果企业拥有良好的 VI 系统，可以借助上述形式，推广企业的网站。好的标志能给人留下深刻的印象，醒目的标志让人过目不忘。在 VI 系统中加入网站的推广信息，如介绍网址、展示企业 E-mail 等。

6.2 网络推广方式

长期以来网站推广一直是网络营销的重点。作为电子商务企业，网站创建了，是否还需花大气力，利用网络来进行网站的推广呢？从电子商务发展的趋势、电子商务交易对象的特点、网站的经营特色来看，网络推广十分必要。

据中国互联网络中心的稍早的报告显示，用户得知新网站的主要途径如表 6-1 所示，由于搜索引擎、其他网站上的链接、朋友、同学、同事的介绍、报刊杂志介绍成为主要途径，那么企业的网络推广应该着重考虑与此相关的推广方式。

表 6-1　　　　　　　　　　　　　　用户得知新网站的主要途径（多选）

得知新网站途径	所占比例（%）	得知新网站途径	所占比例（%）
搜索引擎	83.4	报刊杂志	30.1
其他网站上的链接	65.5	广播电视	11.6
电子邮件	32.0	黄页	3.5
朋友、同学、同事的介绍	52.8	户外广告	10.0
网友介绍	27.5	其他	0.5
网址大全之类的书籍	17.4		

尽管网络广告市场总体下滑，以关键词为代表的搜索引擎营销是网络广告中的亮点。互联网最基础的功能即提供信息。目前互联网上的信息已是海量，搜索引擎则是网民在汪洋中搜寻信息的工具，是互联网上不可或缺的工具和基础应用之一。根据中国互联网信息中心 2012 年 1 月发布的 29 次中国互联网络发展状况统计报告，5.13 亿网民中使用搜索引擎的比例是 79.4%，即已有 4.07 亿人从搜索引擎获益，年增长率 8.8%，位列网络应用的第 2 位。可见，搜索引擎是最重要的网络营销工具之一。

6.2.1 登录搜索引擎

搜索引擎（Search Engine）是可以搜索网上任何信息的地方，在搜索引擎上，几乎可以查找到任何想要查的东西，回答任何的问题。形象地说，搜索引擎是网络的超级"黄页"，超级的百科全书。

1. 登录搜索引擎的重要性

全球最大网络调查公司 Cyber Atlas 的一项调查表明：网站 75%的访问量都来自于搜索引擎的推荐；另一家美国权威顾问公司 IMT Strategies 最新调查"发现新网站的有效途径"结果表明搜索引擎占 85%。搜索引擎作为网站推广的首选媒介，有着不可忽视的作用。除电子邮件以外，信息搜索已成为第二大互联网应用。并且随着技术进步，搜索效率不断提高，用户在查询资料时不仅越来越依赖于搜索引擎，而且对搜索引擎的信任度也日渐提高。有了如此雄厚的用户基础，利用搜索引擎宣传企业形象和产品服务当然就能获得极好的效果。所以对于信息提供者，尤其是对中小企业网站来说，目前很大程度上也都是依靠搜索引擎来扩大自己的知名度，扩大自己的产品销售渠道。

搜索引擎的出现，极大地方便了查找信息，同时也给推广自己的产品和服务创造了绝佳的机会。人们通过搜索引擎及其他网站的链接来找到企业的网站，获取企业的产品或服务的信息，这是网上营销的被动方式。很显然，只有对某种产品或服务感兴趣的人才会键入与此产品、服务相关的关键词，从而找到此种产品或提供此种服务的商家。得益于 Internet 覆盖全世界的用户（超过 7 亿），只要有中六合彩的概率（二百万分之一），就有了 350 个潜在客户，悉心开发这 350 个潜在客户，会获得不菲的收益。实际上的概率要大得多，全球有那么多企业在 Internet 上踊跃建站的最主要的原因就是在网站上的投资获得了巨额的回报。

登录搜索引擎的重要性体现在以下几个方面。

（1）搜索引擎上的信息针对性都很强。用搜索引擎查找资料的人都是对某一特定领域感兴趣的群体，所以愿意花费精力找到企业网站的人，往往很有可能就是企业渴望已久的交易对象。而且不用强迫别人接受企业的信息，相反，如果用户确实有某方面的需求，就会主动找上门来。

（2）发现潜在用户。一个潜在的用户也许以前从没听说过某个企业，但是，通过搜索引擎找寻服务时，就可非常容易找到能提供服务的企业网站，进而与该公司联系。

（3）登录搜索引擎的最大优势是具有极高的性价比。多数搜索引擎都免费接受网站注册，即使现在有些搜索引擎开始对商业网站收取费用（对于国外引擎大约 599 美元的登录收费），但相对其宣传效果来说，这点成本简直是微不足道。国内著名的搜索引擎 2011 年 2 季度增长状况如图 6-1 所示。根据 iUserTracker 监测数据显示，2011 年第二季度，百度网页搜索量较第一季度提升 60.5 亿次，达到 612.5 亿次，环比上升 11.0%，增长平稳。艾瑞咨询分析认为，百度 2011 年第二季度网页搜索量的大量增长，是在网页搜索量整体大幅增长背景下，百度延续其正常发展态势的表现。

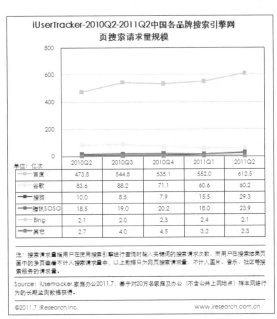

图 6-1　国内著名的搜索引擎增长状况

2．登录搜索引擎的技术方法

现在，不少企业认识到了在搜索引擎上注册的重要性，把网站进行登记了。但是效果仍然不佳，因为做好网络营销并不是这么轻而易举的。要对搜索引擎进行研究，特别是对寻求服务的信息搜索者的行为习惯进行分析，才能真正地做好营销的每一步。登录搜索引擎要考虑的问题如下。

（1）选取人气最旺的搜索引擎。国内外的搜索引擎非常多，但主要的、影响力较大的不过十多个，国外（英文）的主要包括 Google、Yahoo、MSN、AOL、Lycos、Ask、Overture、Netscape、AltaVista、Inktomi、HotBot、AllTheWeb、LookSmart 等；国内（中文）的主要包括 Baidu、中文Google、Yahoo 中文、新浪、搜狐、搜狗、搜搜及有道等。

（2）选取最恰当的关键词（Key Words）。网上的查找像图书文献查找一样，需要确定最恰当的关键词。只有选取了正确的关键词，才能让查找者方便地找到。比如说，一个生产食品机械的公司，选取关键词为"食品"、"机械"，就会造成很多寻找食品或其他机械的人来到网站来，从而宣传的有效性不佳。如把"食品机械"作关键词，针对性与实用性就强得多。在选取上，应该从产品名称、特点、学术界的标准、访问者的习惯等几方面考虑。特别要注意的是英文关键词，由于翻译的水平，往往与国外行为习惯有偏差，确定时要特别细心。

（3）确保排名（Rank）靠前。当信息查找者在搜索引擎上使用关键词查找信息时，查找结果是一个相关企业网站的列表，这个列表包括了全部已经登记注册了的相关公司网站。按关键词"电脑公司"进行搜索的结果如图 6-2 所示，一般来说这个列表的网站数目都有几百个、几万个以上。据调查，几乎所有的查找者都只看排在前十或前二十位的企业网站，而且这些排在前面的网站占了 90%以上的访问量。

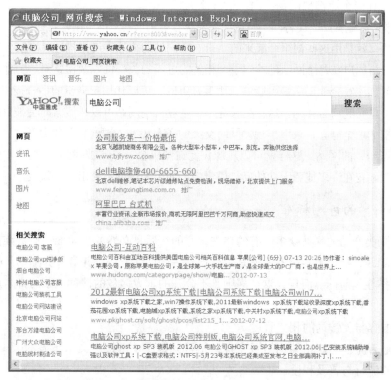

图 6-2　按关键词"电脑公司"进行搜索的结果

搜索引擎的实用工具有如下几个。

- 垂直搜索产品。国产搜索引擎登录工具，英文名称为 Vertical Search Engine，英文简称为 XDVSE，当前版本为 2.5。主要面向客户和应用领域：大中型企业用户，建立大中型的垂直搜索网站系统、网站门户、内外网信息发布；商业情报采集和分析、企业竞争情报系统 CIS(Competitive Intelligence System)、新闻监测和分析、情报采集和跟踪。同时，使用内置的从数据库获取索引技术也可以用于搭建站内搜索系统。

核心技术：搜索引擎是以中文信息处理技术与数据挖掘技术为核心技术，以智能检索、智能分析和智能处理为核心功能的产品。功能特色：主要由网络爬虫，索引器，分词器，查询器四部分模块组成。

- SubmitWolf（CN）工具。SubmitWolf 是目前世界最先进的主页推广工具。它可以在短短几分钟之内，将用户的网站提交到因特网上一千五百多个搜索引擎上。同时 SubmitWolf 还可以通过主要的搜索引擎，来判断网址的等级，也就是说网址是否索引到了。如果这个值很低，说明用户需要重新设置页面的 meta 标签生成器。SubmitWolf 可以帮助用户生成搜索引擎更喜欢的 meta 标签，可以将产生的 meta 标签放在您页面的文件头上，这样有助于搜索引擎能正确的索引到用户的站点。总体来说，SubmitWolf 是一个使用简便、功能强大的专业 Web 站点宣传工具，它能够对用户的因特网 Web 站点宣传进行自动处理。使用 SubmitWolf 将使访问用户站点的人数惊人地成倍增长，是目前最先进的网站自动登录程序，支持中文和英语。

可以说，当用户以产品最相关的关键词在搜索引擎上搜索时，企业的网站是否排在众多的竞争者的前列，是搜索引擎推广成功与否的直接标准。正因如此，搜索引擎的排名之争成了公司网络营销的焦点，任何企业都想排在前面，抢占商机。

通常，在推广企业网站时会将同一站点加注两次。第一个网站推广用来封锁客户可能检索的词，之后，网站描述，就是用这些词组合起来的。第二个网站的描述。说是描述，事实上是反复研究核心的关键词，分析用户在各个网站的检索量、相关的可能的关键词以及检索量。为什么这里要重复再进行一次搜索加注？企业要尽量可能的、用最好听的、可以让用户振奋的话去描述企业的网站，这个描述说白了就是起广告作用。这样交叉起来，企业营销网站可以在搜索时会被直接找到，并且至少在搜索引擎的两个静态目录下出现。同时交叉的还有相关关键词，例如搜索"可口可乐"时同时出现"百事可乐"的网站。这样就可以从源头上封锁机会——"被找到的机会"。怕花钱，可能反而会将钱分散地花在许多徒劳无功的反复摸索中。如果关键词不突出，必须改造。

3. 搜索引擎的评测标准

由于提供同类产品的网站众多，有的在先，有的在后是必然的。而谁在前？谁在后？怎样决定？对于这些问题，提供查找服务的搜索引擎自有一套评估方法，并有评分细则。越符合其规则的网站，就会排在越前面。而且，这个规则是不公开的。大多数的搜索引擎的排名规则都包括下面几点。

- 网站内容与关键词的相关程度。
- 网站是否完善，网站结构是否完整，是否无错误（链接、文字、显示……）。
- 网站的流行与普及程度。
- 网站的管理与维护情况。

● 其他情况。

搜索引擎的任务就是向查找者提供最准确的资料。各个不同的搜索引擎，也有各自的喜好，排名评分的细则也有所不同。只要针对这种规则进行认真研究，就可得到种种排名靠前的技巧。只有熟悉这种游戏规则，才能作好搜索引擎的推广工作。如果说要以营销的角度建设企业网站，其中一大部分就是要在设计网站时遵循这些规则。现在国内企业的网站，大多数都没有注意到这一点，效果当然不够好。

6.2.2 BBS 推广

据《互联网电子公告服务管理规定》指出，BBS（电子公告服务）是指在互联网上以电子布告牌、电子白板、电子论坛、网络聊天室、留言板等交互形式为上网用户提供信息发布条件的行为。

昔日 BBS 主要依靠综合网站生存，其论坛内容多数与所存在网站的功能有关。目前 BBS 有了自己的网站，有些 BBS 网站固定发帖量达到十万，注册用户超过百万，平均每天发帖量在 10 万左右，拥有全国著名的论坛，在互联网用户中有良好的口碑。有些 BBS 网站拥有较为庞大及商业价值的商务主题论坛，为社会上某些企业、集团、协会、商会及其他方面的发展起到积极推动作用。面对这样的情况，企业在进行网络推广时一定要充分考虑 BBS 的影响。

1. BBS 的主要功能

（1）发帖功能。用户根据自己的喜好，在 BBS 网站提供的论坛中高谈阔论，与各路高手切磋技艺。如 BBS 秀网站提供了一个关于 3D 中贴图技巧的论题，发帖者展示自己的才华，参与者或谦虚请教或隔岸观火，参与者众多。

（2）浏览帖文。有些用户出于学习的目的在 BBS 上进行浏览，通过研究其他用户的帖文，找到自己需要的知识。

（3）删帖功能。有些 BBS 网站的帖子一经发出，就确定一个保存时间，到时可以删除；有的帖子由于不符合网站的相关规定，由网站管理人员进行查询后删除。这样做的好处是帖子常常更新，用户得到的信息量大，同时又保证了帖子内容的合法性。

（4）代号管理功能。每个登录 BBS 的用户都要有一个用户代号，一般是在首次登录时由用户注册的。该代号用于识别用户进入 BBS 的身份。一旦有些用户违反了登录时自愿遵守的 BBS 规则，该用户代号的使用将受到限制。另一方面，用户在参加 BBS 组织的活动时，代号可以成为晋级的标志。

（5）提供多种版式。BBS 有多种版式，有的像表格，有的像独立网页，有的像一句话，五花八门。

（6）打包及备份数据。这是由 BBS 网站提供的人性化服务。用户可以将自己有兴趣的信息通过打包或备份数据的功能，保存在恰当的位置。

（7）增加文字和图片广告。目前，在 BBS 上除了以往传统的文字信息外，多媒体信息开始渗入该领域，这无疑扩大了 BBS 的服务范围，增强了 BBS 的功能。

谈天说地、发表文章、讨论问题，充分体现了网络的互动性。论坛的宣传、推广、发展、壮大主要靠网友的口碑及奔走相告。

2. 登录 BBS

登录 BBS 包括以下两种形式。

- 登录专门的 BBS 网站。
- 登录电子商务企业网站的 BBS 板块。

3. BBS 推广技巧

据中国互联网络中心 2012 年 1 月发布的报告显示，用户经常使用的网络服务中，BBS 占用户的比例为 28.2%，达 1.45 亿人。企业的电子商务网站开辟 BBS 专栏，或借助已有的 BBS 网站推广企业的电子商务网站，效果可想而知。在使用 BBS 推广时，可从以下几方面入手。

- 开办主题论坛。结合企业的经营特点、产品特点开办由企业引导的主题论坛。
- 开办用户俱乐部。开办由用户组织的俱乐部，交流用户心得，传播产品信息。
- 专家讲座。举办行业内权威人士主持的讲座，宣传企业，宣传产品，普及使用常识。
- 参与 BBS 网站的论坛活动。尽可能多地参与各种相关 BBS 网站的论坛活动，广泛发布企业网站信息。

6.2.3 群件发送推广

如果说登录搜索引擎推广是一种被动式的网络营销，那么电子邮件群件发送推广则是一种主动性的推广，是类似于根据企业名录发征订单的一种宣传推广方式。

1. 群件发送的优势

电子邮件群件发送是利用邮件地址列表（用户名录），将信息通过 E-mail 发送到对方邮箱，以期达到宣传推广的目的。电子邮件是目前使用最广泛的互联网应用。它方便快捷，成本低廉，不失为一种有效的联络工具。电子邮件群件发送类似传统的直销方式，属于主动信息发布，带有一定的强制性。通过表 6-2 可以看出，电子邮箱是广大用户使用最多的一项网络服务项目，有 47.9% 的用户使用它，如果借助它来进行电子商务网站的推广，势必带来比较明显的宣传效果。

表 6-2　　　　　　　　　　　　用户经常使用的网络应用项目（多选）

网 络 应 用		使用率（%）	用户规模（万人）
互联网基础应用	搜索引擎	79.4	40740
	电子邮件	47.9	24577
	即时通信	80.9	41510
网络文学		39.5	20267
网络媒体	网络新闻	71.5	36687
	更新博客/个人空间	62.1	318645
	微博	48.7	24988
数字娱乐	网络游戏	63.2	32428
	网络音乐	75.2	38585
	网络影视	63.4	32531

续表

网 络 应 用		使　用　率（%）	用户规模（万人）
电子商务	网络购物	37.8	19395
	网上支付	32.5	16676
	网上银行	32.4	16624
	团购	12.6	6465
	旅行预定	8.2	4207
其他	网上炒股票基金	18.2	3822

2. 群件发送应注意的问题

通过电子邮件推广产品，必须要谨慎，尊重用户。如果不顾用户的感受，滥发邮件，容易造成用户反感，反而造成负面的影响。现在国内外都设立法律禁止电子邮件的滥发。

据国际知名安全机构 ICSA 实验室发布的最新《垃圾邮件统计报告》显示，在 2009 年下半年中国发出的垃圾邮件占全球垃圾邮件总数的比例大幅下降的基础上，2010 年 1 月，这一比例又有较明显的下降，仅维持在 2.0%左右，为世界第七大垃圾邮件发送国。排在前六位的国家分别为：巴西、越南、俄罗斯、印度、韩国和美国。本次调查数据显示，中国网民每周收到垃圾邮件 13.84封，占收到全部邮件总量的 44.86%。

通过对垃圾邮件的分析发现，垃圾邮件也并非都是盲目的，而是"有明显的针对性"，对于较少使用的邮箱，收到的垃圾邮件通常也比较少，而对于活跃的邮箱，尤其是公布在网上的E-mail 地址，更加容易受到垃圾邮件的青睐。这种状况与一些收集邮件地址的所谓"网络营销"软件密不可分。这些非法搜索用户 E-mail 地址的软件，打着"网络营销"的旗号，利用了部分用户急功近利、贪图便宜的心理来牟取私利，对网络营销环境造成了很大破坏。尽管国内已经成立了反垃圾邮件组织，但能否遏制垃圾邮件的泛滥仍然是个未知数。

正是因为电子邮件是互联网使用最广泛的功能，同时它又容易给用户带来负面影响，在采用电子邮件群件发送推广时要注意以下几点。

- 发送的对象必须是有兴趣（行业相关）的个人消费者或单位消费者。
- 把握发送的频率。
- 认真仔细编写邮件的内容，要简短有说服力。
- 必须将宣传对象引到网站上来，因为网站才能提供详尽的信息，才更有说服力。

3. 借助电子邮箱的功能进行推广

据中国互联网络中心发布的报告显示，近 70%的用户对收到网站的广告邮件并不反感，如表 6-3 的分析显示。企业可以利用用户的心态进行电子商务推广。

表 6-3　　　　　用户对收到网络广告邮件作为选择物品或服务的参考

用 户 态 度	愿　　意	无 所 谓	不 愿 意
所占比例（%）	20.2	49.1	30.7

推广的方法主要包括如下几种。

（1）借助互联网，直接向企业的潜在用户群分发邮件。E-mail 可以通过企业的活动、网站的用户注册等手段进行收集。使用此方法一定要从用户的角度进行推广工作。要考虑的问题包括发件周期、发件格式、回复周期等。如果发件周期过于频繁，会使用户产生反感。发件格式一定要人性化，使浏览者轻松完成浏览过程。回复周期应该较短，使用户快速得到反馈信息。

（2）借助无线通信网络，直接向更大范围的潜在用户群分发邮件。据英国的无线营销公司 Enpocket 发表的调查称，23%的手机用户会将收到的短信营销信息保存起来以后阅读，20%的用户会将这些信息给自己的朋友看。平均来说，有 8%的手机用户会回复短信营销信息，6%的手机用户会访问相关网站，4%的用户会购买通过短消息发布信息的产品。

4. 电子邮箱推广的评价

评价 E-mail 营销的有效性有多个指标，送达率是其中最重要的一个。邮件退信率的上升就意味着送达率的降低。根据对 E-mail 营销专业领域的了解，一些服务商遭遇的邮件退信率已经接近甚至超过 60%，造成邮件列表退信的主要原因包括邮件服务商对邮件列表的屏蔽、用户废弃原来的邮箱、免费邮箱终止服务、用户加入列表时的邮件地址不准确等。受众情况、价格及邮件资源也是评价的重要指标。

6.2.4　新闻组推广

新闻组是个人向新闻服务器所张贴邮件的集合，众多有共同兴趣与话题的参与者彼此通过电子邮件进行讨论与交流，就构成了一个新闻组，一台计算机上可建立数千个新闻组。每一个新闻组的参与者都可以看到其他所有参与者发布的信件，同样，每一参与者发布的信件也有可能被该组其他所有的参与者看到。

新闻组诞生于 1980 年。当时，在一个互联了很多 UNIX 服务器的系统中，工程师们经常在网络中相互交流，以便解决系统出现的各种各样的问题，特别是系统设置被修改后，要及时地通知有关人员。由于这种交流的机制非常有效，以至于越来越多的人开始加入进来，讨论的主题迅速扩张，诸如科学幻想、人类与计算机等主题应运而生。在一段时间里，新闻组的使用还限于大学、学院、研究机构、公司和企业中的研究机构中的 UNIX 机器，讨论的主题也缺少商业味道。但是，随着 Internet 的飞速发展，带有商业目的的公司、企业和个人迅速侵入新闻组，使其逐渐丧失非商业化的纯洁，各种各样的广告信息散布于其中，如图 6-3 所示，推荐服务器空间域名的留言。纯商业性的讨论组如雨后春笋，整个新闻组体系在商业性需求的推动下，发展成具有 3 万多讨论组的庞大体系，参与其中的网民数以亿计。新闻组虽然规模庞大，在 Internet 中扮演重要角色，但它与正规组织有很大区别。

- 新闻组不是一种组织。其成员可以自由地参加或退出，它没有什么中心，也没有中央管理机构。
- 新闻组处于一种无政府的状态，它不是公共事业。一些新闻组是由公共基金资助的，但许多新闻组不是，它们不受任何政府部门的管理。
- 新闻组不是 Internet。Internet 是一种广泛的计算机网络，而新闻组只是其中的一部分，并且新闻组的访问者源于 Internet。

图 6-3　新闻组中一条有广告色彩的留言

正是基于以上特点，企业在借助这一手段时，不需要寻求哪级机构的帮助，企业的言行是通过自律的方式参与其中的。

新闻组（Newsgroup）已经成为互联网上一个重要的组成部分，每天都吸引着全球众多的访问者。其中包含的各种不同类别的主题，已经涵盖了人类社会所能涉及到的所有内容，如科学技术、人文社会、地理历史、休闲娱乐等。但是，由于一些历史原因，新闻组的使用者以及新闻组的管理者对于那些单纯的商业宣传十分敏感，并会坚决反对，有以下原因。

- 使用新闻组的人主要是为了从中获得免费的信息，或相互交换免费的信息。
- 使用新闻组的人对新闻组中的内容非常敏感，并对张贴消息也非常小心。因为他们不愿意因透露过多的个人信息，而受到垃圾邮件的侵害。

尽管如此，由于新闻组使用方便，内容广泛，并且可以精确地对使用者进行分类（按兴趣爱好及类别），它的确是网络营销的一种非常有效的手段。但是，企业必须尽可能地了解它的使用规则，避免一切可能引起别人反感的行为，这样才有可能从中受益。

1．新闻组的分类

新闻组由许多特定的集中区域构成。由于组与组之间以树状结构组成，这些集中的区域也被称为类别。目前，在新闻组中主要有以下几种类别，如图 6-4 所示，Baidu 的分类如下。

- alt：任何主题。
- biz：有关商业或相关的主题。
- comp：关于计算机专业及业余爱好者的主题。包括计算机科学、软件资源以及硬件和软件信息等。

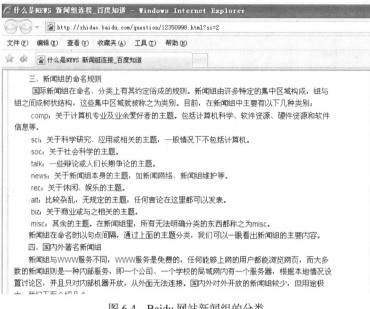

图 6-4　Baidu 网站新闻组的分类

- humanities：艺术、人文、哲学等主题。
- misc：杂类的主题。
- news：关于新闻及新闻组本身的主题，如新闻网络、新闻组维护及软件信息等。
- rec：关于人们休闲、娱乐的主题。
- sci：关于科学研究、应用或相关的主题。
- soc：关于社会科学的主题。
- talk：一些辩论或人们长期争论的主题。

2．如何使用新闻组

互联网上有大量的新闻组和论坛，人们经常就某个特定的话题在上面展开讨论和发布消息，其中当然也包括商业信息。实际上专门的商业新闻组和论坛数量也很多，不少人利用它们来宣传自己的产品。但是，由于多数新闻组和论坛是开放性的，几乎任何人都能在上面随意发布消息，所以其信息质量比起搜索引擎来要逊色一些。而且在将信息提交到这些网站时，一般都被要求提供电子邮件地址，这往往会给垃圾邮件提供可乘之机。当然，在确定能够有效控制垃圾邮件前提下，企业不妨也可以考虑利用新闻组和论坛来扩大宣传面。国外一个专业的新闻组往往有几万人以上，有的甚至有几十万人。

通过下面的实例来介绍如何使用新闻组推广。在某个专业的新闻组里，某企业是这样宣传产品的。

第 1 步，用一个虚拟的名字做了如下一则帖子。

From: 典典

To:　××某新闻组

我几星期前在这里看到过谁说过，但现在找不着那帖子了。有谁知道一种新型的暖炉，用电加热，不用换水，效果挺不错。那牌子好像叫玫瑰牌暖炉，或类似的叫法，谁知道了请告诉我，谢谢。典典

第 2 步，用第 2 个虚拟的名字发出如下第 2 张帖子。

From: 多多

To:　××某新闻组

典典:

我想您说的那种暖炉，我在 AAA 晚报上看到过他们的广告，可我现在也找不到了。如果您知道哪儿有买，请告诉我。我家小孩这两天不舒服，我正想买一个。当初真该留住那张报纸去买一个。有谁知道吗？多多

第 3 步，用第 3 个虚拟的名字发出如下第 3 张帖子。

From:　想想

To:　××某新闻组

那种暖炉叫玫瑰花牌暖炉。3 天前我买了，用起来还挺好使。6 分钟电加热，用一晚上没问题，水也不用换。他们有个免费订购热线，800-111-222。我在店里买的，花了 30 元。我想，去他们的网站订购一个可能会便宜些，25 元差不多了。网址是 http://www.XXX.com.cn。祝好运。想想利用这种推广的方式，需要有高深的策划能力，把产品的宣传推广做得更隐蔽，而且效果也是惊人的。另外，此推广方式对搜索引擎的排名也有帮助。

下面，以微软的 Outlook Express 为例，介绍使用新闻组的操作步骤。

① 注册。打开 Outlook Express 软件，选择"工具"菜单→"账号"选项，弹出"Internet 账号"对话框，如图 6-5 所示，单击"添加"按钮，选择"新闻组"，弹出"Internet 连接向导"对话框，依次输入姓名，如图 6-6 所示；电子邮件地址，如图 6-7 所示；新闻服务器，如图 6-8 所示。出现如图 6-9 所示的对话框，表示注册成功。

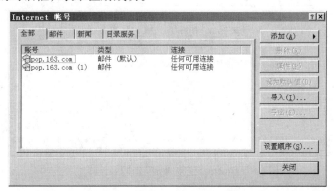

图 6-5　"Internet 账号"对话框

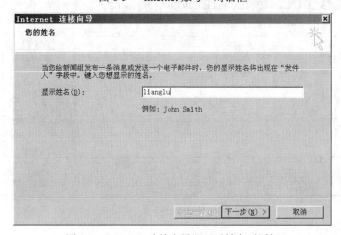

图 6-6　"Internet 连接向导"显示姓名对话框

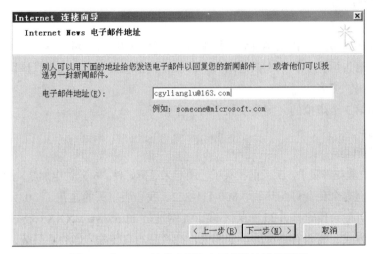

图 6-7 "Internet 连接向导"电子邮件地址对话框

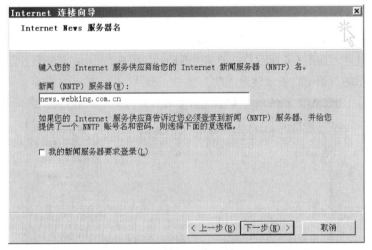

图 6-8 "Internet 连接向导"新闻服务器对话框

图 6-9 "Internet 账号"对话框

② 预订新闻组。预订的好处在于，预订后的新闻组将包含在 Outlook Express 左边的文件夹

列表中，访问起来很方便。

首先，添加新闻服务器时，Outlook Express 会提示预订该服务器上的新闻组，如图 6-10 所示。

图 6-10　"Outlook Express"
提示对话框

其次，单击文件夹列表中的新闻服务器名，然后单击新闻组按钮。选择要预定的新闻组，然后单击预订按钮，如图 6-11 所示，预定"计算机教育"。也可以在这里取消预订。当双击新闻组列表中的某个名称时，将自动预订该新闻组。

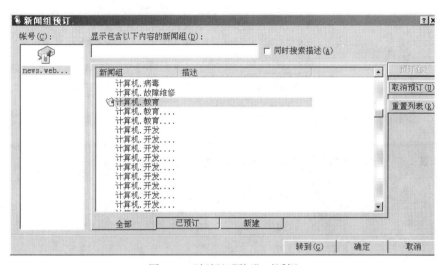

图 6-11　"新闻组预订"对话框

预订成功后，窗口将显示相关主题，如图 6-12 所示。

若要查看已预定的新闻组中的邮件，可在文件夹列表中单击该新闻组，如图 6-13 所示，查看组中内容；若要取消对新闻组的预订，可单击工具栏上的新闻组按钮，单击已预订选项卡，选择要取消预订的新闻组，然后单击取消预订按钮。也可以在文件夹列表中用鼠标右键单击该新闻组，然后在弹出的快捷菜单中单击取消预订按钮。

③ 向新闻组张贴邮件。

首先，在文件夹列表中，选定要在其中张贴邮件的新闻组。

其次，单击工具栏上的"新投递"按钮。若要将邮件张贴到同一新闻服务器的多个新闻组中，请单击新邮件对话框中新闻组旁的图标。在挑选新闻组对话框中，单击列表中的一个或多个新闻（选择多个新闻组时请按住【Ctrl】键），然后单击添加。可以从所有新闻组中选择，也可以通过单击仅显示已预订的新闻组按钮，从已预订的新闻组中进行选择。

图 6-12　预订成功后 Outlook
Express 显示预订内容

再次，键入邮件的主题。Outlook Express 无法张贴没有主题的邮件。

最后，撰写邮件，然后单击"发送"按钮，如图 6-14 所示。

通常在用户发送了邮件以后，不能马上在窗口中看到发送的结果，只要稍候即可。如图 6-15 所示，用户发送的结果显示出来。

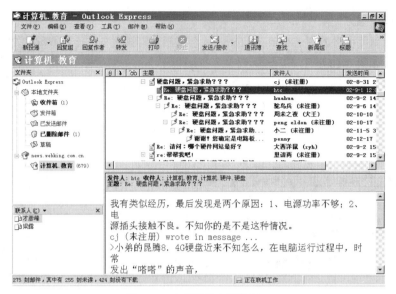

图 6-13　查看相关主题的窗口

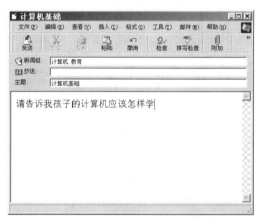

图 6-14　撰写邮件窗口

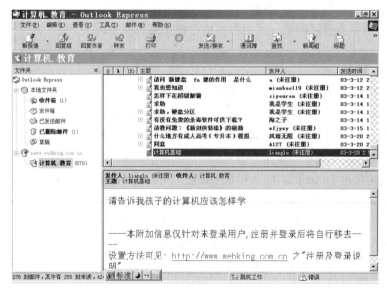

图 6-15　显示发送结果的窗口

需要说明的是，可以将一封特定邮件同时发送到多个新闻组中，但前提是所有这些新闻组必须在同一台新闻服务器上。若要将邮件发送到其他新闻服务器的新闻组中，请为每一台新闻服务器创建单独的邮件。另外，若要取消已张贴的邮件，请选定该邮件，单击邮件菜单，然后选择取消邮件。如果有新闻组用户在取消邮件前下载了该邮件，那么取消邮件的操作无法将其从该用户的计算机上删除。只能取消自己张贴的邮件，而不能取消其他人的邮件。

④ 回复新闻组邮件。

首先，在邮件列表中，单击要回复的邮件。

其次，如果用电子邮件回复邮件的作者，请单击工具栏上的"回复"按钮。

再次，若要回复整个新闻组，请单击工具栏上的"回复组"按钮。

如果要回复到同一新闻服务器的其他新闻组中，请单击"回复"对话框中新闻组旁的图标。在挑选新闻组对话框中，从列表中选择一个新闻组，然后单击"添加"。可以从所有新闻组中选择，也可以通过单击仅显示已预订的新闻组按钮，从已预订的新闻组中进行选择。

最后，撰写邮件，然后单击"发送"按钮。

回复邮件和发送邮件一样可以将一封特定邮件同时发送到多个新闻组中，但前提是所有这些新闻组必须在同一台新闻服务器上。若要取消已张贴的邮件，请选定该邮件，单击邮件菜单，然后选择取消邮件。如果有新闻组用户在取消邮件前下载了该邮件，那么取消邮件的操作无法将其从该用户的计算机上删除。若要查看新闻组邮件的发送时间等信息，请选定该邮件，单击文件菜单，然后单击属性。

3. 如何借助新闻组开展网上营销

了解新闻组中的相关规则与习惯非常重要。尽管新闻组的面貌与以前大不相同，但是新闻组自诞生就有的一些传统和观念已经成为约定俗成的规则，还在维持着新闻组的秩序。其中的一条就是在讨论组中发布盈利性质的广告是粗野和无礼的。新闻组中的广告被人们视为"侵略"，因为这些广告往往与讨论组的主题没有任何关系，而且如果任其自由泛滥，新闻组就会失去参与者，没有人参与，新闻组也就名存实亡了。另外，在讨论组中发布信息要短小精悍，主题要鲜明且与讨论组的主题相符，要相互尊重、互通有无等同为新闻组中的行为哲学。借助新闻组开展网上营销本身是一种广告行为，在传统的拒绝广告与现代商业化倾向激烈冲突的新闻组中，需要谨慎行事。发布与讨论组主题相符的通知、短评、介绍性质的信息。请注意这种惯例：通知、短评、介绍性质的信息。这种惯例本身就限定了信息内容的写作方法，只能是提供了解某个产品或服务更详细信息的线索，在提供线索的同时，自然可以加一些短评和介绍。显然，在这样的写法中，绝对不能出现买和卖、价格和优惠等叫卖性质的敏感字眼。也就是说，用这样的方法撰写出来的信息绝对不是广告，而是通知、短评或介绍，是可以被大多数网民接受的。在文字的最后加上电话、传真、电子邮件地址和 WWW 地址是必要的，而且要把网址放在显著的位置加以突出，从而达到宣传网址的广告目的。

在标题中，还有这样的限定：与讨论组主题相符。因为，新闻组是按照主题来划分组的，参与每个组讨论的人都是对该组的主题有着共同的兴趣。如果将移民法律咨询服务方面的信息发布在 sport 组中，不仅信息绝少有人看，而且还会有人讥笑不懂新闻组的规则。尽管球迷中也有想要移民的，但是由于来到这个组的人的兴奋点在足球上，所以信息被关注的概率非常小。在新闻组中没有绝对的禁止方法和愿意花费大量的时间去制止别人的人，但是这并不意味着就可以为所欲为。新闻组之所以至今依然有着强大的生命力，就是靠着绝大多数参与者的自觉守法。

判断某个组的主题有两种方法。首先，阅读讨论组的章程。最早的 7 个组，comp、soc、rec、talk、misc、news、sci 和 humanities 都有章程。在章程中，该组讨论的主题都有明确的界定。如果找不到章程，可以用第二个方法：从讨论组中的文章内容中判断。

在撰写文字时，短小精悍是必要的，要用尽量少的文字，表达尽可能多的信息。同时，文字中的礼貌用语也很重要。

其次，要注意这类信息的发布频率。很多人有一种误解，认为只要是人们可以接受的，就可以无限制地使用。殊不知，同样内容的信息频繁的在同一个地方出现，使人们认为这种举动是纯粹的广告行为，必然会引起人们的厌倦和拒绝。在发布频率方面，建议根据该组文章更新的频率来确定重复的次数，即使重复，也最好在文字方面有所变化。

一般来说，在讨论组中的文章都不会永久存留，后续的新的文章会将最老的文章逐一顶替掉。所以，要不定期地监测文章是不是还在其中。如果还在，就没有必要再发。如果已经被顶掉，而很多新的文章、新的作者加入进来，就可以再发一次。当严格地按照上述的方法去做时，也并不就是说会在所有的组被接受。因为认真而且严格的大有人在。更加谨慎的一个方法是，在付诸行动之前，先耐心地观察一段时间，看一看组里是否已经有类似的文章，这些文章的发布是否受到了攻击，这些攻击的强度如何。正所谓知己知彼方能不被人抓到"短处"。

在商业化味道已经很浓的今天，新闻组产生了很多专门用于交流买卖信息的讨论组，其组的名字往往含有"forsale"、"marketplace"以及"ad"等方面的字眼。如 rec.games.board.marketplace 是专门用于电子游戏买卖广告信息发布的，而 misc.forsale 则用于买卖计算机、显示器、打印机、外设等，与计算机无关的则要使用 misc.forsale.non-computer 组。显然，misc.forsale 组是专门接受各类纯商业广告信息的，是发布分类广告的好地方。另外，有一大组叫 biz，biz 是 business 的简称，这个组是广泛接受商业信息的。在使用这个组前，最好先考察和选择适当的小组，因为有些组由于参与的人不多已经有生存危机了。

在很多组中，为了让商业广告信息有栖身之地，也专门开设相应的讨论组，如 triangle.forsale、triangle.wanted 等。如果把广告信息在所有的广告讨论组中发布，岂不是既省时省力，又会得到最大数量的受众，效果还会更好。但是，即使是专门的广告讨论组，也有主题、地域等方面的差别。显然，不能班门弄斧，即使是专门的广告讨论组，有的组还有自己的特殊规则。例如，comp.newprod 组就要求发布到该组的广告信息具有一定的新颖性、知识性，同时还能够让对其感兴趣的人们方便、快捷、免费地获得详尽的资料。其实该组的名字 newprod 是 new products 的简写，本身就界定了该组的风格。之所以如此，是因为该组的组织者希望这个组能够成为人们获得计算机领域最新信息的可靠渠道。

6.2.5 网络广告与交换链接推广

1. 旗帜广告

旗帜广告即通常所说的"Banner Advertising"。Internet 广告最早即起源于位于网站顶部或底部的长方形的旗帜广告。它利用互联网的链接特点，浏览者如果对广告感兴趣，只要用鼠标一点击，就能进入相应站点查看详细信息。通常，旗帜广告为 17.78cm 宽，2.54cm 高，使用静态或动画 GIF 图形。如图 6-16 所示，即为一个典型的旗帜广告。

图 6-16　新浪的旗帜广告

虽然现在有许多广告业内人士主张，网站广告要超越"旗帜广告"的形式，但是，由于现在人们在旗帜广告这种形式上已经投入了大量资金，并且能够吸引众多的观众，因此，旗帜广告这种互联网广告的基本形式在短时间内不可能被其他形式的广告取代。

2. 旗帜广告的特点

虽然目前旗帜广告（可以说整个在线广告）还处在发展阶段，其广告收入还远远不及传统的广告，但由于在线广告的易于跟踪定向等特点，其增长幅度在近几年是非常惊人的。下面是旗帜广告的几个突出特点。

（1）可定向性。旗帜广告（包括其他所有的在线广告形式）都具有完全的可定向特点。所谓定向实际上是对用户的筛选，即广告的显示是根据访问者来决定的，先进的广告管理系统能够提供多种多样的定向方式。比如按访问者的地理区域选择不同的广告出现，根据一天或一周中不同的时间出现不同性质厂商的广告，根据用户所使用的操作系统或浏览器版本选择不同 Banner 格式等。比如，如果某用户对旅游感兴趣，那么，每当他开启浏览器时或进入某特定站点，广告商就可以向他展示有关的旅游广告。现在，虽然它还不能按照性别或其他人类特征进行定向，但在不久的将来，相信它能够按照使用者的所有特征进行定向。

（2）可跟踪性。市场经营者可以了解用户对其品牌的看法，可以了解用户对哪些产品更加感兴趣。通过发布不同的旗帜广告（及其他在线广告），观察观众对广告的回复率，能够准确测量观众对产品兴趣的来源。

（3）方便灵活的可操作性。可以每天 24 小时、每周 7 天、每年 365 天操作旗帜广告，使其无时不在迎接全世界的观众。并且，可以随时发布、更新或者取消任何旗帜广告。所有广告人能够在广告分布的头一个星期以最短的时间了解广告的效果，并决定不同的广告策略。但是，在其他传统的广告形式中，不可能有这样直观并且高效率的操作性。

（4）交互性。每个广告人的目标是让观众真正参与到其产品或服务中来，让客户真正体验其产品或服务。旗帜广告（在线广告）可以做到这一点，它可以引导观众来到产品或服务的介绍网站，观看产品或服务的演示实例，对于软件产品，观众可以立即下载有关的演示操作版，体验到真实的产品或服务。这在其他传统的广告形式中是根本无法实现的。

3. 旗帜广告的评估

在传统的广告宣传测量中，最重要的测量方法是 CPM（每千次费用，Cost Per Thousand），一般都基于印刷品的发行量或电视播出的预计观众数量。这些统计量只是一个经验数据，并不能代表真实的观众数量。

但是，在基于 Web 的旗帜广告测量中，很容易记录观众访问次数及点击旗帜广告的次数。尽管如此，目前的旗帜广告测量还不能说非常完善，诸如访问者个人信息，用现有的测量手段和工具还不能完成。然而，没有理由怀疑在今后不能完成这些现在还不可能完成的测量工作。下面是进行旗帜广告测量时的基本要素。

（1）广告浏览量（Ad Views）。旗帜广告被用户下载、显示的次数，一般以一段时间内的次数来衡量。

（2）服务器响应量（Hit）。从一个网页提取信息点的数量。网页上的每一个图标、链接点都产生 Hit，所以一篇网页的一次被访问由于所含图标数量、浏览器设置的不同，可以产生多次 Hits。因此，用一段时间内有多少 Hits 来比较网站访问人数是不准确的。

（3）访问量（Visit）。访问量指一个用户在特定时间段中的有些连续调用，在这里，特定用户以一个有效的 IP 地址来确定。这个时间段从 15 分钟到 2 个小时有所不同，但平均为 30 分钟。

（4）IP 地址。每个访问 Web 页的计算机都有其特定的 IP 地址。一个有效的 IP 地址可以反映出访问网站的计算机，但因为一个计算机可能会使用几个独立 IP 地址，所以，IP 地址并不能反映出实际的用户数量。

（5）有效用户量（Unique User）。访问网站的独立客户通常是通过网站上的登记表格或其他身份验明系统得到具体的统计。

（6）域名（Domain Name）。域名是为了让人们更加容易识别以数字代号命名（IP）的计算机而规定的文字代表符号。主要的顶级域名有 com、net、edu 等，并用圆点"."分割。

（7）次数。曝光率（Gross Exposures）、印刷量（Impressions）及广告观看率（Ad Views）。这些为广告基本术语，描述广告被看到的次数。

（8）点击（Click Through）。点击指访问者使用其鼠标点击旗帜广告，并自动链接到目标网站地址的过程。

（9）点击率（Click Through Rate）。点击率即用户使用鼠标点击旗帜广告的次数与旗帜广告显示次数的比率。根据 I/Pro 提供的统计资料，旗帜广告平均的点阅率为 2.6%（尽管有些目标范围准确的旗帜广告的点阅率可以达到 30%）。

一般提供旗帜广告空间的出版商能够提供适于旗帜广告投放网站的访问测量情况，如上面的主要测量要素。可以要求出版商提供上面的基本信息或相关信息。再结合企业的目标用户情况，制定出最佳的旗帜广告策略。

4. 旗帜广告的设计

对旗帜广告而言，其有效性的标志就是用户的点击次数。为了以一个小图像来吸引用户的注意，提高广告的点击率，必须掌握旗帜广告的创作技巧。

（1）创作技巧。

- 在广告的创意上，必须对 Banner 所链接的目标站点内容有全面的了解，找出目标站点最吸引访问者的地方，转换为 Banner 设计时的卖点（Selling Idea），不要夸大目标网页，否则上过一次当的访客是很难有勇气再次点击这个 Banner。
- 可能客户目标网站同时提供很多内容的服务或产品，但可以选择一个最具有吸引力的内容，作为 Banner 创作的主题。可能目标站点是个销售性的站点，在直销折扣率中可以选择折扣最大的商品作为主要的宣传对象，切勿泛泛而谈打折。
- 在卖点的设计上，应该站在访问者的角度。注意与广告站点内容的相关性，使得点击率能够提高。比如，一家网球俱乐部的 Banner，如果出现在体育站点，则应该强调网球是健身娱乐的理想运动项目，而如果出现在金融信息站点时，则应该强调网球俱乐部是身份与地位的象征。

- 语言中有许多具有冲击力的词汇，但仅有冲击力是不够的。
- Banner 的文字不能太多。一般都要能用一句话来表达，配合的图形也无须太繁杂，文字尽量使用黑体等粗壮的字体，否则在视觉上很容易被网页其他内容淹没，也极容易在 72 点/英寸的屏幕分辨率下产生"花字"。图形尽量选择颜色数少，能够说明问题的事物。如果选择颜色很复杂的物体，要考虑一下在低颜色数情况下，是否会有明显的色斑。
- 尽量不要复杂的特技图形效果。这样做会大大增加图形所占据的颜色数，除非存储为 JPG 静态图形，否则颜色最好不要超过 32 色。Banner 的外围边框最好是深色的，因为很多站点不为 Banner 对象加上轮廓，这样，如果 Banner 内容都集中在中央，四周会过于空白而融于页面底色，降低 Banner 的注目率。
- 用来创作 GIF Banner 的软件。目前功能比较强大的组合是首先使用 Photoshop 来构筑各个层面的物件，逐层调整文字和图形的效果，再输出一幅确定颜色数的图像文件，如果需要制作动画 GIF，则在 Photoshop 文件中变化各层物体的形态，分别导出几个文件，最后使用 GIF Animator（微软的 Image 带有）等软件来生成动画。

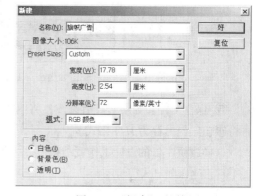

图 6-17　"新建"对话框

（2）旗帜广告的设计。以叮当网上书店的旗帜广告为例，设计旗帜广告的操作步骤如下。

① 打开 Photoshop，新建一个文件。在"程序"中选择"Adobe Photoshop"，打开 Photoshop。选择"文件"→"新建"命令，弹出"新建"对话框，在"新建"对话框中设置旗帜广告的规格，如图 6-17 所示。单击"好"按钮，窗口中显示新建的空白文件，如图 6-18 所示。

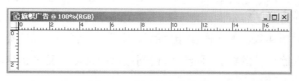

图 6-18　新建的空白文件

② 设置旗帜广告的底色。将前景色设置为蓝色，将背景色设置为白色，使用工具箱中的渐变工具，选择前景色到背景色的渐变，选择线性渐变，从左至右拖曳一条线，鼠标松开后，渐变色就填充好了，如图 6-19 所示。

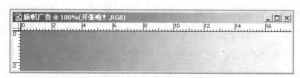

图 6-19　填充了渐变色的旗帜广告

③ 设计叮当网上书店的标志。选择"工具箱"中的"文字工具" T，选择不同的字体、字

型、字号和颜色，分别输入"叮"、"当"、"DingDang"和"网上书店"几个字。这样做的好处是便于日后的修改。输入文字后的旗帜广告如图6-20所示。

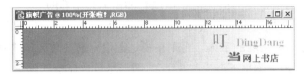

图6-20 输入了叮当网上书店标志的旗帜广告

④ 设计旗帜广告的广告用语。假设目前叮当网上书店处于开张阶段，可以将旗帜广告的宣传重点放在开张方面，广告用语可以使用"开张啦"这样言简意赅的语言。在旗帜广告上尽量显示文字醒目、突出的特点，使浏览者一目了然。选择"工具箱"中的"文字工具" T，将字体颜色设置为红色，输入"开张啦"，然后选择"创建变形文字"按钮，适当调整文字的形态。设置后的旗帜广告如图6-21所示。

图6-21 设置了叮当网上书店广告用语的旗帜广告

⑤ 保存文件。为便于日后修改，将旗帜广告文件保存为PSD格式。为便于在网页上使用，再将旗帜广告另存为JPG格式。

这样旗帜广告的设计工作就结束了。

5. 旗帜广告交换链接

简单来说，旗帜广告交换链接就是如果甲企业的网页上免费发布乙企业的旗帜广告，那么，乙企业的网页也可以免费发布甲企业的广告。这是一种典型的互惠互利行为，双方都不需要花费任何费用，就可共享对方的访客资源。对于一些初创站点而言，旗帜广告交换链接是迅速扩大知名度的有效方式。特别是在双方业务高度相关的情形下。比如，一方是旅行社的站点，另一方是一家旅店的站点。访问旅行社的顾客可能同时访问旅店的站点，反之亦然。

目前旗帜广告交换有两种方式。

（1）通过广告联盟组织。比如广告联盟等作为中介，对广告联盟内的组织成员进行相互交互。目前这种方式用的比较多，许多个人主页和小型站点都通过这种方式进行旗帜广告交换，交换时一般要遵循中介的规定和管理，同时在旗帜广告上放置广告联盟中介的标志。这种方式交换面比较广，但定向性差，很难控制显示广告的网页的类型。比如，企业可能做的是香烟广告，但它却可能在一家"戒烟俱乐部"的网页上显示，不仅起不到效果，还可能引起反感。

那么，如何进行旗帜广告交换呢？非常简单。如果是通过广告联盟组织交换广告，只要进入其网站，根据要求填写相应表格后，把旗帜广告图像传给该组织，再把它给的一段HTML语言放入网页中就行了。随后，只要它把企业的广告在企业的网页上显示了几次，企业的广告就可按预定的比例在该组织成员的网页上显示相应的次数。

（2）愿意交换旗帜广告的双方直接进行交换。这种方式直接、方便，定向性强，但交换的面比较窄，对于一些小有知名的站点采用该方式较多。

如果是双方直接进行交换就更简单了，只要彼此同意，把广告图（或一段指明了图像位置的 HTML 语言）传给对方，再放在网页上就行了。

网站之间互相交换链接和旗帜广告有助于增加双方的访问量，但这是对个人主页或非商业性的以提供信息为主的网站而言。企业网站如借鉴这种方式则可能搬石头砸自己的脚，搞不好会将自己好不容易吸引过来的客户拱手让给别人。

企业在链接竞争者的网站之前，一定要慎重权衡其利弊。然而，如果网站提供的是某种服务，而其他网站的内容刚好形成互补，这时不妨考虑与其建立链接或交换广告。一来增加了双方的访问量，二来可以给客户提供更加周全的服务，同时也避免了直接的竞争。此外还可考虑与门户或专业站点建立链接，不过这项工作负担很重。首先要逐一确定链接对象的影响力，其次要征得对方的同意。现实情况往往是，小网站迫切希望做链接，而大网站却常常不太情愿，除非在经济上或信息内容上确能带来好处。

旗帜广告交换目的主要是免费扩大站点的影响力，如果站点的知名度已经建立，访问率相对稳定时，这时候就要考虑旗帜交换广告是否必要了。因为如果网页的访问率较高，旗帜广告可能轻易将访问者带到交换对象站点，而交换对象站点却可能很难带来访问者，这时候就进行评估分析。一般说来，知名站点在访问者稳定后，一般都不参与旗帜广告交换，这时候它是要卖旗帜广告位了。

6. 旗帜广告媒体选择

（1）旗帜广告媒体选择与传统广告媒体选择基本类似，首先要考虑广告费用。目前广告费用计算一般是根据 CPM*访问量。CPM 就是每千人访问价格，目前大多是根据美元定价，国内与国外定价基本类似，一般为 35 美元 CPM 左右。但是需要注意的是千人访问量计算标准有许多种，不同方法差异性很大，比如有点击（Click）、点进（Click through）、页阅读量（Page View）、IP 地址访问量（IP）等方法。目前国内根据 CNNIC 的统计排名，前十位都开展了网上广告服务，他们的收入占总的广告收入的 60%以上。

（2）考虑广告的收益。比如广告发布后是否增加了访问量，是否增加了销售收入等。

（3）考虑广告的效率。广告的效率即广告接受者是否是企业想接触到的。

（4）媒体的形象是否与企业广告推广形象吻合。要考虑媒体能否给企业提供详细的广告效果统计分析数据，这是网络媒体与传统媒体的最大区别所在。

据中国网络数据中心（DCCI）2009 年的报道：网络广告长期趋势看好，网络广告支出占广告总体比例突破 10%。据其 2011 年中国广告网络蓝皮书报告，2010 年搜索引擎广告和综合门户广告规模分别达到 108.3 亿元和 60.2 亿元，市场潜力巨大。

除了对网络广告市场行情关注之外，作为网络营销的具体方式之一，对网络广告的关注更多的还在于其实用效果。

目前，网络广告处于变革中，主要不是表现在尺寸和制作技术方面，最重要的在于通过网络广告可以展示更多的信息，达到更好的营销效果。与早期的网络广告只能链接到广告主的网站不同，一些交互式广告本身已经成为一个迷你网站，可以完整地展示产品信息，并且用户可以对广告进行操作，根据自己的需要改变广告的显示方式和显示内容。但网络广告仍存在一定的缺陷，如过分注重多媒体效果，除了在视觉/听觉方面给人以刺激之外，很难产生让人记忆犹新、赏心悦目的效果，网络广告仍需要继续在提升营销效果方面进行创新。

6.3 对推广效果进行监测

企业根据自己网站的特点和实力，选择了一些网站推广的措施后，针对网站访问情况的变化，对推广效果进行监测，以考核网站的吸引力。

6.3.1 推广的效果

经过多种方式的营销推广，所取得的宣传效果表现在以下几个方面。

- 浏览量大幅度提升。表示认知的用户增多。
- E-mail 反馈信息量增大。表示用户开始使用邮件与企业进行沟通，准用户增多。
- 电话咨询频繁。用户利用传统方式了解企业。
- 传真咨询。用户利用传统方式了解企业。

这时候就不管什么电子商务手段与传统手段了，电话、传真等什么工具都要使用。

这些都是很有价值的信息，能主动来询问产品情况的人往往都是未来的用户。至于哪些是网络营销推广带来的，可以在接触中进行了解。在做到一定程度时，可利用访问统计系统等工具进行监测，对各种网络营销推广的做法进行评估，并改善不足之处。

6.3.2 推广的后期工作

网站的宣传推广只是第一步，它给企业带来了商机，必须认真做好后续工作，才能把商机变为生意，给企业带来真正的效益。对这些反馈信息进行处理，其实就是销售的工作，除了注意销售技巧的同时，必须注意以下 4 点。

- 领导重视，专人负责。
- 迅速判断潜在客户需求、意图，并尽量通过各种途径去了解用户概况。
- 反应迅速。回复必须快速、及时，一般要在当天完成。
- 不能只用 E-mail 等网上方式联系，为了电子商务的发展，坚持使用电子手段有可能坐失时机，必须采用多种手段。

6.4 电子商务网站优化

电子商务网站的优化，现如今已经成为电子商务网站策划、建设以及营销策略中不可或缺的一项内容。如果在电子商务网站建设中没有体现网站的优化和搜索引擎优化的基本思想，那么电子商务网站的整体营销水平很难在不断发展的网络营销环境中获得竞争优势。

6.4.1 网站关键词选取

关键词选取在电子商务网站的策划阶段就应该考虑进去，网站定位、栏目设置、产品所在行业的特点、目标群体所在区域等因素都会影响关键词的选取。

1．不要选取通用关键词

关键词不能过于宽泛，也就是说尽量不要选取通用关键词。例如"书"这个关键词每日的搜索量巨大，如果能在该关键词上取得好的排名，则肯定能引入不错的流量，进而可以提高在线销售的转化率。然而这个关键词的竞争将非常激烈，一个手机在线销售的网上店铺与世界排名数一数二的手机销售商去争"手机"这个关键词是不值得的。

这些通用关键词，例如"旅游"、"计算机"、"手机"、"视频"、"网络"、"书"的竞争者数不胜数，商家可以花钱获取较好的排名，但会有很多人拿出更多的钱来竞争，这样还是不划算，所以应该尽量不使用通用关键词，即便能排到前面，而且带来了不小的流量，但是由于搜索通用关键词的用户的目的并不明确，所以这些流量并不具有很强的目标性，而且用户所在地区未必包含在既定的市场范围，其订单的转化率也很低，所以应该将区域、品牌等因素都考虑周全。例如使用 Google 搜索中文网页就约有 3 970 000 000 项符合"手机"这个关键词的查询结果，相当于有约 3 970 000 000 个页面共同竞争"手机"这个关键词，而"北京手机"却只有 1 610 000 000 个页面，还不到"手机"这个关键词的一半。

2．关键词不能太生僻

生僻的关键词取得好排名很容易，但是引入的用户量会比较少，不要以公司名称为主要关键词，即便是有一定品牌知名度的公司，也很少有人会搜索公司名称，因为网站优化的目的是让不知道公司及产品的人转化为客户。

3．调查用户的搜索习惯

用户在网络上如何了解即将购买的产品？会通过搜索什么样的词汇来获取信息呢？

网站设计者、经营者由于过于熟悉自己的产品及所在行业特点，在选择关键词的时候，容易想当然的觉得某些关键词是重要的，是用户肯定会搜索的，但实际上用户的思考方式和商家的思考方式不一定一样。

例如一些技术专用词，普通客户也许并不清楚，也不会用它去搜索，但卖产品的人却觉得这些词很重要，具体型号可能会决定不同的价格。

最有效率的关键词就是那些竞争网页最少，同时被用户搜索次数最多的词。有的关键词很可能竞争的网页非常多，使得效益成本很低，要花很多钱很多精力才能排到前面，但实际在搜索这个词的人并不是很多。

所以应该做详细的调查，列出综合这两者之后效能最好的关键词。

4．关键词要和网站内容相关

关键词一般是从网页的内容提炼出来的，所以关键词的选定，要根据网站提供的内容出发，通过仔细揣摩目标访问者的心理，设想用户在查询相关信息时最可能使用的关键词，有时候，分析一下竞争对手的网站，看看其他网站使用的是哪些关键词，可以起到事半功倍的作用。

6.4.2　页面优化

网页优化首先要考虑的是页面内的 Title、Meta 标签和页面内容。

Title 是非常重要的，注意要将长度限制在 15 个单词内，最好能包含重要的关键词。Title 要尽可能的反映页面的内容。

在设置 Title 时要注意以下两点。

- Title 将从搜寻结果中显示出来，所以要尽可能的吸引人的注意力，只是放置一些关键词，会使人们不明白这是一个什么样的网站。
- Title 要与页面的内容相关，是内容的具体概括，体现内容。

Meta Description 用于对网页内容的概述，要确定放置的关键词和片语在网页内容里也含有。为得到最好的搜寻结果，最好不要超过 200 个字母。

例如: <meta name="description" content="网站的简单描述">。

Meta Keywords 放置不易超过 1000 个字母，单词之间要用逗号分开，尽量避免重复关键词。

例如: <meta name = "keywords" content = "关键词 1, 关键词 2, 扩展关键词,……">。

挑选的关键词必须与自己的产品或服务有关，无效的关键词对访问者来说却是一种误导，也不会带来有效的访问者，反而会增加服务器的负载。

Meta 标签并不能决定搜索引擎的结果，需要综合考虑 Meta 标签、Titles 和页面内容，即使有了很好的关键词，但是和内容却不能很好的结合或内容没有优化，网站还是不能在搜索引擎中占据较好排名。

多数搜索引擎检索每一个页面中的单词会比较在 Title 和 Meta 标签的关键词。所以，网页的内容越来越重要。网站确定了关键词以后，先定义 Title 和 Meta 标签的内容，然后再优化网页内容，内容最好能出现 5～10 个关键词，并尽可能的靠近<BODY>标签。图片内的 ALT 也可以考虑进去，可以设置图片的说明。页面优化技术有很多，要注意的是：过多的重复关键词反而会遭到有些搜索引擎的降级，降低网站的排位，一般说来，在大多数的搜索引擎中，关键词密度在 2%～8%是一个较为适当的范围，有利于网站在搜索引擎中排名，同时也不会被搜索引擎视为关键词填充。另外，不同的组合词、错别字和错拼查询都是要考虑的。

电子商务网站在进行优化的时候，一定要对各个页面分别优化，分别设置关键词，这样从搜索引擎连接过来的用户才会更有效地找到相关页面，才能更有效地推广产品。

6.4.3　动态页面静态化

动态页面静态化是指：网页访问地址中没有特殊字符，如“？”、“～”等，并以“.html”或“htm”结尾。

网页静态化有两种方式：真实的静态页面和伪造的静态页面。

1. 真实的静态页面

通过网站管理后台的操作，使网站的每一个页面都生成真正的静态页面（即无需调用数据库、无需运行网站程序的文档），真正的静态页面优点和缺点都是显而易见的。重要的是，几乎所有的大中型网站都采用静态化页面（.html 结尾的网页），因为页面生成的时候仅麻烦一次，得到的好处却非常多。例如：搜索引擎会很好的收录此网页；在高访量的时候，网站也不会崩溃；数据库和程序不能工作的时候，网站仍能正常显示等。

生成真实的静态页面，可以通过 FSO 组件实现，一般在后台生成之后，提供给用户浏览。

2. 伪造的静态页面

网页仍然调用数据库，仍然运行一定的程序，但网页地址是.html 结尾，网页地址中没有特殊字符，这适合网上商店等需要调用数据库的场合，由于是伪静态，能够让搜索引擎比较好地收录。在隐藏真实地址的同时增加了数据库安全性，因为在真实地址中包含了一些程序的参数信息以及网站代码的语言种类。

生成伪造的静态页面，在 Windows Server 2008 中可以使用 ISAPI Rewrite，ISAPI Rewrite 是一个强大的基于正则表达式的 URL 处理引擎，可以将动态页面转换为静态页面的样式，但仍然能够进行数据库的交互操作。

6.4.4　站内相关内容推荐

作为电子商务网站，其主要目的是推销商品以及介绍商家的产品。但是当用户访问到了某个电子商务网站，并没有发现其需要的资讯，但是该网站内应该有相关资讯，只是不是在那一页而已。如果用户看到网站有相关内容推荐，就可以通过站内相关内容推荐查找到所需要的资讯。如果没有相关内容推荐的话，那用户的下一个动作极可能就是离开，而去搜寻引擎再做一次寻找。

由此可以发现站内相关内容推荐的重要性。如果用户访问了网站，但没有马上找到其所需要的资讯，那样的话用户有可能浏览站内相关内容推荐，这样客户还会留在网站内；如果网站没有这个功能，那客户极可能就马上离开了。

虽然站内相关内容推荐不能够称之为网站优化，但是用户因为站内相关内容推荐，会长时间滞留于网站，这样更有利于用户了解产品，更有利于商家宣传产品，也可能会让用户了解到其他新产品的相关信息，更有力于新产品的推广。

6.5　本章小结

本章比较详尽地介绍了电子商务网站推广的具体技术方法和应遵守的规则。在企业策划网站推广工作时，可以充分考虑各种推广方式的优劣，结合自己企业的情况，确定网站推广常用的手段以及网站优化的方式。本章在广泛介绍手段的同时，有针对性地介绍了现实推广技巧。这些技巧既包括理论界的分析，也包括参与实际工作者的经验与教训。为了提高学习者的实际动手能力，本章将一些不常用的操作步骤一一分解、详细说明，采用图文并茂的方式展开。本章的学习为学生实际参与电子商务网站的推广工作打下理论与实际操作基础。关于网站优化，本章也简单引出，学生在策划建立或维护电子商务网站的同时注意网站的优化，从而使电子商务网站更有效地为企业和用户服务。随着手机和微博用户队伍的不断状大，基于这两种工具的新型推广形式正在产生更强大的网站推广效果。

6.6　课堂实验

实验 1　邮件群发推广"叮当"网站

1．实验目的

以群件方式发送"叮当"网站的信息。

2．实验要求

（1）环境准备：具有比较丰富的邮箱资源，连接 Internet。

（2）知识准备：掌握发送邮件的方法。

3．实验目标

（1）掌握群发的方法。

（2）掌握推广信函的编辑方法。

（3）观察发送结果，确保发送无误。

4．问题分析

（1）邮件资源不足。

（2）不会书写推广用信函。

（3）不关心邮件是否按照预期目标发送到指定客户邮箱。

5．解决办法

（1）企业在电子商务时代，要注意与企业上下游客户之间的多种联系方式的收集，将传统的纸制内容丰富起来，补充电子方式。

（2）教师介绍著名的邮件服务商。目前提供邮件服务的网站比较多，有些是需要付费的，有些是免费的；有些在注册时需要提供手机号码，有些不需要提供；有些邮箱是与企业网站捆绑在一起的，有些用的是公共邮箱。比较著名的邮件服务网站包括：www.263.net、www.163.com、www.126.com、www.sina.com、www.sohu.com、www.yahoo.com.cn、www.hotmail.com 等。

（3）使用群发方式可以直接在网页上进行，也可以在 Outlook Express 中进行。

在叮当网站的推广中，使用的是邮箱空间比较大，而且是免费的 www.163.com 的邮箱。

6．实验步骤

（1）进入已经注册的邮箱中，如图 6-22 所示。

（2）单击"写信"按钮，打开书写窗口，如图 6-23 所示。

图 6-22　网易邮箱页面

图 6-23　网易撰写邮件页面

（3）在右侧的地址栏中选择需要群发邮件的地址，然后依次输入主题"来叮当看看"，输入内容"推荐叮当网站 http://www.dingdang.com"，如图6-24所示。

图6-24　输入推广内容的页面

（4）单击"发送"按钮，将邮件一次性发出，如图6-25所示，报告发送成功的信息。如果发送地址多，窗口中可能显示不了全部地址。

图6-25　发送成功页面

实验2　使用新闻组推广叮当网站

1. 实验目的

掌握新闻组账号的设置方法，实际预定新闻组，发布关于"叮当"书店的推广信息，观察发布结果，掌握删除所发信息的方法。

2．实验要求

（1）环境准备：具有 Outlook Express 软件环境。

（2）知识准备：掌握电子商务营销理论。

3．实验目标

（1）设置 Outlook Express 账号。

（2）设置新闻组。

（3）发布关于叮当网站的消息。

（4）删除。

4．问题分析

（1）由于很多用户习惯使用网页提供的邮件书写环境，没有使用 Outlook Express 的经验。

（2）不同的网站对于邮箱的设计不同，导致在设置账号时没有遵守邮箱的相关管理规定，账号不能顺利设置。

（3）不清楚新闻组的规律，任意发布具有明显商业推广内容的新闻，遭到攻击。

5．解决办法

（1）了解使用邮箱的规则。具体规则要登录相关的网站，查看有关 POP 的设置说明，然后正确设置。

（2）了解关于新闻组的使用规则，找到适合的新闻组。起草关于叮当网站的系列推广内容，连续发布。

对于叮当网站，使用新闻组的目的是提高网站的影响，使更多的用户登录该网站。由于新闻组属于自由管理人按照规则进行管理的空间，如果使用不当，会受到攻击，或者得不到需要的回应，所以要学习新闻组规则，掌握营销理论，并在推广中正确使用，不招致反感。

6．实验步骤

（1）启动 Outlook Express。单击任务栏中的"Outlook Express"按钮，或选择"开始"→"程序"→"Outlook Express"命令，如图 6-26 所示。

（2）单击"工具"→"账号"命令，打开"Internet 账户"对话框，如图 6-27 所示。

（3）单击"新闻"选项卡，如图 6-28 所示。

（4）单击"添加"按钮，选择"新闻"，打开"Internet 连接向导"。在对话框中输入姓名，如图 6-29 所示，输入"ll"，单击"下一步"按钮。

（5）在"Internet 连接向导"对话框中输入邮箱地址，如图 6-30 所示，输入"lianglu1966@163.com"，单击"下一步"按钮。

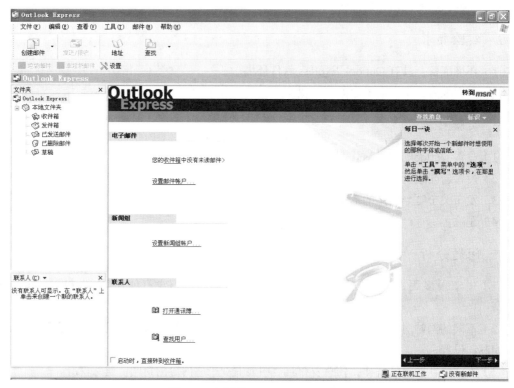

图 6-26　打开的 Outlook Express 窗口

图 6-27　"Internet 账户"对话框

图 6-28　"新闻"选项卡

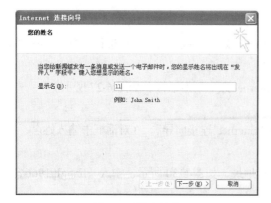

图 6-29　输入姓名

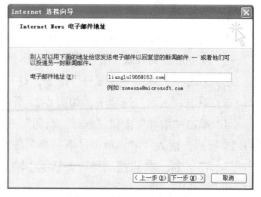

图 6-30　输入电子邮件地址

（6）在"Internet 连接向导"对话框中输入新闻服务器的名称，如图 6-31 所示，输入"news://news.newsfan.net/"，单击"下一步"按钮。

（7）单击"完成"按钮，结束账号设置，如图 6-32 所示。

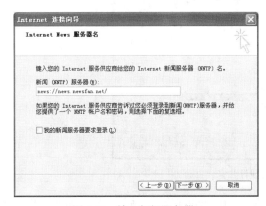

图 6-31 输入新闻服务器

图 6-32 设置完成页面

（8）设置好的新闻账户如图 6-33 所示，单击"关闭"按钮。

（9）系统提示是否下载新闻组，如图 6-34 所示。

图 6-33 设置成功的新闻账户

图 6-34 Outlook Express 提示下载对话框

（10）单击"是"按钮，开始下载服务器上可用的新闻组列表，如图 6-35 所示。打开"新闻组预定"对话框，如图 6-36 所示。

图 6-35 提示正在下载对话框

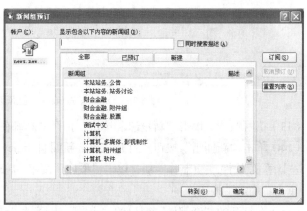

图 6-36 "新闻组预订"对话框

（11）选择"计算机.软件.主页制作"项，单击"订阅"按钮，完成预订，如图 6-37 所示。如果需要可以连续预订所需内容。

图 6-37 "新闻组预订"完成页面

（12）单击"确定"按钮，完成预订。预订内容显示在 Outlook Express 窗口中，如图 6-38 所示。

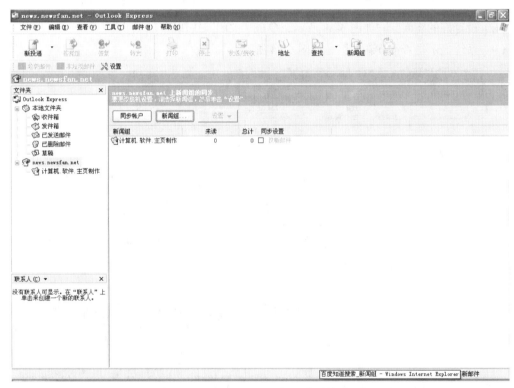

图 6-38 Outlook Express 中已预订的新闻组

（13）撰写帖子。单击"新投递"按钮，打开"新邮件"窗口，如图 6-39 所示。

（14）单击"新闻组"按钮，打开"挑选新闻组于 news.newsfan.net"窗口，如图 6-40 所示，选择"计算机.软件.主页制作"项，单击"添加"按钮，将选中项添加到"要张贴到的新闻组"窗口，单击"确定"按钮。

（15）在打开的"新邮件"窗口的"主题"中填写"到我家看看"，在内容中写入推广的文字"http://www.dingdang.com"，如图 6-41 所示。

（16）单击"发送"按钮，刚刚提交的帖子正在上传，系统提示如图 6-42 所示。

图 6-39　"新邮件"窗口

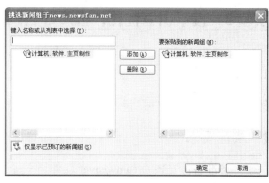

图 6-40　"挑选新闻组于 new.newsfan.net"窗口

图 6-41　撰写帖子的窗口

图 6-42　"张贴新闻"提示框

（17）完成上传后，帖子显示在窗口中，所有该组成员都可以看到这个内容，起到了广而告之的推广作用，如图 6-43 所示。

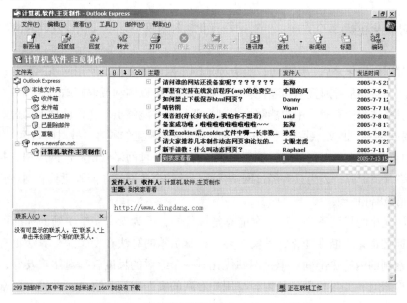

图 6-43　发帖成功后的 Outlook Express 窗口

（18）如果希望删除上传的帖子，可以选中帖子后，选择"邮件"菜单中的"取消"命令。

实验3　搜索引擎优化，推广叮当网站

1. 实验目的

针对搜索引擎优化"叮当"书店网站首页中"特别推荐"内容，使其更容易被用户搜索到。

2. 实验要求

（1）环境准备：安装 Dreamweaver 软件。

（2）知识准备：学生掌握 Dreamweaver 软件的使用方法，了解 HTML 语言的基本语法，知道优化的目的。

3. 实验目标

（1）了解搜索引擎优化的方法。

（2）掌握网站关键字优化的一般方法。

（3）完成叮当网站"特别推荐"内容的优化。

4. 问题分析

（1）网站优化的目的不明确。

（2）对于网站优化的尺度把握不准。

（3）对于页面的优化结果不能够很好地把握。

（4）关键字的选取不准确。

5. 解决办法

（1）网站优化包括 3 个方面：针对用户优化、针对网络环境优化以及针对网站运营维护的优化。

网站针对用户优化之后，用户可以更方便地浏览网站信息以及使用网站的服务；针对网络环境优化，实际上主要是针对搜索引擎优化，使搜索引擎可以顺利抓取网站的一些基本信息，当用户通过搜索引擎进行检索时，用户能够检索到企业信息并能够出现在比较靠前的位置，便于用户点击搜索结果并链接到网站获取进一步的服务，直至成为真正的顾客；针对网站运营维护的优化，主要是方便网站运营人员对网站进行管理维护，有利于各种网络营销方法的应用，并且可以积累有价值的网络营销资源，因为只有经过网站优化设计的企业网站才能真正具有网络营销导向，才能与网络营销策略相一致。

（2）网站优化的尺度不是一朝一夕能够把握住的，因为没有一个明确的标准可以执行，搜索引擎对其标准也是不断在变化，其实主要是搜索引擎的算法在变，这样算法更有利于用户搜索，并且搜索到的内容更准确。但是网站优化有一个绝对的尺度就是对用户友好，用户使用搜索引擎进行检索时，如果检索到的内容与用户看到的页面内容相吻合，并符合正常的语言逻辑就可以了。

（3）网站页面的优化结果并不能马上反映到搜索引擎上，因为搜索引擎抓取页面也需要时间，这个时间有可能是几天，有可能是几个月，但是搜索引擎往往喜欢光顾页面更新更快的网站，喜欢页面内容是原创的网站，要尽量坚持这两个原则，所以网站页面的优化不是一次性的，而是一项长期的工作。

（4）关键字的选取一定要符合网站的内容，否则很容易被搜索引擎判作弊，另外关键词要尽量多地出现在页面中，这样搜索引擎才会认为你的页面对于该关键词来说比较重要，但是关键词出现的频率也不能太高，一般保持在 5%～10% 之间即可。如果实在不了解关键词的选取，可以参考其他类似的网站。

6．实验步骤

（1）浏览叮当网上书店的首页，如图 6-44 所示。

图 6-44 叮当网上书店首页

该网站特别推荐了 3 本书，分别是《Windows 核心编程》、《Photoshop CS 数码照片专业处理技法（彩印）》和《3ds max6 & Lightscape 3.2 室内外效果图制作风暴》，那么这 3 本书的书名自然就是相应的关键词。以下仅以《Windows 核心编程》为例进行关键词的优化。

（2）添加链接标题。

在特别推荐中的书必然会有链接，会链接到相应的订单页面，做完链接之后还要在链接中添加标题，修改链接代码如下所示。

```
<a href="dingdan.aspx" title="Windows 核心编程">Windows 核心编程</a>
```

在该代码中"herf"是所需要链接的文件名，"title"是链接的标题，当用户将鼠标停留在链接文字上的时候，便会显示出该链接的标题，如图 6-45 所示。

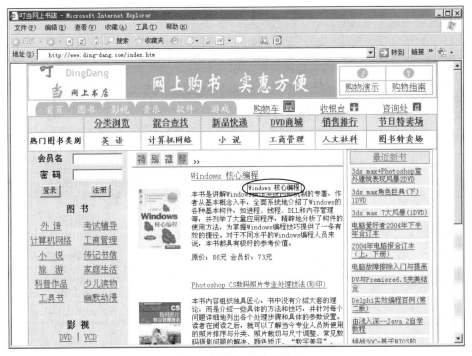

图 6-45　添加链接标题

（3）添加其他参数链接。

消费者选择一本书不仅仅需要浏览书的简介，而且还要了解书的目录等参数，甚至还想了解书的内容是如何组织的，可以在简介下方建立其他参数的快速导航，如：目录或某一章节的详细样例等。

（4）添加图片提示。

添加图片提示也是一种增加关键词频率的方法，这种方法不会被搜索引擎判作弊，因为搜索引擎无法"读懂"页面中图片的内容，所以只要能够用文字显示尽量使用文字，必须使用图片的时候一定要在每一张图片上添加提示。

添加提示的代码如下所示。

```
<img src="images/1.jpg" width="80" height="110" alt="Windows 核心编程">
```

有两种情况会显示图片提示。一种是图片由于其他原因无法显示时，图片提示会显示在没有显示出图片的位置，当用户的浏览器无法显示图片时，有利于用户理解网页，如图 6-46

所示。

　　另一种情况是，当鼠标停留在图片上方时显示图片提示，如图 6-47 所示。这种情况主要是针对搜索引擎，由于搜索引擎不能够识别图片，只能识别文字，所以要使用图片提示告诉搜索引擎图片的内容是什么。

图 6-46　无法显示图片时的图片提示　　　　　　图 6-47　鼠标停留在图片上方时显示图片提示

　　以上仅针对首页中《Windows 核心编程》这项内容进行优化，其实仅仅在首页中进行优化是不够的，在具体页面中还要添加相关图书的推荐，这样就算是用户不喜欢这本书，还可以挑选站内的其他图书。

6.7　课后习题

　　1.　登录的 http://www.newsmth.net/网站，浏览该专业 BBS 网站的分类情况，并注册一个身份，发布"我是新手"的帖子。

　　2.　练习使用群件发送的方式进行网站推广。

　　（1）注册用户邮箱。使用 yahoo、sohu、tom 等网站提供的免费邮箱。

　　（2）将搜集到的用户邮箱进行分类，如录入、分组等。

　　（3）书写一封召开信息技术年会的信件，在信中说明报名时间为一周。以群件方式进行发送。

　　（4）观察一周后的反馈情况。

　　3.　练习使用新闻组。

　　推荐使用新闻组网址：如图 6-48 所示。

　　（1）注册个人账号，使用 Outlook Express。

　　（2）进行新闻组预订，如计算机教育、计算机硬件等组别。

　　（3）发布关于计算机硬件的求助帖。

　　（4）观察发布结果。

　　（5）练习删除所发帖子。

　　4.　练习制作旗帜广告。

　　（1）确定主题思想，如产品宣传、电子商务网站宣传、服务宣传等方向。

　　（2）进行策划。确定使用软件、硬件。如 Windows 2000、Photoshop 7.0 等。

　　（3）开始实施。打开 Photoshop，进行制作，修改。规格一定要符合网站的需要，文件格式为.jpg。

　　（4）寻找链接站点，进行实际链接，观察效果。

　　5.　任意浏览一个电子商务网站，查看其源代码，并分析该页面的关键字是什么，是否有其他更合适的关键字，从而利于搜索。

图 6-48　新闻组网址

第 **7** 章

综合实例

本章将以循序渐进的方式通过建立一个中小型的网站——网络书店为例，帮助大家逐步了解电子商务网站建设及其基本运作过程。

本章的例子全部在微软（Microsoft）公司的 Windows Server 2008，IIS 和 FrontPage 等软件平台上完成。

7.1 规划一个网络书店

7.1.1 系统商务分析

网上购物传统的商业是商家坐等客户，而网上销售可谓变等待为主动出击去寻找潜在消费群体。网络从这一方面影响着人们的消费方式。电子商务可以通过配送体系主动出击、送货上门。网络销售中的前台商品展示是虚拟的，但后台进销存及配送体系却是具体而又现实的。没有强有力的后台支持，就不可能实现网上购物这种电子商务形式。虚拟的网络世界不如传统的商业来得具体和现实。但这种缺憾完全可以通过配送、不满意退货的承诺予以消除。使其不能构成网络销售的障碍，而成为一种满足客户所需的便捷途径。同时，网上购物对任何规模的企业来说，都潜在着很大的商机。

1. 需求分析

（1）企业需求。

对于企业网上购物系统，由企业自身的生存、发展所引发的对电子商务系统的系统需求，称为企业需求。企业为了充分利用网络技术，解决传统商务模式下的一些弊端，实现无时空限制的、高效的商务模式，都纷纷要求发展网上购物系统。

（2）市场需求。

由市场供求不平衡或其他原因所引发的对商务系统的需求，称为市场需求。随着经济和科学技术的发展，人们对文化的需求日益增长，越来越多的消费者开始倾向利用网络获得商品和服务，这极大地促进了电子商务的发展。而网络技术的发展为人们的这项需求提供了便捷的服务平台。对于消费类网上购物系统而言，无论是企业需求还是市场需求，总归都是来自网上客户的需求。

2. 市场分析

（1）市场环境。

良好的地区经济环境、政府的支持以及所属地区设施的完备程度都对电子商务有影响，要综合以上这些因素，确定市场环境是否有利于网上购物系统建设。

（2）客户分析。

客户可以是消费者，也可以是企业或个人，需要分析客户的受教育程度和网民结构等。

7.1.2 系统规划设计

网上购物系统设计包括确定商务模式、制定营销计划、确定系统构成、确定系统流程等。

1. 确定商务模式

确定商务模式包括确定总体商务模式与网上服务等模式。

2. 制定营销计划

制定营销计划主要是制定具体的网上交易计划。

3. 确定系统构成

确定系统构成包括系统功能模块／子系统。

4. 确定系统流程

确定系统流程包括用户从登录到购物结账、从交易产生到处理完毕等整个流程的设计。商务网站可以划分为商品管理（进货、销售、库存等）、订单管理（订货单）、会员管理、商品配送、财务结算及报表统计等几个子系统。

7.1.3 网站建设规划设计

建立一个网上购物系统，必须规划系统的设计目的和设计结构，选取合适的软件环境和编辑工具，而且需要规划好建设网上购物系统的各项具体步骤。

1. 设计网络书店的目的

① 宣传企业形象，提高企业知名度，增强市场竞争力。

② 销售商品，包括书、影碟、软件和游戏等。

③ 提供相关文化活动信息。

2. 网站结构的规划

网站结构规划的主题主要依据建站的目的。以树状结构为例，网站可分为网站简介、热门商品、分类商品、会员注册、登录、书店管理和客户服务等主题，然后按主题绘出网站的结构图，如图 7-1 所示。

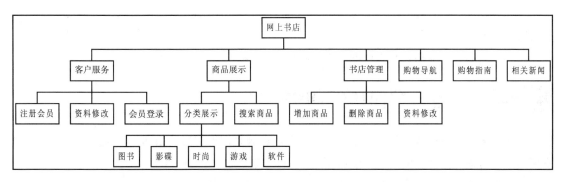

图 7-1 网上书店结构图

3. 选择前台开发工具和后台支撑系统

① 操作系统：采用 Windows Server 2008。

② Web 应用服务器：Internet 信息服务器 Internet Information Server（IIS）。

③ 后台数据库系统：后台数据库系统可根据企业建站的规模、经济实力和具体情况选择合适的数据库系统，考虑本章构建的是一个中小型网络书店，推荐使用 Access 2007 或者 SQL Server。从企业的可持续发展考虑，建议选择 SQL Server，因为 Microsoft SQL Server 2005 扩展了 Microsoft SQL Server 2000 的性能、可靠性、质量和易用性。而且 Microsoft SQL Server 2005 增加了几种新的功能，由此成为大规模联机事务处理（OLTP）、数据仓库和电子商务应用程序的优秀数据库平台。从教学的应用性考虑，建议使用 Access 2007。

④ 网页编辑工具：Microsoft Dreamweaver CS5。

4. 网络书店系统的测试运行环境

网站测试运行环境是指网站系统所选择的操作系统和 Web 服务器。Web 服务器的主要作用是提供 Internet 上的服务。只有架设了 Web 服务器，申请了 IP 地址以及域名并且连接到了 Internet 上，才能提供 Web 服务，用户才能通过 Internet 访问服务器上的 Web 页。架设一个服务器，首先要选择服务器的操作平台和 Web 服务器软件。Web 服务器架设有多种方案，这主要取决于服务器的操作系统平台和服务器软件。常见的 Web 服务器平台有基于 Linux 或 UNIX 操作系统的 Apache Server、基于 Microsoft Windows Server 2008 的 IIS（Internet Information Server）等。在确定操作平台时，要根据服务器设备的硬件情况与系统要求而定。UNIX 一般运行在工作站或大、中、小型计算机上，Windows Server 2008 一般运行在专用服务器上或高档微型计算机上。

本实例的网站运行测试系统选择 Windows Server 2008 操作平台、IIS 作为服务器软件来进行测试。

5. 规划建立网上书店的具体步骤

本章建立网上书店的具体实施步骤如下。

① 安装个人 Web 服务器，安装好相应的应用软件和开发平台。

② 建立一个简单的网上书店。

③ 建立数据库，设置 ODBC 的数据源，实现网站有关信息的动态更新。

④ 为适应网络书店的发展，逐步实现和增强规划的各个功能模块，使网络书店成为一个比较完善的中小型网站（因教学需要，本书只完成部分功能模块，剩下的功能模块，依照书上所给的源代码和相关的技术介绍，有兴趣的读者可以通过自己的努力去完成）。

7.2 建设一个简单的网络书店

电子商务是传统商务贸易的电子化表现。所以在规划网络书店的初期，应该从现实生活中的书店出发，考虑方方面面的问题，然后通过 Web 方式实现。

一般需要考虑以下几个方面的问题。

1. 网站的主题

这将直接影响书店网站的整体设计。即将建立的网络书店主要经营与青少年生活、学习和娱乐有关的图书、音像、软件和游戏，所以网站的主题要围绕网络书店的经营范围，突出青少年特色。

2. 网站的名称

这也是网站 CI 设计的一个重要内容，而且是很关键的一个要素。和现实生活一样，网站名称是否合适，对网站的形象和宣传推广有很大影响。

原则上，网站名称应当与经营范围相适应，而且网站名称要容易记忆，重要的是名字要突出特色。根据书店的经营范围描述，书店的客户主要是青少年，所以为了使书店名字好听且好记，便于客户容易接受，本书店特意取名"叮当"网络书店。

3. 网站的布局与结构

为便于访客能够及时快捷地找到所需信息和需购买的物品，需要合理设计网站结构与布局。本网站主页总体设计为框架式网页，分为图表广告区、功能区、网站导航、主显示功能区 4 个框架页面，其他非主页页面都超链接于主显示功能区，由此实现静态网页和动态页面的融合，丰富网站内容和形式。

根据书店的经营范围，可将书店的商品分为图书、音碟、时尚、游戏、软件等五大类。每一大类也可以分为不同的小类。

4. 订购和付款方式

清楚描述书店可以接受的订购和付款方式。网络支付的安全性对于客户而言，无论网上的商品如何具有吸引力，如果对交易安全性缺乏把握，他们就根本不敢在网上进行买卖，企业更是如此。所以网站要能提供足够安全的交易形式和技术。在网络货币没有正式出台之前，采取最稳妥的方式是本地货到付款，送货上门；外地见款付货，辅之以不满意退货的承诺。在初始阶段，叮当书店将只提供电子邮件、电话订购，本地区实行货到付款、外地实行款到发货的原则。后期，交易方式会随着书店经营规模的扩大和 IT 技术的发展而逐渐变化的。

下面，使用 Dreamweaver CS5 建立一个简单的网络书店。

简易的网站流程如图 7-2 所示。

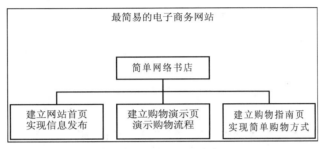

图 7-2　建设简单的网络书店流程

建立一个简单的网络书店的操作步骤如下。

① 打开 Dreamweaver CS5 软件，进入网页编辑窗口，如图 7-3 所示。

图 7-3　Dreamweaver CS5 编辑窗口

② 使用表格控制页面布局，利用表单功能制作会员登录信息。叮当网络书店首页的内容如图 7-4 所示。

③ 建立购物演示页，告诉用户怎样在叮当网络书店选购商品。图 7-5 所示即为叮当网络书店的简单购物流程。

图 7-4　叮当网络书店首页

图 7-5　简单购物流程

④ 建立购物指南页，提供订购指导信息，同时返回用户的订购单和送货地址，如图 7-6 所示。

图 7-6　购物指南

⑤ 设置订购信息的返回方式，以便及时与客户联络。

用鼠标单击用户指南表单的虚线部分，出现表单属性面板的默认状态，如图 7-7 所示。

图 7-7　表单属性面板

⑥ 在属性面板中输入相关信息，如图 7-8 所示。

图 7-8　设置订购信息的返回方式

　　表单的 action 值的格式必须为"mailto:目标 Email 地址"。本例选择将客户填写的表单内容发送到叮当书店的管理员 E-mail 地址：dingdang @dingdang.com。

　　enctype（MIME 编码）必须设置为"text/plain"（文本），否则收到的邮件是乱码。

　　表单的 method 属性不能设置为 post，必须为 get（默认不设置时为 get），否则邮件的格式跟用户输入的不符合。

　　填写表单后单击提交按钮，将弹出一个确认框，单击"确定"按钮，将自动调用用户的默认邮件收发软件来编辑邮件。也就是说需要用户计算机里的邮件收发软件来发送，而且用户必须先要设置好邮件收发软件。

　　如果要程序自动发送，则必须要服务器端程序支持，如 asp.net 、php 等。ASP.NET 程序接收到提交的内容后经过处理，然后再调用 CDONTS 或 Jmail 组件来发送，而且服务器端也需要一个可用 SMTP 服务器来完成发送。

　　通过上面的学习，可以完成以下几项任务：建立叮当网络书店的网站首页，书店购物演示，书店购物指南。

　　这样，一个简单的网络书店就可以正式开张营业了。在后面的内容里，将继续深入探讨网络书店管理方面的内容，逐步增强叮当书店的功能模块，并用简单的程序实例予以实现。

　　叮当书店是本书虚拟的一个网上书店，并非实际商业团体。所提供的信息只是为了教学方便，非真实资料。

7.3　ASP.NET 简介

7.3.1　ASP.NET 基本语法

1. ASP.NET 使用的语言

ASP.NET 又称为 ASP+，目前提供对以下三种语言的内置支持：C#（读作"C Sharp"）、Visual

Basic 和 JScript。但在 Microsoft .NET Framework SDK 和 Visual Studio .NET 中主要使用 Visual Basic .NET 和 C# 。

读者在决定选用哪种编程语言编写 ASP.NET 程序时，要看读者原有的编程经验。

如果读者曾经用过 Visual Basic 或 VBScript，而没有使用过 C、C++或 Jscript， 可能选用 Visual Basic .NET 会更容易上手。尽管 Visual Basic .NET 相对于前一个版本 Visual Basic6.0，已经作了很大改变，新增了对继承和线程的支持，但是基本语法还是没有变。另外，Visual Basic .NET 禁止任何不安全的操作，比如内存操作。因此相对于其他语言，Visual Basic .NET 更为简单易用，许多程序员使用它开发出大量标准的应用程序。

如果读者使用过 C、C++、Jscript 或 Java，可能选用 C# 更为合适。因为 C#是从 C 和 C++中派生出来的，有 C 和 C++的编程经验，读者能够很快熟悉并精通 C# 。如果读者只是一个程序的初学者，C# 简单易学，学习 C#也并不困难。而且随着对程序的深入了解，需要直接访问内存或使用旧版本的 C/C++模块时，C#也将是一种更好的选择。

本书在以下的语言介绍中，所有的实例和练习将采用 C# 语言来开发 Web 应用程序。如果读者使用的语言是 Visual Basic .NET，仍然可以参考本书了解 ASP.NET 的编写方法，只是要注意一下 Visual Basic .NET 和 C# 在语法上的区别。

2. 变量

变量是用来存储数据的，这些数据都有自己的数据类型，如：数值、文本或其他数据类型。而存储在变量中数据的类型由该变量的数据类型决定。

（1）数据类型。

● 整型。

C# 中整型类型有：sbyte、byte、short、ushort、int、uint、long、ulong。这些整型数据类型具有以下特性。

sbyte 型为有符号 8 位整数，取值范围在-128～127 之间。

byte 型为无符号 16 位整数，取值范围在 0～255 之间。

short 型为有符号 16 位整数，取值范围在-32 768～32 767 之间。

ushort 型为无符号 16 位整数，取值范围在 0～65 535 之间。

int 型为有符号 32 位整数，取值范围在-2 147 483 648～2 147 483 647 之间。

uint 型为无符号 32 位整数，取值范围在 0～4 294 967 295 之间。

long 型为 64 位有符号整数,取值范围在 9 223 372 036 854 775 808～9 223 372 036 854 775 807 之间。

ulong 型为 64 位无符号整数，取值范围在 0～18 446 744 073 709 551 615 之间

● 布尔型。

C# 中布尔数据类型为 bool，其结果只有 true 和 false 两个布尔值。

可以给一个布尔变量直接赋值为 true 或 false，也可以赋给布尔变量一个表达式，表达式所求出的值就是布尔变量实际的值。

● 字符型。

C# 中字符型数据类型为 char，它是一个单 Unicode 字符。一个 Unicode 字符 16 位长，它可以用来表示世界上多种语言。

一个字符变量赋值，如：char singleChar = 'A'；

上面的语句表示声明变量 singleChar 为字符型变量，并同时给 singleChar 变量赋予字符型数值'A'。

除以上赋值方法外，C# 还可以通过十六进制转义符（前缀\x）或 Unicode 表示法（前缀\u）给字符型变量赋值。

● 浮点型。

C# 中浮点型数据类型有两种，分别为 float 和 double。当执行运算时，如果表达式中的一个值是浮点型时，则所有其他的数据类型都要被转换成浮点型才能执行运算。float 和 double 的差别在于取值范围和精度。

float：取值范围在 $1.5 \times 10^{-45} \sim 3.4 \times 10^{38}$ 之间，精度为 7 位数。

double：取值范围在 $5.0 \times 10^{-324} \sim 1.7 \times 10^{308}$ 之间，精度为 15～16 位数。

● 小数型。

C# 中小数型数据类型为 decimal。decimal 是一种高精度的数据类型，它主要用于金融和货币的计算。

它所表示的范围从大约 1.0×10^{-28} 到 7.9×10^{28}，具有 28 至 29 位有效数字。尽管 decimal 的取值范围比 double 的窄，但它更精确。

当定义一个小数型变量并赋值给它时，使用 m 后缀以表明它是一个小数型，如：

```
decimal singleDec = 1.0m;
```

如果省略了 m，在变量被赋值之前，它将被编译器认作 double 型。

（2）值类型和引用类型。

● 值类型。

值类型就是把数据的值直接存储在内存中的数据类型。各种值类型总是具有一个对应于该类型的值。一般来说，C# 总是要求变量在使用前进行变量初始化，指明变量的数据类型。如果变量没有被初始化，当你试图使用它们时，编译器会提醒你。

C#的值类型可以归类为简单类型（Simple Types）、结构类型（Struct Types）和枚举类型（Enumeration Types）。

● 引用类型。

引用类型存储的是对包含数据的另一内存位置的引用，该数据通常建立在类的基础上，比如 String 类。和值类型相比，引用类型不存储它所代表的实际数据，而存储实际数据的引用。在 C# 中提供的引用类型有对象类型、类、接口、代表元、字符串类型、数组。

（3）变量声明。

在 C#中使用变量之前，必须首先声明它们，变量的数据类型取决于对变量的声明。C#中变量声明采用如下形式。

```
int x;              //声明一个 int 变量
String s;           //声明一个 String 变量
int i = 1;
String s = "Hello World";
```

3. 流控制语句

流控制是任何程序都不可缺少的，在程序运行时，流控制语句决定哪段代码按照什么顺序运行。它由判断语句（If 语句）、分支语句（Case 语句）和循环语句（For...和 Do...loops）组成。

（1）判断语句。

C# 中的判断语句是 if 语句。如果 if 语句给出的条件为真，就执行相应的代码，否则，条件为假时，执行 else 语句所定义的代码。

比如在花店网站中用户登录之后打开的所有页面，都要利用 Session 变量检测用户名是否为空，这样可以防止未注册的用户浏览到需要注册后才能访问的页面。

代码如下：

```
String username=Convert.ToString(Session["username"]);
  if(username=="")
  {
    Response.Redirect("reg.aspx");
  }
```

　　如果页面打开时，检测到 Session["username"]的值为空，则说明用户尚未登录，Response.Redirect 语句就会实现页面跳转，重新打开 reg.aspx 页面，要求用户先注册，再进行登录。

（2）分支语句。

如果在进行条件判断时，可能出现不只两个而是多个条件的情况，就会使用分支语句 Switch...Case。如果条件表达式与某个 Case 列出的值相符合时，就会执行相应 Case 内的语句块，如果与列出的所有值都不匹配时，就执行 Default 内的语句块。

比如叮当书店上利用 DataGrid 控件分页显示时，代码如下：

```
String arg = ((LinkButton)sender).CommandArgument;
  switch(arg)
  {
    case ("next"):
      if (MyDataGrid.CurrentPageIndex < (MyDataGrid.PageCount - 1))
      MyDataGrid.CurrentPageIndex ++;
      break;
    case ("prev"):
      if (MyDataGrid.CurrentPageIndex > 0)
      MyDataGrid.CurrentPageIndex --;
      break;
    case ("last"):
      MyDataGrid.CurrentPageIndex = (MyDataGrid.PageCount - 1);
      break;
    default:
      MyDataGrid.CurrentPageIndex = Convert.ToInt32(arg);
      break;
  }
```

（3）循环语句。

循环语句允许重复执行某一动作。循环语句有几种不同的类型，每一种都有其自身特有的语法，并适用于不同的情况。循环类型包括：

- For...循环。
- For Each...循环。

- Do...循环。
- While...循环。

本节只介绍 For...循环。当你预先知道一个语句要执行多少次时，For 语句就特别有用。当条件为真时，程序允许重复地执行循环体内的语句。

要注意的是，初始化、条件和循环都是可选的。如果忽略了条件，就会产生一个死循环，要用到跳转语句（break 或 goto）才能退出。

比如利用 For 循环计算一个阶乘，代码如下：

```csharp
using System;
class Factorial
{
public static void Main(string[] args)
{
long s = 1;
long n = Int64.Parse(args[0]);
long i = 1;
for (i=1;i <=n; i++)
s *= i;
Console.WriteLine("{0}! is {1}",n, s);
}
}
```

7.3.2　配置文件

web.config 文件是一个基于 XML、人机可读的文件，包含应用程序的配置选项。ASP.NET 的配置文件是基于 XML 格式的纯文本文件，存在于应用的各个目录下，统一命名为 "web.config"。它决定了所在目录及其子目录的配置信息，并且子目录下的配置信息覆盖其父目录的配置信息。这种方式可以为应用程序建立一套有层次的配置机制。

WINNT\Microsoft.NET\Framework\版本号\下的 web.config 为整个机器的根配置文件，它定义了整个环境下的缺省配置。如果在应用程序的主目录下添加了 web.config 文件，其中包含的配置设置在整个应用程序中有效。

缺省情况下，浏览器是不能够直接访问目录下的 web.config 文件。在运行状态下，ASP.NET 会根据远程 URL 请求，把访问路径下的各个 web.config 配置文件叠加，产生一个唯一的配置集合。

本例中 web.config 的代码如下：

```xml
<!-- 第一行的 encoding 属性用于设置页面所使用的语言,
                          只有指定为 gb2312 编码才能正常显示简体中文 -->
<?xml version="1.0" encoding="gb2312" ?>
<configuration>
<!-- 存放基本的数据库链接信息, 链接到 SQL Server 企业管理器已经附加的数据库 bookstore,
                          并且用户名为 sa, 密码为空 -->
<appSettings>
<add key="ConnectionString" value="server=127.0.0.1;uid=sa;pwd=;database=bookstore"/>
</appSettings>
    <system.web>
<!-- 动态调试编译的设置, 设置 Debug 为 True, 就可以在编译调试时实现 Debug 调试,
                  当运行通过后, 设置该变量为 False, 可以加快编译运行的时间 -->
```

```
        <compilation debug="true"/>
<!-- 定制错误信息, off 为禁用自定义错误信息,
                    on 或 RemoteOnly 启用自定义信息 -->
        <customErrors mode="Off"/>
<!-- 设置输入、输出数据的编码为 gb2312 -->
        <globalization requestEncoding="gb2312" responseEncoding="gb2312" />
    </system.web>
</configuration>
```

7.4 设计后台数据库

数据库是系统数据层的实现，在前面详细分析了该系统所要完成功能的基础上，进行数据分析，从而设计了本系统的数据库模型。在此数据库模型中不仅列出了各个表中的所有字段，同时也标出了各表的主键、外键等重要的信息。

7.4.1 创建数据库 bookstore

本实例将使用 ADO.NET 连接 SQL Server 数据库的技术，自动生成网站书目展示页的内容，用 ASP.NET 程序实现网站书目展示页的动态更新。这样做的优点是，网页与数据库实时链接，客户每一次访问获得的都是最新的信息；每次更新网页只需要更新数据库内容，而不需要每次都直接修改网页，节省了网站管理的时间。

本书实例提供了叮当书店的后台数据库 bookstore，在设计数据表结构之前，首先要创建一个 bookstore 数据库。

请参照 4.3.3 小节创建 bookstore 数据库。

7.4.2 创建表

数据库 bookstore 包括以下 4 个表：书目信息表 books、客户信息表 customers、订单信息表 orders 和后台管理员信息表 admin。

其中书目信息表 books 和客户信息表 customers 和后台管理员信息表 admin 的表结构在第 4 章中有详细介绍，订单信息表结构如下。

表 7-1　　　　　　　　　　　　订单信息表 orders 的结构

字 段 名 称	数据类型	长　　度	是否允许空值	说　　明
dgbh	Int	4	否	订购编号，应为自动编号，设为主键
yhm	varchar	10	否	用户名
smbh	int	4	否	书目编号
sm	char	40	是	书名
dgsl	Int	4	否	订购数量
dgje	money	8	是	订购金额

7.5 书目信息的动态更新

1. 概述

本实例所实现的叮当书店网站，书目信息的展示是本网站作为电子商务网站的最重要基础。书目信息表 books 用来保存叮当书店的书目信息，表结构请参看 4.4.2 小节。

listbooks.aspx 是书目信息列表页面。listbooks.aspx 页面上提供表 books 中的相关书目信息，如图 7-9 所示。

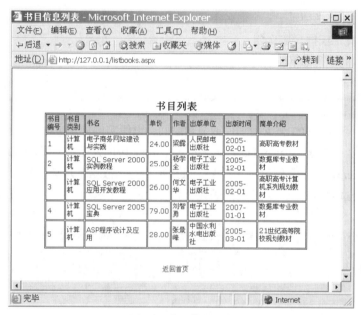

图 7-9 书目信息列表

2. 界面的实现

创建一个 ASP.NET 页面 listbooks.aspx，并在其中创建一个 DataGrid 控件，用数据库中表的数据填充 DataGrid。DataGrid 控件可以方便地把数据表或查询的结果，显示为具有很好格式的 HTML 表。

详细代码如下：

```
<form runat="server">
    <asp:DataGrid id="myGrid" runat="server"
        Width="80%" BackColor="#ffffff"
        BorderColor="black" ShowFooter="false"
        CellPadding=2 CellSpacing="1"
        Font-Name="Verdana" Font-Size="8pt"
        HeaderStyle-BackColor="#00ffff"
        AutoGenerateColumns="false"
        MaintainState="false">
    <Columns>
        <asp:BoundColumn HeaderText="书目编号" DataField="smbh" ReadOnly="True"/>
```

```
        <asp:BoundColumn HeaderText="书目类别" DataField="smlb" />
        <asp:BoundColumn HeaderText="书名" DataField="sm" />
        <asp:BoundColumn HeaderText="单价" DataField="dj" />
        <asp:BoundColumn HeaderText="作者" DataField="zz" />
        <asp:BoundColumn HeaderText="出版单位" DataField="cbdw" />
        <asp:BoundColumn HeaderText="出版时间" DataField="cbsj" />
        <asp:BoundColumn HeaderText="简单介绍" DataField="jdjs" />
    </Columns>
    </asp:DataGrid>
</form>
```

3. 功能实现

每个自定义控件都必须属于一个命名空间,其中 Language 属性告诉运行时在文件上使用哪个编译器，在本例中，使用 C#编译器。

引入命名空间的代码如下所示：

```
<%@ language="C#" runat="server"%>
<%@ Import Namespace="System.Data" %>
<%@ import Namespace="System.Data.SqlClient" %>
```

@Import 指令允许在页中包含附加库或命名空间，以便实例化来自命名空间的控件或对象。在这段代码中，第一个是 System.Data 命名空间，用于访问从数据库返回的数据；另一个是 System.Data.SqlClient，用于实例化对象，连接到 SQL Server 数据库并操作数据库中的数据。

该页的第一个过程是 Page_Load,在加载该页时会触发这个过程。在"Page_Load"事件中填写如下代码：

```
// 定义变量 myCnn 用于存储连接字符串，此处的 ConnectionString 属性可以为数据库连接获取连接字符串
string myCnn=ConfigurationSettings.AppSettings["ConnectionString"];
// 如果有可用的连接，SqlConnection 从连接池中提取一个打开的连接，否则，它将建立一个与 SQL Server
实例的新连接
SqlConnection Conn=new SqlConnection(myCnn);
 // 构造 SQL 语句
String   strSQL="select   smbh,smlb,sm,dj,zz,cbdw,convert(varchar(10),cbsj,120)   as
cbsj,jdjs  from books";
SqlDataAdapter da=new SqlDataAdapter(strSQL,Conn);
//通过调用 Fill 方法将数据放置在 DataSet 对象的 DataTables 集合中
DataSet ds = new DataSet();
da.Fill(ds);
//将 DataGrid 控件绑定到 DataSet 对象
myGrid.DataSource=ds;
myGrid.DataBind();
```

7.6 客户信息管理

客户信息管理是电子商务管理活动的重要内容。

通过客户信息管理，可以收集客户的信息，并对客户购物数据进行分析，及时调整叮当书店的销售策略和销售方式。同时客户正式注册后，才可以在网站上购物，在一定程度上保证了网站的安全性。

所以，在本节的内容里，将用 ASP.NET 的程序先对客户信息管理，包括增加新的客户信息、

修改客户信息和删除客户信息。

7.6.1 增加一个新的客户记录

1. 概述

先建立一个客户信息登记页面，如图 7-10 所示。各个输入框前面的提示文字与数据库中客户信息表 customers 的字段取相对应的名字：用户名、密码、真实姓名、省份、联系地址、邮政编码、联系电话、E-mail 地址、收货人地址和邮政编码、收货人姓名。其中带*的项目为必填项目。

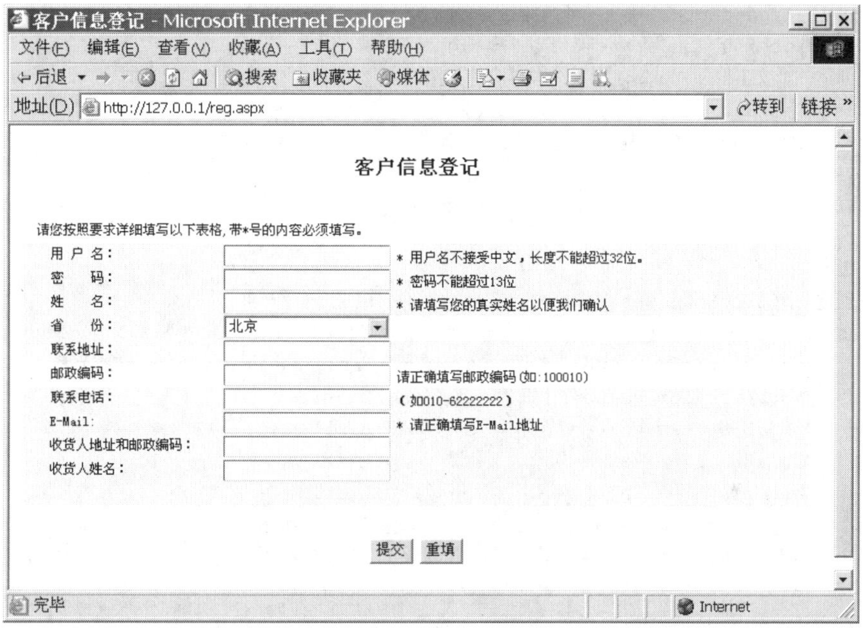

图 7-10 客户信息登记

2. 界面的实现

创建一个客户信息注册的 ASP.NET 页面 reg.aspx，并在其中创建 9 个文本框、1 个 DropDownList 控件和 2 个 Button 按钮控件。详细代码如下：

```
<TABLE cellSpacing=0 cellPadding=0 width=710 align=center border=0>
    <TBODY>
    <TR><TD colSpan=2 height=20> </TD></TR>
    <TR><TD colSpan=2 height=21>  请您按照要求详细填写以下表格,带*号的内容必须填写。</TD></TR>
    <TR>
    '创建 表单 form,所有 ASP.NET 的控件都应放在表单中
    <form runat="server">
    <TD width=110 bgColor=#eff8e7 height=21>
    <DIV align=center>用 户 名: </DIV></TD>
    <TD width=600 bgColor=#eff8e7 height=21>
    '创建一个文本框 username, 用于输入用户名
```

285

```
<asp:TextBox id="username" MaxLength="32" CssClass="input" runat="server">
</asp:TextBox> * 用户名不接受中文，长度不能超过32位。</TD></TR>
<TR><TD width=110 bgColor=#eff8e7 height=21>
<DIV align=center>密    码: </DIV></TD>
<TD width=400 bgColor=#eff8e7 height=21>
```
'创建一个文本框password，用于输入密码，TextMode为"Password"表示输入字符以"*"显示，此文本框为密码输入模式
```
<asp:TextBox  id="password"  MaxLength="13"  CssClass="input"  runat="server"
TextMode="Password">
</asp:TextBox> * 密码不能超过13位
</TD></TR>
<TR>
<TD width=110 bgColor=#eff8e7 height=21>
<DIV align=center>姓    名: </DIV></TD>
<TD width=500 bgColor=#eff8e7 height=21>
```
'创建一个文本框myname，用于输入客户的真实姓名
```
<asp:TextBox id="myname" MaxLength="32" CssClass="input" runat="server">
</asp:TextBox> * 请填写您的真实姓名以便我们确认</TD></TR>
<TR>
<TD width=110 bgColor=#eff8e7 height=21>
<DIV align=center>省    份: </DIV></TD>
<TD>
```
'创建一个DropDownList控件，可以拉下一列选项并从中选择一个
```
<asp:DropDownList id="DropDownList1" runat="server" Width="150px" Height="28px">
    <asp:ListItem Value="北京" Selected="True">北京</asp:ListItem>
    <asp:ListItem Value="上海">上海</asp:ListItem>
    <asp:ListItem Value="天津">天津</asp:ListItem>
    <asp:ListItem Value="重庆">重庆</asp:ListItem>
    <asp:ListItem Value="四川">四川</asp:ListItem>
    <asp:ListItem Value="福建">福建</asp:ListItem>
    <asp:ListItem Value="贵州">贵州</asp:ListItem>
    <asp:ListItem Value="云南">云南</asp:ListItem>
</asp:DropDownList>
</TD></TR>
<TR>
<TD width=110 bgColor=#eff8e7 height=21>
<DIV align=center>联系地址: </DIV></TD>
<TD width=500 bgColor=#eff8e7 height=21>
```
'创建一个文本框address，用于输入客户的联系地址
```
<asp:TextBox id="address" MaxLength="32" CssClass="input" runat="server">
</asp:TextBox>  </TD></TR>
<TR>
<TD width=110 height=21>
<DIV align=center>邮政编码: </DIV></TD>
<TD vAlign=center width=381 height=21>
```
'创建一个文本框zip，用于输入客户的邮政编码
```
<asp:TextBox id="zip" MaxLength="13" CssClass="input" runat="server">
</asp:TextBox>  请正确填写邮政编码(如:100010)</TD></TR>
<TR>
<TD width=110 bgColor=#eff8e7 height=21>
<DIV align=center>联系电话: </DIV></TD>
<TD width=381 bgColor=#eff8e7 height=21>
```

```
'创建一个文本框 phone，用于输入客户的联系电话
<asp:TextBox id="phone" MaxLength="32" CssClass="input" runat="server">
</asp:TextBox> （如 010-62222222）</TD></TR>
<TR>
<TD width=90 bgColor=#eff8e7 height=21>
<DIV align=center>E-Mail:    </DIV></TD>
<TD width=500 bgColor=#eff8e7 height=21>
'创建一个文本框 email，用于输入客户的 E-Mail 地址
<asp:TextBox id="email" MaxLength="32" CssClass="input" runat="server">
</asp:TextBox> * 请正确填写 E-Mail 地址
</TD></TR>
<TR>
<TD width=210 bgColor=#eff8e7 height=21>
<DIV align=center>收货人地址和邮政编码: </DIV></TD>
<TD width=381 bgColor=#eff8e7 height=21>
'创建一个文本框 shraddress，用于输入收货人地址
<asp:TextBox id="shraddress" MaxLength="32" CssClass="input" runat="server">
</asp:TextBox> </TD></TR>
 <TR>
<TD width=120 bgColor=#eff8e7 height=21>
<DIV align=center>收货人姓名: </DIV></TD>
<TD width=381 bgColor=#eff8e7 height=21>
'创建一个文本框 shrname，用于输入收货人姓名
<asp:TextBox id="shrname" MaxLength="32" CssClass="input" runat="server">
</asp:TextBox> </TD></TR>
<TD width=110 bgColor=#eff8e7 colSpan=2 height=21> </TD></TR>
<TR>
<TD colSpan=2 height=21><BR><BR>
<DIV align=center>
'创建"提交"和"重填"按钮
<asp:Button text="提交" OnClick="Register_Click" runat="server" />
<asp:Button text="重填" OnClick="Renew_Click" runat="server" />
</DIV></TD></TR>
</FORM></TBODY></TABLE>
```

3. 功能实现

在图 7-10 中，填写相应的客户信息后，按"提交"按钮后，将启动 Register_Click 事件处理输入的客户信息，从而在 customers 表中增加了一个新的客户信息。

源代码如下：

```
MyCommand.Connection.Close();
String CnStr="insert into customers(yhm,yhxm,mm,sf,lxdz,yzbm,lxdh,email,shrdz,shrxm) values
(@username,@myname,@password,@province,@address,@zip,@phone, @email, @shraddress, @shrname)";
    SqlCommand Comm=new SqlCommand(CnStr,MyConnection);
    Comm.Connection.Open();

    Comm.Parameters.Add(new SqlParameter("@username",SqlDbType.Char));
    Comm.Parameters["@username"].Value=username.Text;
    Comm.Parameters.Add(new SqlParameter("@myname",SqlDbType.Char));
    Comm.Parameters["@myname"].Value=myname.Text;
    Comm.Parameters.Add(new SqlParameter("@password",SqlDbType.Char));
```

```
Comm.Parameters["@password"].Value=password.Text;
Comm.Parameters.Add(new SqlParameter("@province",SqlDbType.Char));
Comm.Parameters["@province"].Value=DropDownList1.SelectedItem.Value;
Comm.Parameters.Add(new SqlParameter("@address",SqlDbType.Char));
Comm.Parameters["@address"].Value=address.Text;
Comm.Parameters.Add(new SqlParameter("@zip",SqlDbType.Char));
Comm.Parameters["@zip"].Value=zip.Text;
Comm.Parameters.Add(new SqlParameter("@phone",SqlDbType.Char));
Comm.Parameters["@phone"].Value=phone.Text;
Comm.Parameters.Add(new SqlParameter("@email",SqlDbType.Char));
Comm.Parameters["@email"].Value=email.Text;
Comm.Parameters.Add(new SqlParameter("@shraddress",SqlDbType.Char));
Comm.Parameters["@shraddress"].Value=shraddress.Text;
Comm.Parameters.Add(new SqlParameter("@shrname",SqlDbType.Char));
Comm.Parameters["@shrname"].Value=shrname.Text;
try
{
   Comm.ExecuteNonQuery();
   Message.InnerHtml="<b>恭喜您，注册成功! </b>";
Message.Style["color"]="red";
}
catch (SqlException)
{
   Message.InnerHtml="抱歉，注册失败，请重新注册! ";
   Message.Style["color"]="red";
}
Comm.Connection.Close();
```

程序中因为第一个字段"khbh"在设计时已经设置为自动编号，所以不需要在程序中处理。

程序运行结果如图 7-11 所示。

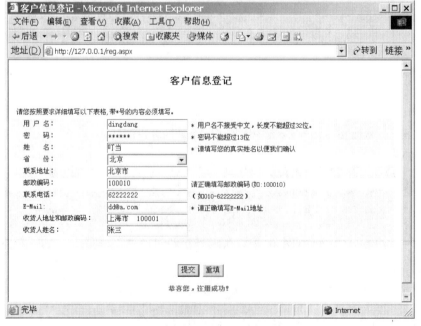

图 7-11　客户信息注册成功

7.6.2 修改客户记录

1. 概述

修改客户记录包括 3 个步骤, 首先进行客户登录, 只有登录成功后, 才有修改客户信息的权限, 然后显示该客户原来的记录信息, 最后将修改后的信息写到数据库的 customers 表中。客户登录实现的源代码部分将在 7.8 节讨论, 这里重点讨论如何显示客户信息和如何将修改后的客户信息写入数据库中。

客户登录页面如图 7-12 所示。

图 7-12　客户登录界面

客户信息修改界面如图 7-13 所示。

图 7-13　客户信息修改界面

单击"编辑"链接, 页面进入到客户信息更新状态, 如图 7-14 所示。

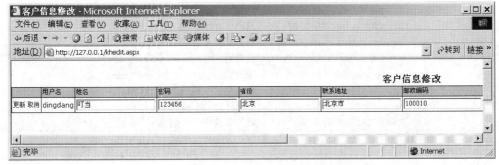

图 7-14　客户信息更新界面

如果单击"取消"链接，表示放弃本次修改。

如果需要修改客户信息，比如将密码修改为"654321"，然后单击"更新"链接，客户信息修改成功，结果如图 7-15 所示。

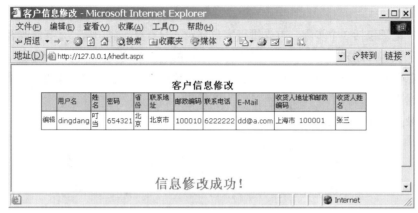

图 7-15　客户信息修改成功界面

2. 界面的实现

创建一个客户信息修改的 ASP.NET 页面 khedit.aspx，并在其中创建 1 个 DataGrid 控件。详细代码如下：

```
<asp:DataGrid id="myGrid" runat="server"
          Width="600" BackColor="#ffffff"
          BorderColor="black" ShowFooter="false"
          CellPadding=2 CellSpacing="0"
          Font-Name="Verdana" Font-Size="8pt"
          HeaderStyle-BackColor="#aaaadd"
          OnEditCommand="myGrid_Edit"
          OnCancelCommand="myGrid_Cancel"
          OnUpdateCommand="myGrid_Update"
          AutoGenerateColumns="false"
          MaintainState="false">
    <Columns>
        <asp:EditCommandColumn EditText="编辑" CancelText="取消" UpdateText="更新"
ItemStyle-Wrap="false"/>
        <asp:BoundColumn HeaderText="用户名" DataField="yhm" ReadOnly="True"/>
        <asp:BoundColumn HeaderText="姓名" DataField="yhxm" />
        <asp:BoundColumn HeaderText="密码" DataField="mm" />
        <asp:BoundColumn HeaderText="省份" DataField="sf" />
        <asp:BoundColumn HeaderText="联系地址" DataField="lxdz" />
        <asp:BoundColumn HeaderText="邮政编码" DataField="yzbm" />
        <asp:BoundColumn HeaderText="联系电话" DataField="lxdh" />
        <asp:BoundColumn HeaderText="E-Mail" DataField="email" />
        <asp:BoundColumn HeaderText="收货人地址和邮政编码" DataField="shrdz" />
        <asp:BoundColumn HeaderText="收货人姓名" DataField="shrxm" />
    </Columns>
</asp:DataGrid>
```

3. 功能实现

当用户单击"编辑"链接时，调用 myGrid_Edit 事件中的代码，详细代码如下：

```
void myGrid_Edit(Object sender,DataGridCommandEventArgs E)
{
    myGrid.EditItemIndex=(int)E.Item.ItemIndex;
    BindGrid();
}
public void BindGrid()
{
    string myCnn=ConfigurationSettings.AppSettings["ConnectionString"];
    SqlConnection MyConnection;
    MyConnection=new SqlConnection(myCnn);
    string username=Convert.ToString(Session["username"]);

    String str="select * from customers where yhm='" + username + "'";
    SqlDataAdapter da=new SqlDataAdapter(str,MyConnection);
    DataSet ds = new DataSet();
    da.Fill(ds);
    myGrid.DataSource=ds;
    myGrid.DataBind();
}
```

当用户单击"取消"链接时，调用 myGrid_Cancel 事件中的代码，详细代码如下：

```
void myGrid_Cancel(Object sender,DataGridCommandEventArgs E)
{
    myGrid.EditItemIndex=-1;
    BindGrid();
}
```

当用户单击"更新"链接时，调用 myGrid_Update 事件中的代码，详细代码如下：

```
void myGrid_Update(Object sender,DataGridCommandEventArgs E)
{
    string myCnn=ConfigurationSettings.AppSettings["ConnectionString"];
    SqlConnection MyConnection;
    MyConnection=new SqlConnection(myCnn);
    string username=Convert.ToString(Session["username"]);
    String CnStr="update customers set yhxm=@myname,mm=@password,sf=@province,lxdz= @address,
yzbm=@zip,lxdh=@phone,email=@email,shrdz=@shraddress,shrxm=@shrname where yhm='"+ username+"'";
    SqlCommand Comm=new SqlCommand(CnStr,MyConnection);
    Comm.Connection.Open();

    Comm.Parameters.Add(new SqlParameter("@myname",SqlDbType.Char));
    Comm.Parameters["@myname"].Value=((TextBox)E.Item.Cells[2].Controls[0]).Text;
    Comm.Parameters.Add(new SqlParameter("@password",SqlDbType.Char));
    Comm.Parameters["@password"].Value=((TextBox)E.Item.Cells[3].Controls[0]).Text;
    Comm.Parameters.Add(new SqlParameter("@province",SqlDbType.Char));
    Comm.Parameters["@province"].Value=((TextBox)E.Item.Cells[4].Controls[0]).Text;
    Comm.Parameters.Add(new SqlParameter("@address",SqlDbType.Char));
    Comm.Parameters["@address"].Value=((TextBox)E.Item.Cells[5].Controls[0]).Text;
    Comm.Parameters.Add(new SqlParameter("@zip",SqlDbType.Char));
    Comm.Parameters["@zip"].Value=((TextBox)E.Item.Cells[6].Controls[0]).Text;
```

```
Comm.Parameters.Add(new SqlParameter("@phone",SqlDbType.Char));
Comm.Parameters["@phone"].Value=((TextBox)E.Item.Cells[7].Controls[0]).Text;
Comm.Parameters.Add(new SqlParameter("@email",SqlDbType.Char));
Comm.Parameters["@email"].Value=((TextBox)E.Item.Cells[8].Controls[0]).Text;
Comm.Parameters.Add(new SqlParameter("@shraddress",SqlDbType.Char));
Comm.Parameters["@shraddress"].Value=((TextBox)E.Item.Cells[9].Controls[0]).Text;
Comm.Parameters.Add(new SqlParameter("@shrname",SqlDbType.Char));
Comm.Parameters["@shrname"].Value=((TextBox)E.Item.Cells[10].Controls[0]).Text;
try
{
  Comm.ExecuteNonQuery();

  Message.InnerHtml="<b>信息修改成功! </b>";
  myGrid.EditItemIndex=-1;
}
catch (SqlException)
{
  Message.InnerHtml="抱歉，信息修改失败! ";
  Message.Style["color"]="red";
}
Comm.Connection.Close();
BindGrid();
}
```

程序 khedit.aspx 的执行结果，如图 7-15 所示。

7.6.3 删除客户记录

1. 概述

删除一个客户的记录操作步骤如下。

① 首先进行客户登录，通过用户名和密码登录，判断是否存在此客户，如图 7-12 客户登录界面所示。如果用户名或密码错误，跳转到错误提示页面。

② 客户登录成功后，单击"删除客户信息"按钮后，进入删除客户信息页面，显示当前客户的基本信息，如图 7-16 所示。

图 7-16　删除客户信息界面

如果单击"删除"链接，则删除当前显示的客户记录，customers 表中相应的记录被删除。

2．界面的实现

创建一个客户信息删除的 ASP.NET 页面 khdel.aspx，并在其中创建 1 个 DataGrid 控件。详细代码如下：

```
<form runat="server">
    <asp:DataGrid id="myGrid" runat="server"
        Width="600" BackColor="#ffffff"
        BorderColor="black" ShowFooter="false"
        CellPadding=2 CellSpacing="0"
        Font-Name="Verdana" Font-Size="8pt"
        HeaderStyle-BackColor="#aaaadd"
        OnDeleteCommand="DataGrid_Delete"
        DataKeyField="yhm"
        AutoGenerateColumns="false"
        MaintainState="false">
    <Columns>
        <asp:ButtonColumn Text="删除" CommandName="Delete" ItemStyle-Wrap="false"/>
        <asp:BoundColumn HeaderText="用户名" DataField="yhm" ReadOnly="True"/>
        <asp:BoundColumn HeaderText="姓名" DataField="yhxm" />
        <asp:BoundColumn HeaderText="密码" DataField="mm" />
        <asp:BoundColumn HeaderText="省份" DataField="sf" />
        <asp:BoundColumn HeaderText="联系地址" DataField="lxdz" />
        <asp:BoundColumn HeaderText="邮政编码" DataField="yzbm" />
        <asp:BoundColumn HeaderText="联系电话" DataField="lxdh" />
        <asp:BoundColumn HeaderText="E-Mail" DataField="email" />
        <asp:BoundColumn HeaderText="收货人地址和邮政编码" DataField="shrdz" />
        <asp:BoundColumn HeaderText="收货人姓名" DataField="shrxm" />
    </Columns>
    </asp:DataGrid>
    </td></TR>
    <TR><td align="center">
    <font size=5 color="red">
        <span id="Message" MaintainState="false" runat="server" /></font>
        </td></TR>
</form>
```

3．功能实现

单击"删除"链接，调用 DataGrid_Delete 事件中的代码，完成客户记录的删除，详细代码如下：

```
public void DataGrid_Delete(Object sender,DataGridCommandEventArgs E)
{
    string myCnn=ConfigurationSettings.AppSettings["ConnectionString"];
    SqlConnection Conn=new SqlConnection(myCnn);
    // 构造 SQL 语句
    String strSQL="delete from customers where yhm=@username";
    // 创建 Command 对象 cm
    SqlCommand cm=new SqlCommand(strSQL,Conn);
```

```
myGrid.EditItemIndex=(int)E.Item.ItemIndex;
  // 给参数赋值
  cm.Parameters.Add(new SqlParameter("@username",SqlDbType.Char));
  cm.Parameters["@username"].Value=myGrid.DataKeys[(int)E.Item.ItemIndex];
  // 打开连接
  cm.Connection.Open();
  try
  {
     cm.ExecuteNonQuery();
     Message.InnerHtml="<b>删除成功</b>";
  }
  catch (SqlException)
  {
     Message.InnerHtml="<b>删除失败</b>";
     Message.Style["color"]="red";
  }
  // 关闭连接
  cm.Connection.Close();
  // 更新 DataGrid
  BindGrid();
}
public void BindGrid()
{
  string myCnn=ConfigurationSettings.AppSettings["ConnectionString"];
  SqlConnection Conn=new SqlConnection(myCnn);
  // 构造 SQL 语句
  String strSQL="select * from customers";
  SqlDataAdapter da=new SqlDataAdapter(strSQL,Conn);
  DataSet ds = new DataSet();
  da.Fill(ds);
  myGrid.DataSource=ds;
  myGrid.DataBind();
}
```

7.7　书店库房管理

电子商务是传统商务的电子化，所以库房管理自然也就成为电子商务活动管理的重要内容。如果以 Internet 为界限，在 Internet 上以网页形式显示出来的内容可以称为电子商务的外在表现，而 Internet 以内的部分就应该是实现对传统商务的优化和电子化。

在前面的内容里，虽然做到了叮当网络书店的网页实时动态更新，即叮当书店的经营内容在网页上得到了及时展现，访问客户也能访问到某一时刻最新的商品信息。可是对书店库房的管理还依然没有触及，也就是说对 books 数据表的更新只能在服务器上以手工方式进行。这样的处理方式不是不可以，只是存在如下明显的缺陷。

① books 数据表是 SQL Server 数据库 bookstore 中的一个表格，需要专门的操作人员才可以处理。

② 手工操作往往采取批量处理的方式进行，书店库房的数据更新的时效受到限制。

③ 手工处理数据经常会产生误操作，而由于手工操作是直接对数据库记录进行，所以一旦产

生错误往往很难恢复。

④ 数据操作只能在服务器上进行，工作地域受到限制。

因此本节内容将集中解决叮当网络书店的库房管理，包括增加书目信息、修改书目信息、删除书目信息及书目信息查询。

7.7.1 增加和修改书目信息

由于叮当书店网站的库房管理属于网站后台运营数据的管理，不是任何人都可以访问的，只

有具有相应权限的后台管理员才能够进入到库房管理的界面。所以首先要进行管理员登录，只有登录成功后，才能进行增加书目信息、修改书目信息、删除书目信息及书目信息查询。管理员登录的文件是 adminlogin.aspx，界面如图 7-17 所示。

管理员登录页面的程序设计与客户登录页面的程序非常类似，这里不再重复。

登录成功后，进入书目信息输入页面，如图 7-18

图 7-17　管理员登录界面

所示。添加书目信息的页面文件为 addbooks.aspx，它的程序设计与添加客户信息页面的程序非常类似，请参考本章后面的实验一完成。

书目编号	书目类别	书名	单价	作者	出版单位	出版时间	简单介绍	图片路径
1	计算机	电子商务网站建设与实践	24.00	梁露	人民邮电出版社	2005-02-01	高职高专教材	images/bookimg/1.jpg
2	计算机	SQL Server 2000实例教程	25.00	杨学全	电子工业出版社	2005-12-01	数据库专业教材	images/bookimg/2.jpg
3	计算机	SQL Server 2000应用开发教程	26.00	何文华	电子工业出版社	2005-02-01	高职高专计算机系列规划教材	images/bookimg/3.jpg
4	计算机	SQL Server 2005宝典	79.00	刘智勇	电子工业出版社	2007-01-01	数据库专业教材	images/bookimg/4.jpg
5	计算机	ASP程序设计及应用	28.00	张景峰	中国水利水电出版社	2005-03-01	21世纪高等院校规划教材	images/bookimg/5.jpg

添加新书目信息：

书目类别：

书名：

单价：

作者：

出版单位：

出版时间：

简单介绍：

图片路径：

添加

图 7-18　书目信息输入界面

修改书目信息的页面文件为 editbooks.aspx，如图 7-19 所示。单击"编辑"链接，进入书目信息更新的页面，如图 7-20 所示。它的程序设计与修改客户记录页面的程序非常类似，请参考本

章后面的实验二完成。

图 7-19　修改书目信息界面

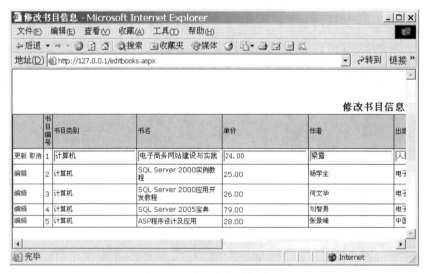

图 7-20　书目信息更新界面

修改完需要改动的书目信息后，单击"更新"链接，书目信息修改完毕，相应的记录写入到 books 表中。

7.7.2　删除书目信息

删除书目信息的操作和程序与 7.6.3 小节删除客户记录内容类似。如图 7-21 所示。所以，这里不再介绍，读者可以试着自己进行设计。

当然，考虑书目信息是叮当网络书店的基本数据，建议最好不要删除。

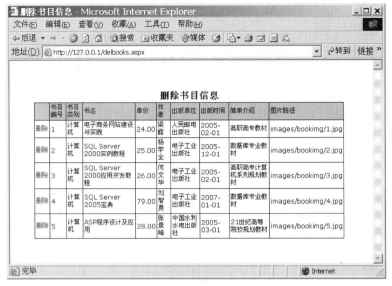

图 7-21　删除书目信息界面

7.7.3　书目信息查询

1. 概述

信息查询,可以进行分类查询,也可以通过关键字进行查询。本例提供的是按书目类别进行查询。

首先建立书目信息类别查询页面,利用 dropdownlist 控件选择书目的类别,如图 7-22 所示。单击"查询"按钮后,显示查询结果,如图 7-23 所示。

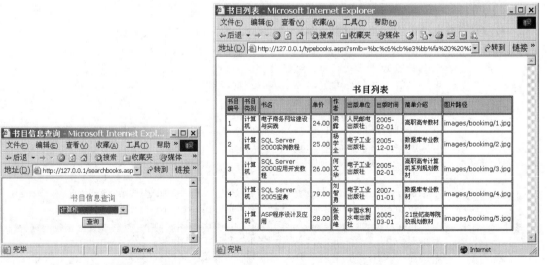

图 7-22　书目类别查询界面　　　　　　图 7-23　书目类别查询结果界面

2. 界面的实现

书目类别查询的页面文件是 searchbooks.aspx,界面设计的源代码如下:

```
<table width=200 align="center" border=0>
 <TR>
    <TD align="center"><font size=3pt color= #006633>书目信息查询</font></TD>
 </TR>
 <TR>
    <TD align="center">
    <asp:dropdownlist
    id="ddlTypes"
    runat=server
    Width="150px" Height="28px"
    DataTextField="smlb"
    DataValueField="smlb">
    </asp:dropdownlist>
    </TD>
 </TR>
 <TR>
    <TD align="center">
    <asp:button
    id="butView"
    text="查询"
    width="45"
    Type="Submit"
    OnClick="View_Click"
    runat="server"
    />
    </TD>
 </TR>
 <TR>
    <TD><BR></TD>
 </TR>
 </FORM>
 </table>
```

书目类别查询结果的页面文件是 typebooks.aspx，界面设计的源代码如下：

```
<asp:DataGrid id="myGrid" runat="server"
          Width="100%" BackColor="#ffffff"
          BorderColor="black" ShowFooter="false"
          CellPadding=2 CellSpacing="1"
          Font-Name="Verdana" Font-Size="8pt"
          HeaderStyle-BackColor="#00ffff"
          AutoGenerateColumns="false"
          MaintainState="false">
      <Columns>
          <asp:BoundColumn HeaderText="书目编号" DataField="smbh" ReadOnly="True"/>
          <asp:BoundColumn HeaderText="书目类别" DataField="smlb" />
          <asp:BoundColumn HeaderText="书名" DataField="sm" />
          <asp:BoundColumn HeaderText="单价" DataField="dj" />
          <asp:BoundColumn HeaderText="作者" DataField="zz" />
          <asp:BoundColumn HeaderText="出版单位" DataField="cbdw" />
          <asp:BoundColumn HeaderText="出版时间" DataField="cbsj" />
          <asp:BoundColumn HeaderText="简单介绍" DataField="jdjs" />
          <asp:BoundColumn HeaderText="图片路径" DataField="tplj" />
      </Columns>
      </asp:DataGrid>
```

3. 功能实现

书目类别查询的页面文件是 searchbooks.aspx，源代码如下所示：

```
void Page_Load(Object Sender, EventArgs E)
{
  if(!Page.IsPostBack)
  {
  string myCnn=ConfigurationSettings.AppSettings["ConnectionString"];
  SqlConnection MyConnection;
  MyConnection=new SqlConnection(myCnn);
  String str="select distinct smlb from books order by smlb";
  SqlDataAdapter da=new SqlDataAdapter(str,MyConnection);
  DataSet ds = new DataSet();
  da.Fill(ds,"types");
  ddlTypes.DataSource = ds.Tables["Types"].DefaultView;
  ddlTypes.DataBind();
  }
}


public void View_Click(Object sender, EventArgs E)
{
  Session["smlb"]=ddlTypes.SelectedItem.Text;
  Response.Redirect("typebooks.aspx?smlb=" + ddlTypes.SelectedItem.Value + " & smlb="
+ ddlTypes.SelectedItem.Text);
}
```

然后按"查询"按钮，执行书目类别查询结果的程序 typebooks.aspx。typebooks.aspx 的源代码如下所示：

```
void Page_Load(Object Sender, EventArgs E)
{
  string smlb=Convert.ToString(Session["smlb"]);
  if(!Page.IsPostBack)
  {
    string myCnn=ConfigurationSettings.AppSettings["ConnectionString"];
    SqlConnection Conn=new SqlConnection(myCnn);
    String strSQL="select  smbh,smlb,sm,dj,zz,cbdw,convert(varchar(10),cbsj,120)  as
cbsj,jdjs,tplj  from books where smlb='"+smlb+"'";
    SqlDataAdapter da=new SqlDataAdapter(strSQL,Conn);
    DataSet ds = new DataSet();
    da.Fill(ds);
    myGrid.DataSource=ds;
    myGrid.DataBind();
  }
}
```

7.8　实时订单处理

到目前为止，叮当网络书店已经完成的功能：建立了书店网站的 Internet 网页，并实现了网页的动态更新；建立了客户数据管理，实现客户数据的增加、修改和删除；建立了书店库房的管理，实现了书目数据的增加、修改和删除功能。

本节将讨论订单的实时处理。

叮当网络书店是对传统书店经营模式的优化和网络化处理，所以追求订单的实时处理，提高用户的满意程度，同时减少成本支出始终是网站关注的重点。

实时订单处理主要考虑如下两个方面的问题。

① 从客户角度，需要及时知道自己订单的状况。比如，该订单是否提交成功、订购的书具体有哪些、什么时候订购的、订单的状态等。

② 从书店管理角度，需要知道目前订单的处理情况。比如，哪些订单没有处理，哪些订单已经收到货款，哪些订单应该发货等。

在下面的程序实例中，将逐一解决这些问题。

7.8.1　实时订单处理分析

实时订单处理要解决如下问题。

① 订单数据不是通过格式文本方式返回，而是直接写到 orders 数据表中，所以必须记录登录用户的用户名。

② 将用户名传递到后台处理的 ASP.NET 程序中。

③ 订购时，将订购信息实时写进购物车（用户名暂时储存在 session 中），并显示订购信息给客户。

④ 确认完订购信息无误后，将根据用户名查找到 orders 表需要的相关信息，与订购数量同时写到 orders 表中。

⑤ 允许书店工作人员查询和更新订单状态。

⑥ 允许书店工作人员更新未处理预定信息。

⑦ 允许客户查询订单状态。

7.8.2　解决问题的步骤

1. 客户登录

（1）概述。

考虑网站管理的需要和客户查询订单的需要，客户必须注册为会员后方可购物，所以当客户到达本站首页后，如果不是会员，建议先注册为会员，然后登录。登录时系统用 session 记录客户的用户名，然后在后台的程序中直接读取 session 的内容。客户登录页面如图 7-24 所示。

当会员输入"用户名"和"密码"，单击"登录"按钮后，执行 login.aspx 程序进行验证登录，如果通过验证进入书目订购的页面

图 7-24　客户登录界面

orderlist.aspx 浏览书目的详细信息，如图 7-25 所示。

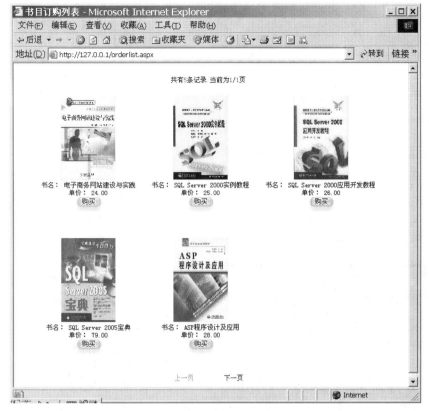

图 7-25 书目订购界面

否则进入错误提示页面 logerror.aspx，如图 7-26 所示。

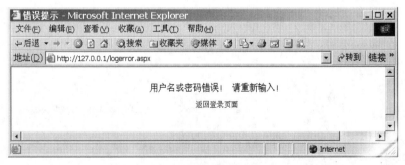

图 7-26 登录错误提示界面

（2）界面的实现。

客户登录的页面文件是 login.aspx，界面设计的源代码如下所示：

```
<FORM runat="server">
 <TABLE width=200 align="center" border=0>
   <TR>
   <TD vAlign=top align="left" width=90 colspan=2>用户名: </TD>
   <TD>
<asp:TextBox id="username" MaxLength="32" width="200" CssClass="input" runat="server">
```

```
        </asp:TextBox>
        </TD></TR>
        <TR>
        <TD align="left" colspan=2>密  码: </TD>
        <TD>
    <asp:TextBox id="password" MaxLength="32"  width="200" CssClass="input" runat="server"
TextMode="Password">
        </asp:TextBox></TD>
        </TR>
        <TR>
        <TD>
        <asp:Button text="登录" width="45" OnClick="Login_Click" runat="server" /></TD>
        </TR>
        </TABLE>
        </FORM>
```

（3）功能实现。

单击"登录"按钮，调用 Login_Click 事件的代码，源代码如下所示。

```
void Page_Load(Object Sender, EventArgs E)
{
  if(username.Text!="")
    {
        Session["username"]=username.Text;
        Session["password"]=password.Text;
    }
}
public void Login_Click(Object sender, EventArgs E)
{
    MyConnection=new SqlConnection(myCnn);
    MyConnection.Open();
    SqlCommand MyCommand;
    String ConnStr;
    if((username.Text=="" | password.Text=="") )
    {
        Response.Redirect("login.aspx");
    }
    else
    {
    ConnStr="select * from customers where yhm='" + username.Text + "' AND mm='" + password.
Text+"'";
    MyCommand=new SqlCommand(ConnStr,MyConnection);
    SqlDataReader MyReader;
    MyReader=MyCommand.ExecuteReader();
    try{
    if(MyReader.Read())
    {
        Response.Redirect("orderlist.aspx");
    }
    else
    {
        Response.Redirect("logerror.aspx");
    }
    }
```

```
    finally
    {
        MyReader.Close();
        MyConnection.Close();
    }
    username.Text="";
    }
}
```

以后当需要读取用户信息时，只需在程序中加入代码 username= Convert.ToString (Session ["username"]) 获得用户名，通过用户名可以查询获得用户相关的信息。

2. 订购商品

（1）概述。

当用户决定购买某一本书时，系统先将用户订购的详细信息反馈给用户，由用户来最终决定购买多少，是否真的下单订购，还需用户自己最终确定是否"去收银台"结账。

当用户在货物列表清单中选中所需货物后，单击"订购"按钮，执行 orderlist.aspx，将所选记录信息写进购物车中，然后执行 order.aspx 程序，弹出图 7-27 中所示页面，显示购物车中的货物清单。

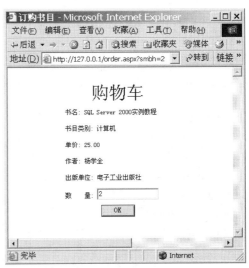

图 7-27 购物车界面

（2）界面的设计。

将购物信息写进购物车的页面文件是 order.aspx，其界面设计的代码如下：

```
<TABLE cellSpacing=0 cellPadding=0 width=200 border=0 align="center">
<TBODY>
<form runat="server">
<TR>
   <TD height=30 align="center">
<asp:Label
   id="lblTitle"
   Text="购物车"
   Font-Size="25pt"
   runat="server"
/>
</TD></TR>
 <TR>
   <TD height=30 align="left">
<asp:Label
   id="lblsm"
   runat="server"
/>
</TD></TR>
 <TR>
   <TD height=30 align="left">
```

```
<asp:Label
    id="lblsmlb"
    runat="server"
/>
</TD></TR>
 <TR>
    <TD height=30 align="left">
<asp:Label
    id="lbldj"
    runat="server"
/>
</TD></TR>
 <TR>
    <TD height=30 align="left">
<asp:Label
    id="lblzz"
    runat="server"
/>
</TD></TR>
 <TR>
    <TD height=30 align="left">
<asp:Label
    id="lblcbdw"
    runat="server"
/>
</TD></TR>
 <TR>
    <TD height=30 align="left">
数   量：
<asp:TextBox
    id="txtQuantity"
    Columns="15"
    MaxLength="20"
    runat=server
/>
</TD></TR>
 <TR>
    <TD height=30 align="center">
<asp:button
    id="butOK"
    text="  OK  "
    Type="Submit"
    OnClick="Submit_Click"
    runat="server"
/>
</TD></TR>
</form>
</TBODY></TABLE>
```

（3）功能实现。

当用户单击"OK"按钮时，调用 Submit_Click 事件中的代码，完成书目的订购。详细代码如下：

```
public void Page_Load(Object Sender, EventArgs E)
{
    string username=Convert.ToString(Session["username"]);
    if(username=="")
    {
        Response.Redirect("reg.aspx");
    }
    else
    {

        string myCnn=ConfigurationSettings.AppSettings["ConnectionString"];
        SqlConnection Conn;
        Conn=new SqlConnection(myCnn);

        string str="Select sm,smlb,dj,zz,cbdw From books Where smbh = " + Request.QueryString["smbh"];
        SqlDataAdapter da=new SqlDataAdapter(str,Conn);
        DataSet ds=new DataSet();

        da.Fill(ds,"books");

        DataRow dr = ds.Tables["books"].Rows[0];

        lblsm.Text = "书名: " + dr["sm"];
        lblsmlb.Text = "书目类别: " + dr["smlb"];
        lbldj.Text = "单价: " + dr["dj"];
        lblzz.Text = "作者: " + dr["zz"];
        lblcbdw.Text = "出版单位: " + dr["cbdw"];
        Conn.Close();
    }
}

void Submit_Click(Object sender, EventArgs e)
{
    string myCnn=ConfigurationSettings.AppSettings["ConnectionString"];
    SqlConnection Conn;
    Conn=new SqlConnection(myCnn);

    string str3="Select sm,smlb,dj From books Where smbh = " + Request.QueryString["smbh"];
    SqlDataAdapter da3=new SqlDataAdapter(str3,Conn);
    DataSet ds3=new DataSet();

    da3.Fill(ds3,"smbh");
    DataRow dr3 = ds3.Tables["smbh"].Rows[0];
    int Currentdgsl = Convert.ToInt32(txtQuantity.Text);
    double Currentdj =Convert.ToDouble(dr3["dj"]);
    double Currentdgje = Currentdgsl * Currentdj;
    string Currentsm = Convert.ToString(dr3["sm"]);

    string strSQL2="Insert Into orders(yhm,smbh,sm,dgsl,dgje) values(" +"'"+ Session
["username"] + "', " + Request.QueryString["smbh"] + ", " + "'" + Currentsm + "', " +
Currentdgsl + ", " + Currentdgje + ")";
```

```
SqlCommand Comm2=new SqlCommand(strSQL2,Conn);
Comm2.Connection.Open();
Comm2.ExecuteNonQuery();

Response.Redirect("orderend.aspx");

Conn.Close();
}
```

3. 收银台

单击上图的"OK"按钮后，执行后台处理程序，进入收银台页面 orderend.aspx，显示结果如图 7-28 所示。

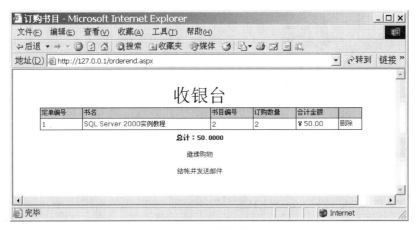

图 7-28　收银台界面

4. 继续购物

单击"继续购物"链接，执行关闭窗口程序，返回当前购物界面，可以继续购物。新的订购记录信息会实时显示在购物车中，继续购物结果如图 7-29 所示。

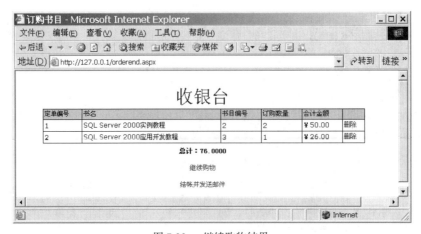

图 7-29　继续购物结果

5. 订单取消

如果用户不想订购了，想取消刚才所选的书目，可以直接单击"删除"链接，取消刚刚所做的书目订购，系统将自动更新。

6. 下订单

如果用户已选购好所有所需的书目，确认信息无误后，单击"结账并发送邮件"链接，就可以下订单，执行 email.aspx 程序，完成订单，进入付款和送货信息浏览状态，如图 7-30 所示。

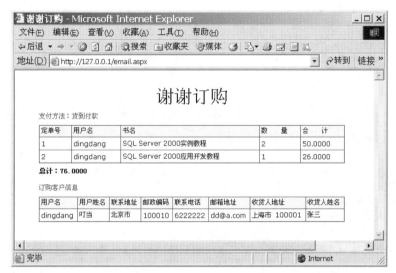

图 7-30　订购完成界面

收银台的页面文件 orderend.aspx 的界面设计代码如下：

```
<TABLE cellSpacing=0 cellPadding=0 width=360 border=0 align="center">
<TBODY>
<form runat="server">
<TR>
   <TD height=30 align="center">
<asp:Label
   id="lblTitle"
   Font-Size="25pt"
   Font-Name="Arial"
   runat="server"
   Text="收银台"
/>
</TD></TR>
<TR>
   <TD height=30 align="center">
<asp:DataGrid id="payGrid" runat="server"
       Width="600" BackColor="#ffffff"
       BorderColor="black" ShowFooter="false"
       CellPadding=2 CellSpacing="0"
       Font-Name="Verdana" Font-Size="8pt"
       HeaderStyle-BackColor="#aaaadd"
```

```
            OnDeleteCommand="DataGrid_Delete"
            DataKeyField="dgbh"
            AutoGenerateColumns="false"
            MaintainState="false">
    <Columns>
        <asp:BoundColumn
            HeaderText="订单编号"
            DataField="dgbh"
        />
        <asp:BoundColumn
            HeaderText="书名"
            DataField="sm"
        />
        <asp:BoundColumn
            HeaderText="书目编号"
            DataField="smbh"
        />
        <asp:BoundColumn
            HeaderText="订购数量"
            DataField="dgsl"
        />
        <asp:BoundColumn
            HeaderText="合计金额"
            DataField="dgje"
            DataFormatString="{0:C}"
        />
        <asp:ButtonColumn Text="删除" CommandName="Delete" ItemStyle-Wrap="false"/>
    </Columns>
</asp:DataGrid>
</TD></TR>
<TR>
    <TD height=30 align="center">
<asp:Label
    id="lblPriceTotal"
    Font-Bold="True"
    Width="90%"
    runat="server"
/>
</TD></TR>
<TR>
    <TD height=30 align="center">
<asp:HyperLink
    id="hyp1"
    runat="server"
    Text="继续购物"
    NavigateURL="orderlist.aspx"
/>
</TD></TR>
<TR>
    <TD height=30 align="center">
<asp:HyperLink
    id="hyp2"
```

```
    runat="server"
    Text="结账并发送邮件"
    NavigateURL="email.aspx"
/>
</TD></TR>
</form>
</TBODY></TABLE>
```

收银台的页面文件 orderend.aspx 功能实现的源代码如下：

```
public void Page_Load(Object Sender, EventArgs E)
{
    string username=Convert.ToString(Session["username"]);
    if(username=="")
    {
        Response.Redirect("reg.aspx");
    }
    else
    {
    if(Session["yhm"]!="")
    {
        string myCnn=ConfigurationSettings.AppSettings["ConnectionString"];
        SqlConnection Conn;
        Conn=new SqlConnection(myCnn);

        string str="Select yhm,sm,smbh,dgbh,dgsl,dgje From orders Where yhm=" +"'"+
Session["username"]+"'";
        SqlDataAdapter da=new SqlDataAdapter(str,Conn);
        DataSet ds=new DataSet();

        da.Fill(ds,"orders");
        payGrid.DataSource =ds.Tables["orders"].DefaultView;
        payGrid.DataBind();

        string str2="Select Sum(dgje) as totals From orders Where yhm=" +"'"+
Session["username"]+"'";
        SqlDataAdapter da2=new SqlDataAdapter(str2,Conn);
        DataSet ds2=new DataSet();

        da2.Fill(ds2,"totals");
        DataRow dr = ds2.Tables["totals"].Rows[0];
        lblPriceTotal.Text = "总计: " + dr["totals"];
          Conn.Close();
    }
    }
}

public void DataGrid_Delete(Object sender,DataGridCommandEventArgs E)
{
    string myCnn=ConfigurationSettings.AppSettings["ConnectionString"];
    SqlConnection Conn;
    Conn=new SqlConnection(myCnn);

    string strSQL="Delete from orders Where dgbh = " + payGrid.DataKeys[(int)E.Item.ItemIndex];
```

```
SqlCommand Comm=new SqlCommand(strSQL,Conn);
Comm.Connection.Open();
Comm.ExecuteNonQuery();

Comm.Connection.Close();

string str="Select yhm,sm,smbh,dgbh,dgsl,dgje From orders Where yhm = " + "'" +
Session["username"] + "'";
SqlDataAdapter da=new SqlDataAdapter(str,Conn);
DataSet ds=new DataSet();

da.Fill(ds,"orders");
payGrid.DataSource =ds.Tables["orders"].DefaultView;
payGrid.DataBind();

if(ds.Tables["orders"].Rows.Count == 0)
{
  lblPriceTotal.Text = "购物车里没有商品，请先选购商品。";
}
else
{
string str2="Select Sum(dgje) as totals From orders Where yhm = " + Session["username"];
SqlDataAdapter da2=new SqlDataAdapter(str2,Conn);
DataSet ds2=new DataSet();

da2.Fill(ds2,"totals");
DataRow dr2 = ds2.Tables["totals"].Rows[0];
lblPriceTotal.Text = "总计: " + dr2["totals"];
}
 Conn.Close();
}
```

对 orders 表的信息提供查询和修改功能，这两项内容都是前面学习过的查询方法的应用，不再举详细例子。但需要作如下说明。

① 对 orders 表的处理，必须因为使用对象不同而不同，如针对书店客户，不需要修改功能，可查看的信息也要受到限制。

② 一般情况客户只需要查看自己的、没有完成的订单，而书店工作人员可以查看所有的订单。

7.9　更进一步的思考

电子商务就是指实现从售前服务到售后支持的整个商务或者贸易活动环节的电子化、自动化。它所覆盖的范围包括了传统商务活动的方方面面。由于篇幅的关系，不能一一进行深入的讨论。除了前面学习过的内容以外，最后对其他相关的内容作简单介绍。

7.9.1　高级客户服务

电子商务是借助电子化的手段在进行商务活动，并非信息上网，提供购买渠道就万事大吉。

怎样利用先进的 IT 技术，提供更加快捷、人性化、特色化的服务，就成为电子商务企业必须考虑的问题。因为现在网络上的商店和现实中的一样比比皆是，竞争同样残酷激烈。

那么，当叮当网络书店顺利开业，把相关商品分门别类码放到"网络书架"上后，还可以做些什么来提升"叮当"这个品牌的影响力和价值呢？不妨参考以下建议。

1. 导读服务

在策划之初，叮当网络书店的服务对象就是以青少年为主，所以及时提供青少年喜闻乐见的导读服务，帮助和指导他们选择好书是很有意义的举措。

2. 同龄人书评

提供 BBS 讨论园地，供大家对叮当书店的书各抒己见，既为客户提供了交流的场所，同时也可以扩大商店的影响力，为商店获取更多的市场信息，为某一时期的宣传促销活动搜集资料和信息。

3. 网络互动活动

作者签名售书是比较流行的图书促销手段，叮当网络书店是不可能完成这样的活动的。但是借助 Internet 先天的网络优势，还可以做很多。如可以利用聊天室的功能，组织作者与读者的网络洽谈；邀请文化名人举办主题讨论等。

4. 文化出版新闻

及时传播文化出版新闻，也是提高叮当网络书店的重要手段。

7.9.2 人员管理

在电子商务实施的第二阶段，就可以开始考虑叮当网络书店的人员管理了。这样做的好处有如下几个。

① 售前、售中到售后的全过程，叮当网络书店的管理将在系统程序的管理下，依据预先指定的商务流程自动进行，简化了手续，提高了工作效率。

② 各个工作人员在商务流程中担任不同的角色，享有不同的系统权限，同时承担相应的职责，有利于书店的顺利运作。

③ 人员管理还可以兼人事管理，相关的系统功能可以在此基础上完成。比如工资、报销账务、休假等。

7.9.3 付款

传统的付款方式有支票付款、邮局汇款、货到付款和银行汇款等。随着 IT 技术的发展和银行业务的扩展，网上银行的业务得以迅速开展，从而网络付款已经成为现实。叮当书店可以到银行咨询相关事宜开通此项业务。这将大大缩短购物过程中从付款到收款的时间。

7.9.4　商品配送

商品配送看似一个简单的问题：不就是把商品送到客户手中吗？其实不然。站在客户的角度出发，从付款那一刻开始，客户就希望尽快拿到所购买的商品。而站在书店的角度，书店老板会有如下的顾虑。

① 如果都用普通邮寄，客户一定不能忍受，如果都用特快专递，书店又不能承担过高的邮寄费用。

② 如果向客户收取邮寄费用，多了客户不干，少了却需要网站赔。

③ 如果采取货到付款方式，怎样保证客户一定按时收到货物，货款又如何及时返回书店。

如此种种，怎么样做既快速且安全又省钱成了思考的关键。

从现代物流的观点来看，如果配送问题处理不好，将直接影响书店的库存，直接影响书店的效益。

所以商品配送必须纳入网络书店经营管理的重要日程。

7.9.5　统计分析

如果一个书店只有销售而没有统计报表和分析，可以想象这样的书店是怎样运营的吗？在叮当书店现有的数据基础上，至少可以做出这样几张统计分析报表。

1. 日流量分析统计

经过一段时间积累的日流量统计，可以帮助叮当书店确定某一时期内的平均的日工作量，合理安排人员工作和商品配送等相关事宜。

2. 按书名称或者类别进行的统计

可以了解哪些图书或者哪类图书畅销。

3. 按作者进行的统计

可以清楚了解哪些作者比较受欢迎。

4. 按客户群进行的分布统计

由此可以分析在不同地区不同图书的销售量，从而可以有针对性地开展一些活动。

5. 订单与存货的对比分析

可以对相应图书及时做出库存调整，使叮当书店的库存随时保持在比较合理的范围。

总之，任何可以改善书店经营，提高工作效率，或者减少书店运营成本的方法，都可以纳入电子商务的工作范畴。然后分析、讨论方法的可行性，对可行的方法进行优化，最后通过 IT 技术得以实现。

7.10　本章小结

本章以"叮当网络书店"为例，介绍了从建立静态网站页面到具备动态页面更新、客户管理、书目管理和实时订单处理等功能的初级网络书店。由于是教学实例，所以并没有完成实际意义上的网络书店的所有功能，有兴趣的读者可以在此基础上，继续扩展其他功能。关于最终网站的发布和推广，由于前面章节已有详细论述，故在此不再赘述。

在技术上，初步涉及了 FrontPage、SQL Server 数据库、ADO.NET 数据库连接方法、ASP.NET 编程和 SQL 语言等方面的内容。但基本上都是只概括了核心内容或核心语句，很多方面需要读者更加深入地研究。比如，依照客户信息管理的数据处理方式，在处理书目数据时，读者可以根据书中列出的核心语句和处理方法，稍作努力就可以编写出完整的 ASP.NET 程序。

在管理上，本章试图通过逐步深化书店管理功能的内容安排，使读者能够在数字化叮当书店的过程中，依次理解信息技术与传统商务的结合点，进而全面了解电子商务的特点和操作过程。

电子商务是信息技术在传统商务活动中的具体应用，它涵盖售前、售中和售后的商务运作的全过程。它既包括经常表现在 Internet 上的网站内容，企业内部的运作更是其包含的重要内容。所以，应该以全面的观点来看待电子商务，而不要拘泥于商务模式的讨论，不要拘泥于某一环节的处理，更不要拘泥于某一项技术的应用。

明确业务目标，优化业务流程，然后进行数字化和网络化改造，是实施电子商务的普遍规律。

7.11　课堂实验

实验 1　实现增加书目信息功能

1.　实验目的

熟练编程技巧。
掌握动态更新数据的方法。

2.　实验要求

（1）环境准备：电脑中装有 IIS，安装有数据库 SQL Server 2005。
（2）知识准备：掌握更新书店数据库的关键技术。

3.　实验目标

实现管理员控制下的书目信息增加功能。增加书目信息页面如图 7-18 所示。

4.　问题分析

需要注意的是，由于叮当书店网站的库房管理属于网站后台运营数据的管理，不是任何人都可以访问的，只有具有相应权限的后台管理员才能够进入到库房管理的界面。所以首先要进行管理员登录，只有登录成功后，才能进行增加书目信息、修改书目信息和删除书目信息。

5. 解决办法

建立管理员登录页面 adminlogin.aspx，通过 Session 传递管理员的用户名和密码，代码如下：

```
if(Adminusername.Text!="")
    {
        Session["Adminusername"]=Adminusername.Text;
    }
```

6. 实验步骤

添加书目信息的页面文件为 addbooks.aspx。

（1）界面的实现。

创建一个书目信息输入的 ASP.NET 页面 addbooks.aspx，并在其中创建 8 个文本框和 1 个 Button 按钮控件。详细代码如下：

```
<table width=760 align="center" border=0>
  <tr><td valign="top" align="center">
    <asp:DataGrid id="myGrid" runat="server"
          Width="700" BackColor="#ccccff"
          BorderColor="black" ShowFooter="false"
          CellPadding=3 CellSpacing="0"
          Font-Name="Verdana" Font-Size="8pt"
          HeaderStyle-BackColor="#aaaadd"
          AutoGenerateColumns="false"
          MaintainState="false">
      <Columns>
      <asp:BoundColumn HeaderText="书目编号" DataField="smbh" ReadOnly="True"/>
      <asp:BoundColumn HeaderText="书目类别" DataField="smlb" />
      <asp:BoundColumn HeaderText="书名" DataField="sm" />
      <asp:BoundColumn HeaderText="单价" DataField="dj" />
      <asp:BoundColumn HeaderText="作者" DataField="zz" />
        <asp:BoundColumn HeaderText="出版单位" DataField="cbdw" />
        <asp:BoundColumn HeaderText="出版时间" DataField="cbsj" />
          <asp:BoundColumn HeaderText="简单介绍" DataField="jdjs" />
          <asp:BoundColumn HeaderText="图片路径" DataField="tplj" />
      </Columns>
    </asp:DataGrid>
  </td>
  </tr>

  <tr><td height=20></td></tr>

  <TR>
  <td valign="top">
    <table style="font: 8pt verdana" align="center">
    <tr><td colspan="2" bgcolor="#aaaadd" style="font:10pt verdana">
      添加新书目信息：
    </td></tr>
    <tr><td nowrap>书目类别:</td>
    <td><asp:TextBox id="smlb" runat="server" />
```

```
      </td></tr>
       <tr><td nowrap>书名:</td>
      <td><asp:TextBox id="sm" runat="server" />
      </td></tr>
      <tr><td nowrap>单价:</td>
      <td><asp:TextBox id="dj" runat="server" />
      </td></tr>
      <tr><td nowrap>作者:</td>
      <td><asp:TextBox id="zz" runat="server" />
      </td></tr>
      <tr><td nowrap>出版单位:</td>
      <td><asp:TextBox id="cbdw" runat="server" />
      </td></tr>
      <tr><td nowrap>出版时间:</td>
      <td><asp:TextBox id="cbsj" runat="server" />
      </td></tr>
      <tr><td nowrap>简单介绍:</td>
      <td><asp:TextBox id="jdjs" runat="server" />
      </td></tr>
       <tr><td nowrap>图片路径:</td>
      <td><asp:TextBox id="tplj" runat="server" />
      </td></tr>
      <tr><td colspan="2" style="padding-top:15" align="center">
         <asp:Button text="添加" OnClick="Add_Click" runat="server" />
      </td></tr>
      <tr><td colspan="2" style="padding-top:15" align="center">
         <span id="Message" MaintainState="false"
             style="font: arial 11pt;" runat="server"/>
      </td></tr>
    </table>
   </td></tr>
</table>
```

（2）功能实现。

在增加书目信息界面中，填写相应的书目信息后，单击"添加"按钮后，将启动 Add_Click
事件处理输入的客户信息，从而在 books 表中增加了一个新的书目信息。

源代码如下：

```
protected void Page_Load(Object Src, EventArgs E )
{
   if (!IsPostBack) BindGrid();
}


// 处理添加事件
public void Add_Click(Object sender, EventArgs E)
{
   string myCnn=ConfigurationSettings.AppSettings["ConnectionString"];
   SqlConnection Conn=new SqlConnection(myCnn);
   // 构造 SQL 语句
   String strSQL="insert into books(smlb,sm,dj,zz,cbdw,cbsj,jdjs,tplj) values(@smlb, @sm, @dj,
@zz,@cbdw,@cbsj,@jdjs,@tplj)";
   // 创建 Command 对象
   SqlCommand Comm=new SqlCommand(strSQL,Conn);
```

```
    // 添加并设置参数的值
    Comm.Parameters.Add(new SqlParameter("@smlb",SqlDbType.Char));
    Comm.Parameters["@smlb"].Value=smlb.Text;
    Comm.Parameters.Add(new SqlParameter("@sm",SqlDbType.Char));
    Comm.Parameters["@sm"].Value=sm.Text;
    Comm.Parameters.Add(new SqlParameter("@dj",SqlDbType.Char));
    Comm.Parameters["@dj"].Value=dj.Text;
    Comm.Parameters.Add(new SqlParameter("@zz",SqlDbType.Char));
    Comm.Parameters["@zz"].Value=zz.Text;
    Comm.Parameters.Add(new SqlParameter("@cbdw",SqlDbType.Char));
    Comm.Parameters["@cbdw"].Value=cbdw.Text;
    Comm.Parameters.Add(new SqlParameter("@cbsj",SqlDbType.Char));
    Comm.Parameters["@cbsj"].Value=cbsj.Text;
    Comm.Parameters.Add(new SqlParameter("@jdjs",SqlDbType.Char));
    Comm.Parameters["@jdjs"].Value=jdjs.Text;
    Comm.Parameters.Add(new SqlParameter("@tplj",SqlDbType.Char));
    Comm.Parameters["@tplj"].Value=tplj.Text;

    Comm.Connection.Open();
    try
    {
        Comm.ExecuteNonQuery();
        Message.InnerHtml="<b>添加成功</b>";
    }
    catch (SqlException)
    {
        Message.InnerHtml="添加失败";
        Message.Style["color"]="red";
    }

    Comm.Connection.Close();

    BindGrid();
    smlb.Text="";
    sm.Text="";
    dj.Text="";
    zz.Text="";
    cbdw.Text="";
    cbsj.Text="";
    jdjs.Text="";
    tplj.Text="";
}

// BindGrid()执行数据绑定
public void BindGrid()
{
    string myCnn=ConfigurationSettings.AppSettings["ConnectionString"];
    SqlConnection Conn=new SqlConnection(myCnn);
    SqlDataAdapter da=new SqlDataAdapter("select smbh,smlb,sm,dj, zz,cbdw, convert (varchar(10),
cbsj,120) as cbsj,jdjs,tplj from books",Conn);
    DataSet ds = new DataSet();
    da.Fill(ds);
```

```
myGrid.DataSource=ds;
myGrid.DataBind();
}
```

实验 2　实现修改书目信息功能

1. 实验目的

熟练编程技巧。
掌握书目信息修改的方法。

2. 实验要求

（1）环境准备：电脑中装有 IIS，安装有数据库 SQL Server 2005。
（2）知识准备：掌握更新书店数据库的关键技术。

3. 实验目标

实现管理员控制下的书目信息管理功能。修改书目信息页面如图 7-19 和图 7-20 所示。

4. 问题分析

需要注意的是，由于叮当书店网站的库房管理属于网站后台运营数据的管理，不是任何人都可以访问的，只有具有相应权限的后台管理员才能够进入到库房管理的界面。所以首先要进行管理员登录，只有登录成功后，才能进行增加书目信息、修改书目信息和删除书目信息。

5. 解决办法

建立管理员登录页面 adminlogin.aspx，通过 Session 传递管理员的用户名和密码，代码如下：

```
if(Adminusername.Text!="")
    {
        Session["Adminusername"]=Adminusername.Text;
    }
```

6. 实验步骤

修改书目信息的页面文件为 editbooks.aspx。
（1）界面的实现。
创建一个书目信息修改的 ASP.NET 页面 editbooks.aspx，并在其中创建 1 个 DataGrid 控件。详细代码如下：

```
<TABLE cellSpacing=0 cellPadding=0 width="600" align=center border=0>
    <TBODY>
    <TR>
    <TD align=middle height=40><BR><BR><FONT color=#000000 size=4><B>修改书目信息
</B></FONT></TD>
    </TR>
    <TR>
    <TD vAlign=top align=center height=150 >
```

```
        <form runat="server">
        <asp:DataGrid id="myGrid" runat="server"
            Width="600" BackColor="#ffffff"
            BorderColor="black" ShowFooter="false"
            CellPadding=2 CellSpacing="0"
            Font-Name="Verdana" Font-Size="8pt"
            HeaderStyle-BackColor="#aaaadd"
            OnEditCommand="myGrid_Edit"
            OnCancelCommand="myGrid_Cancel"
            OnUpdateCommand="myGrid_Update"
            DataKeyField="smbh"
          AutoGenerateColumns="false"
          MaintainState="false">
        <Columns>
            <asp:EditCommandColumn EditText="编辑" CancelText="取消" UpdateText="更新"
ItemStyle-Wrap="false"/>
            <asp:BoundColumn HeaderText="书目编号" DataField="smbh" ReadOnly="True"/>
            <asp:BoundColumn HeaderText="书目类别" DataField="smlb" />
            <asp:BoundColumn HeaderText="书名" DataField="sm" />
            <asp:BoundColumn HeaderText="单价" DataField="dj" />
            <asp:BoundColumn HeaderText="作者" DataField="zz" />
            <asp:BoundColumn HeaderText="出版单位" DataField="cbdw" />
            <asp:BoundColumn HeaderText="出版时间" DataField="cbsj" />
            <asp:BoundColumn HeaderText="简单介绍" DataField="jdjs" />
            <asp:BoundColumn HeaderText="图片路径" DataField="tplj" />
        </Columns>
        </asp:DataGrid>
        </td></TR>
        <TR><td align="center">
        <font size=5 color="red">
          <span id="Message" MaintainState="false" runat="server" /></font>
        </td></TR>
    </form>

        </TD></TR></TBODY></TABLE>
```

（2）功能实现。

当用户单击"编辑"链接时，调用 myGrid_Edit 事件中的代码，详细代码如下：

```
void Page_Load(Object Sender, EventArgs E)
{
    if (!IsPostBack) BindGrid();
}

void myGrid_Edit(Object sender,DataGridCommandEventArgs E)
{
    myGrid.EditItemIndex=(int)E.Item.ItemIndex;
    BindGrid();
}

void myGrid_Cancel(Object sender,DataGridCommandEventArgs E)
{
    myGrid.EditItemIndex=-1;
```

```
    BindGrid();
  }


void myGrid_Update(Object sender,DataGridCommandEventArgs E)
{
    string myCnn=ConfigurationSettings.AppSettings["ConnectionString"];
    SqlConnection Conn=new SqlConnection(myCnn);

   String CnStr="update books set smlb=@smlb,sm=@sm,dj=@dj,zz= @zz,cbdw=@cbdw, cbsj=@cbsj,jdjs=
@jdjs,tplj=@tplj where smbh=@SNO";
    SqlCommand cm=new SqlCommand(CnStr,Conn);

    cm.Parameters.Add(new SqlParameter("@smlb",SqlDbType.Char));
    cm.Parameters["@smlb"].Value=((TextBox)E.Item.Cells[2].Controls[0]).Text;

    cm.Parameters.Add(new SqlParameter("@sm",SqlDbType.Char));
    cm.Parameters["@sm"].Value=((TextBox)E.Item.Cells[3].Controls[0]).Text;

    cm.Parameters.Add(new SqlParameter("@dj",SqlDbType.Char));
    cm.Parameters["@dj"].Value=((TextBox)E.Item.Cells[4].Controls[0]).Text;

    cm.Parameters.Add(new SqlParameter("@zz",SqlDbType.Char));
    cm.Parameters["@zz"].Value=((TextBox)E.Item.Cells[5].Controls[0]).Text;

    cm.Parameters.Add(new SqlParameter("@cbdw",SqlDbType.Char));
    cm.Parameters["@cbdw"].Value=((TextBox)E.Item.Cells[6].Controls[0]).Text;

    cm.Parameters.Add(new SqlParameter("@cbsj",SqlDbType.Char));
    cm.Parameters["@cbsj"].Value=((TextBox)E.Item.Cells[7].Controls[0]).Text;

    cm.Parameters.Add(new SqlParameter("@jdjs",SqlDbType.Char));
    cm.Parameters["@jdjs"].Value=((TextBox)E.Item.Cells[8].Controls[0]).Text;

    cm.Parameters.Add(new SqlParameter("@tplj",SqlDbType.Char));
    cm.Parameters["@tplj"].Value=((TextBox)E.Item.Cells[9].Controls[0]).Text;

    cm.Parameters.Add(new SqlParameter("@SNO",SqlDbType.Char));
    cm.Parameters["@SNO"].Value=myGrid.DataKeys[(int)E.Item.ItemIndex];

    cm.Connection.Open();
    try
    {
      cm.ExecuteNonQuery();

      Message.InnerHtml="<b>信息修改成功! </b>";

    }
    catch (SqlException)
    {
      Message.InnerHtml="抱歉, 信息修改失败! ";
      Message.Style["color"]="red";
    }
```

```
        cm.Connection.Close();
        BindGrid();
    }

    public void BindGrid()
    {
        string myCnn=ConfigurationSettings.AppSettings["ConnectionString"];
        SqlConnection Conn=new SqlConnection(myCnn);
        // 构造 SQL 语句
        String strSQL="select smbh,smlb,sm,dj,zz,cbdw,convert(varchar(10),cbsj,120) as cbsj,
jdjs,tplj from books";
        SqlDataAdapter da=new SqlDataAdapter(strSQL,Conn);
        DataSet ds = new DataSet();
        da.Fill(ds);
        myGrid.DataSource=ds;
        myGrid.DataBind();
    }
```

实验 3   实现书目订购界面功能

1. 实验目的

（1）熟练 SQL 语言的使用。

（2）熟练商务流程。

（3）提高编程能力。

2. 实验要求

（1）环境准备：电脑中装有 IIS，安装有数据库 SQL Server 2005。

（2）知识准备：了解电子商务数据处理流程，具有后台规划单据流向的能力。

3. 实验目标

实现书目订购界面，如图 7-25 所示。

4. 问题分析

对数据库的操作出错。由于本节对数据库的几张表都有操作，而且会比较频繁，所以出错难以避免。与前面的实验练习一样，现在出现的问题主要是由于对数据库中表间关系不太清楚，会对数据库的操作出错，或者代码有误，比如中英文状态的单引号或双引号引起出错。也有可能是代码中丢失操作符号或字母，或者写错字段名等低级错误。

5. 解决办法

为避免程序出错，需要按格式规范书写代码。一旦程序运行出错，认真阅读出错信息，能很快找出问题所在。

另外，为了避免对数据库的操作出现问题，一般情况下，数据库连接对象使用完毕后，应及时关闭。使用如下语句：

```
Conn.Close();
```

6. 实验步骤

书目订购界面的页面文件为 orderlist.aspx。

（1）界面的实现。

创建一个书目订购界面的 ASP.NET 页面 orderlist.aspx，并在其中创建 1 个 DataList 控件。详细代码如下：

```
<TABLE cellSpacing=0 cellPadding=0 width="100%" border=0>
    <TBODY>
    <TR>
        <TD height=5 align="center">
        共有<asp:Label id="lblRecordCount" ForeColor="red" runat="server" />条记录
        当前为<asp:Label id="lblCurrentPage" ForeColor="red" runat="server" />/<asp:Label
id="lblPageCount" ForeColor="red" runat="server" />页
        </TD></TR></TBODY>
    </TABLE>


    <asp:DataList  align="center"  id="DataList1"  runat="server"  RepeatColumns="3"
cellpadding="10" cellspacing="10" RepeatDirection="Horizontal" EnableViewState="false">
        <ItemTemplate>

    <TABLE cellSpacing=0 cellPadding=0 width="100%" bgColor=#ffffff border=0 >

        <TBODY>
         <tr >
         <td align="center">
           <IMG src="<%# DataBinder.Eval(Container.DataItem,"tplj") %>" height="150"
width="100">
         </td>
        </tr>
        <tr>
         <td align="center">书名:
        <%# DataBinder.Eval(Container.DataItem, "sm") %>
         </td>
        </tr>
         <tr>
         <td align="center">单价:
        <%# DataBinder.Eval(Container.DataItem, "dj") %>
         </td>
        </tr>
        <tr>
         <td align="center">
           <a href='<%# DataBinder.Eval(Container.DataItem, "smbh","order.aspx?smbh={0}")
%>' target="_self" runat="server">
           <IMG style="CURSOR: hand" height=25 src="images/goumai.gif" width=50 border=0>
           </a>
         </td>
        </tr>
        </TBODY></TABLE>
```

```
    </a>  
    </ItemTemplate>
    </asp:DataList>

<TABLE cellSpacing=0 cellPadding=0 width="100%" bgColor=#ffffff border=0 >
<TBODY>
  <tr >
    <td align="right">
      <asp:LinkButton id="lbnPrevPage" Text="上一页" CommandArgument="prev" OnClick=
"PageButton_Click" runat="server" />
    </td>
    <td> </td>
    <td align="left">
      <asp:LinkButton id="lbnNextPage" Text="下一页" CommandArgument="next" OnClick=
"PageButton_Click" runat="server" />
    </td>
  </tr>
</TABLE>
```

（2）功能实现。

在书目订购界面中，能够利用 DataList 控件显示书目的图片，并且实现分页的功能。代码如下：

```
int PageSize,RecordCount,PageCount,CurrentPage;
public void Page_Load(Object Sender, EventArgs E)
{
    //设定 PageSize
    PageSize=6;

    //第一次请求执行
    if(!Page.IsPostBack)
    {
    ListBind();
    CurrentPage = 0;
    ViewState["PageIndex"] = 0;
    //计算总共有多少记录
    RecordCount = CalculateRecord();
    lblRecordCount.Text = RecordCount.ToString();

    //计算总共有多少页
    PageCount=RecordCount/PageSize+1;
    lblPageCount.Text = PageCount.ToString();
    ViewState["PageCount"] = PageCount;
    }
}

    //计算总共有多少条记录
    public int CalculateRecord()
    {
    int intCount;
    string Conn=ConfigurationSettings.AppSettings["ConnectionString"];
    SqlConnection MyConn;
```

```
MyConn=new SqlConnection(Conn);
MyConn.Open();
string strCount = "select count(*) as cols from books";
SqlCommand MyComm = new SqlCommand(strCount,MyConn);

SqlDataReader dr = MyComm.ExecuteReader();
if(dr.Read())
{
intCount = Int32.Parse(dr["cols"].ToString());
}
else
{
intCount = 0;
}
dr.Close();
MyConn.Close();
return intCount;
}

ICollection CreateSource()
{
 int StartIndex;

 //设定导入的起终地址
 StartIndex = CurrentPage*PageSize;
 string Conn=ConfigurationSettings.AppSettings["ConnectionString"];
 SqlConnection MyConn;
 MyConn=new SqlConnection(Conn);
 MyConn.Open();
 string strSel = "select * from books";
 DataSet ds = new DataSet();

 SqlDataAdapter MyAdapter = new SqlDataAdapter(strSel,MyConn);
 MyAdapter.Fill(ds,StartIndex,PageSize,"books");

 return ds.Tables["books"].DefaultView;
 MyConn.Close();
}

public void ListBind()
{
 DataList1.DataSource = CreateSource();
 DataList1.DataBind();

 lbnNextPage.Enabled = true;
 lbnPrevPage.Enabled = true;
 if(CurrentPage==(PageCount-1)) lbnNextPage.Enabled = false;
 if(CurrentPage==0) lbnPrevPage.Enabled = false;
 lblCurrentPage.Text = (CurrentPage+1).ToString();
}

public void PageButton_Click(Object sender, EventArgs e)
```

323

```
    {
    CurrentPage = (int)ViewState["PageIndex"];
    PageCount = (int)ViewState["PageCount"];

    String arg = ((LinkButton)sender).CommandArgument;
    //判断 cmd，以判定翻页方向
    switch(arg)
    {
    case "next":
    if(CurrentPage<(PageCount-1)) CurrentPage++;
    break;
    case "prev":
    if(CurrentPage>0) CurrentPage--;
    break;
    }

    ViewState["PageIndex"] = CurrentPage;
    ListBind();
}
```

7.12 课后习题

1. 建立一个自己的数据库，并尝试用 ADO.NET 的数据库连接方法进行数据库的连接。

2. 在增加客户信息时，首先要查找是否有重复的记录。但是在"增加客户信息"部分没有具体讨论，请参考前面的内容和例子补充查找重复记录的程序段。

3. 从书店经营角度考虑，讨论还有哪些信息可以完善客户数据库并参考示例编写程序代码。

4. 对于客户数据，一般不建议删除，为什么呢？请组织讨论。

5. 完成书目信息的增加、修改和删除的 ASP.NET 程序。

6. 补充完成书目信息中书目封面图片的显示。

7. 组织讨论如何将 SQL 中的 smalldatetime 类型的数据只取出其日期部分。

8. 叮当书店的订单表结构明显有数据冗余的状况出现，为什么这样处理？有更好的解决办法吗？

9. 对于叮当网络书店的经营管理，读者还有什么好的方法？